21 世纪本科院校土木建筑类创新型应用人才培养规划教材

钢结构设计原理

主　编　胡习兵　张再华

副主编　尹志明　戴益民　于　杰

主　审　舒兴平

北京大学出版社

PEKING UNIVERSITY PRESS

内 容 简 介

本书着重讲述钢结构基本原理，主要内容包括钢结构材料、钢结构的连接和钢结构基本构件（轴心受力构件、受弯构件、拉弯和压弯构件）的设计。本书后的附录，列出了设计需要的各种数据和系数，以供读者查用。各章还附有必要的设计例题和工程应用相关知识，以便学生学习和掌握。

本书主要依据土木工程专业本科生培养方案编写，但对相关知识点的数学推导过程等内容进行了部分调整。本书可作为本科和专科相关专业的教学用书，也可作为工程设计人员的学习参考用书。

图书在版编目(CIP)数据

钢结构设计原理/胡习兵，张再华主编. —北京：北京大学出版社，2012.8
(21 世纪本科院校土木建筑类创新型应用人才培养规划教材)
ISBN 978 - 7 - 301 - 21142 - 7

Ⅰ. ①钢… Ⅱ. ①胡…②张… Ⅲ. ①钢结构—结构设计—高等学校—教材
Ⅳ. ①TU391.04

中国版本图书馆 CIP 数据核字(2012)第 194015 号

书　　　　名：	钢结构设计原理
著作责任者：	胡习兵　张再华　主编
策 划 编 辑：	卢 东　吴 迪
责 任 编 辑：	卢 东　林章波
标 准 书 号：	ISBN 978 - 7 - 301 - 21142 - 7/TU · 0264
出　版　者：	北京大学出版社
地　　　址：	北京市海淀区成府路 205 号　100871
网　　　址：	http://www.pup.cn　http://www.pup6.cn
电　　　话：	邮购部 62752015　发行部 62750672　编辑部 62750667　出版部 62754962
电 子 邮 箱：	pup_6@163.com
印　刷　者：	北京虎彩文化传播有限公司
发　行　者：	北京大学出版社
经　销　者：	新华书店
	787 毫米×1092 毫米　16 开本　15.75 印张　362 千字
	2012 年 8 月第 1 版　2022 年 1 月第 11 次印刷
定　　　价：	30.00 元

前　言

近年来，我国经济发展迅速，钢结构在土木工程中的应用也越来越广泛。钢结构有结构轻、强度大等优点，但同时也存在易腐蚀、耐火性差等缺点，为了解决好这些问题，工程界的学者和技术人员进行了不懈的努力，取得了许多的成果，积累了丰富的经验，促使新技术、新方法不断涌现，由此钢结构的设计以及应用也得到了飞速的发展。

按照高等学校土木工程专业指导委员会关于"土木工程专业本科（四年制）培养方案"的要求，"钢结构设计原理"是高等院校土木类专业四年制本科教育的一门专业必修课，是继"混凝土结构设计原理"等主干课程之后开设的又一门重要专业课。本书主要作为高等学校土木工程专业钢结构课程的教材，严格按照最新修订的"钢结构设计原理"课程教学大纲要求和新的国家规范编写。本书主要介绍了钢结构的特点、应用和计算方法，钢材和连接材料的特性，钢结构的稳定理论，钢结构的连接方法及其计算构造原则，钢结构基本构件（轴心受拉、轴心受压、受弯构件、拉弯和压弯构件）的工作特性和基本的设计方法等。

本书内容共有 6 章，包括绪论、钢结构材料、钢结构的连接、轴心受力构件、受弯构件、拉弯和压弯构件。本书以《钢结构设计规范》（GB 50017—2003）为依据，深入浅出地阐述了各种钢结构设计理论，强调适用性和可操作性，以达到解决工程实际问题的目的，并参照近年来注册结构工程师考试的内容和题型编写了例题和习题。

本书由中南林业科技大学胡习兵和湖南城市学院张再华担任主编，编写人员具体分工如下：第 1 章、第 2 章由中南林业科技大学胡习兵编写；第 3 章由湖南科技大学戴益民编写；第 4 章由湘潭大学尹志明编写；第 5 章由湖南城市学院张再华编写；第 6 章由中南林业科技大学于杰编写。

在本书编写过程中，得到了中南林业科技大学许多教师的大力支持，杨雨薇和陈达做了大量的工作，在此表示感谢！

此外，本书参考了一些相关专家的资料，湖南大学的舒兴平教授审阅了本书并给出了宝贵意见，在此一并表示衷心感谢！

由于编者水平有限，书中难免存在不妥之处，还望广大读者批评指正。

编　者

2012 年 4 月

目　　录

第1章
绪　论

教学目标

本章主要讲述钢结构工程的发展历程、特点、工程应用和发展趋势。通过本章学习，应达到以下目标。

(1) 掌握钢结构工程的优缺点。

(2) 熟悉钢结构的工程应用范围。

(3) 了解钢结构工程的发展趋势。

教学要求

知识要点	能力要求	相关知识
钢结构的优缺点	(1) 理解钢结构优点 (2) 熟悉钢结构缺点对其应用的影响	(1) 钢结构迅速发展的原因 (2) 工程应用中克服其缺点的途径
钢结构工程应用范围	熟悉钢结构的常用结构形式	(1) 各结构形式的基本组成 (2) 典型的工程应用实例
钢结构的发展趋势	了解其发展动态	(1) 国内外发展现状 (2) 工程应用对钢结构发展的要求

基本概念

钢结构工程、大跨度结构、高耸结构、混合结构、轻钢结构

引例

近三十年来，随着改革开放政策的实行和推进，我国钢结构相关工作取得了突飞猛进的进展。1996年，我国钢产量首次突破亿吨大关；2011年，我国钢产量已达 7.3 亿吨，钢产量的增长为发展我国钢结构建设事业创造了极好的时机。然而，我国的建筑用钢总量仅占全部钢产量的 20%～25%，而工业发达的国家则占 30% 以上，如美国和日本，该项指标均已超过 50%。由此说明，我国钢结构的发展前景非常广阔。

钢结构(Steel Structure)作为土木工程项目中的一种常用结构形式，在现代工程结构中得到了极为广泛的应用，钢材本身所具有的特点对钢结构的发展起了决定性的作用。了解钢结构的发展历史、现状及发展趋势，理解钢结构所具有的特点和钢结构的工程应用范围，能为本课程的学习打下良好的基础。

1.1 钢结构概况

用 H 型钢(H Beam)、工字钢(I-Beam)、槽钢(Channel Steel)、角钢(Angle Steel)等热轧型钢和钢板(Steel Plate)组成的以及用冷弯薄壁型钢制成的承重构件或承重结构统称为钢结构。钢结构是各类工程结构中应用非常广泛的一种建筑结构,发展至今已有四千多年的历史了。最早可以追溯到公元前 2000 年左右,在美索不达米亚平原(位于今天的伊拉克境内的幼发拉底河和底格里斯河之间)就出现了早期的炼铁术。

作为较早发明炼铁技术的国家之一,早在战国时期,我国的炼铁技术已很盛行,在河南辉县等地出土的大批战国时代(公元前 475～公元前 221 年)的铁制生产工具就说明了这一点。公元 65 年(汉明帝时代),已成功地用锻铁(Wrought Iron)为环,相扣成链,建成了世界上最早的铁链悬桥——兰津桥。此后,曾陆续建造了数十座铁链桥,其中跨度最大的要数四川泸定桥,如图 1-1 所示。1705 年(清康熙四十四年)建成的四川泸定大渡河桥,桥宽 2.8m,跨长 100m,桥身由 13 根碗口粗的铁链组成,左右两边各 2 根,每根铁链由862～997 个手工打造的铁环相扣,质量达 21t 多,扶手与底链之间用小铁链相连接,将13 根铁链形成一个整体,铁链两端系于直径为 20cm、长 4m 的生铁铸成的锚桩上。该桥比美洲 1801 年才建造的跨长 23m 的铁索桥早近百年,比号称世界最早的英格兰 30m 铸铁拱桥也早 74 年。除铁链悬桥以外,我国古代还修建了许多铁建筑物,如现存的建于公元1061 年的湖北荆州玉泉寺 13 层铁塔、山东济宁寺铁塔和江苏镇江甘露寺铁塔等。这些表明我国对铁结构应用所取得的卓越成就。

虽然我国很早便将铁应用于承重构件,但由于长期受封建主义社会制度的束缚,钢结构技术并没有得到较快发展。在国外,自从 18 世纪欧洲工业革命以来,由于钢铁工业的发展,钢结构在欧洲各国的应用逐渐增多,范围也不断扩大。而国内直到 19 世纪末才开始采用现代化钢结构,并取得了一定的成就,如沈阳皇姑屯机车厂的钢结构厂房(1927年)和广州中山纪念堂圆屋顶钢结构(1931 年)等。1937 年修建的杭州钱塘江大桥全长1453m,分引桥和正桥两个部分,正桥 16 孔,桥墩 15 座,下层铁路桥长 1322.1m,单线行车,上层公路桥长 1453m,宽 6.1m,两侧人行道各 1.5m,该桥雄伟壮观,堪称当时钢结构工程的应用典范,如图 1-2 所示。

图 1-1 泸定桥

图 1-2 钱塘江大桥

新中国成立后，我国的冶金工业与钢结构设计、制造和安装水平有了很大提高，发展十分迅速，如 1957 年建成的武汉长江大桥，正桥 3 联 9 孔，每孔跨度为 128m，全长 1155.5m。1959 年建成的北京人民大会堂总建筑面积 171800m²，钢屋架跨度为 60.9m，高度为 7m，大会堂会场挑台钢梁悬臂长度达 16m。1961 年建成的北京工人体育馆，能同时容纳 15000 名观众，比赛大厅屋盖采用轮式双层悬索结构，直径为 94m，由索网、边缘构件(外环)和内环三部分组成。1967 年建成的北京首都体育馆屋盖结构占地约 70000m²，主馆建筑面积 40000m²，长度为 122.2m，宽度为 107m，高度为 28.5m，整个工程从设计、施工到材料、设备都是依靠我国的力量建造的。1968 年建成的南京长江大桥为钢桁梁结构，共有 9 墩 10 孔，最大跨度为 160m，主桁架采用带下加劲弦杆的平行弦菱形桁架，为双层双线公路和铁路两用桥。所有这些，都标志着我国钢结构已迈入一个新的发展阶段。

由于受到钢产量的制约，在其后的很长一段时间内，钢结构被限制在其他结构不能代替的重大工程项目中使用，在一定程度上影响了钢结构的发展。

改革开放以来，我国经济建设获得了飞速的发展，钢产量逐年增加。逐步改变了钢材供不应求的局面，我国的钢结构技术政策，也从"限制使用"改为"积极合理地推广应用"，钢结构得到了空前的发展和应用，不论在数量上或质量上都远远超过了过去。此时，我国在设计、制造和安装等技术方面都达到了较高的水平，掌握了各种复杂建筑物的设计和施工技术，钢结构进入飞速发展的阶段，从计算机设计、制图、数控、自动化加工制造到科学管理等方面都有了一套独特的方法，在工程应用中取得了巨大的成就。

1999 年建成的上海金茂大厦高 420m(图 1-3)，地上 88 层，地下 3 层。2007 年建成的中央电视台新办公大楼高度尽管只有 234m(图 1-4)，但由于其独特的造型被美国《时代》周刊评选为 2007 年世界十大建筑奇迹。2008 年建成的北京奥运会主场馆——鸟巢(图 1-5)最高点高度为 68.5m，最低点高度为 42.8m，总建筑面积为 258000m²，可容纳 9.1 万人，是科技奥运的完美体现，自主创新研制的 Q460 钢材，撑起了"鸟巢"的钢筋铁骨。

图 1-3 上海金茂大厦

图 1-4 中央电视台办公大楼

图 1-5 国家体育场"鸟巢"

在多年工程实践和科学研究的基础之上，我国钢结构工程的设计、制作、安装和验收等各环节已趋于完善，步入成熟阶段。目前，涉及钢结构用的材质标准、型材标准、板材标准、管材标准、连接材标准、涂料标准和各种性能的试验方法标准共有百余种，为钢结构在我国的快速发展创造了条件。

与此同时，钢结构在国际市场的地位也不容忽视，很多国家不仅在大型建筑中大量地运用钢结构，在小型基础建设上也开始大范围使用钢结构，如目前在美国、澳大利亚、芬兰、瑞典、丹麦以及法国，钢框架体系正在变得越来越普及，丹麦人早已建造了大量基于钢骨架体系的低层住宅，在芬兰和瑞典也有一些钢框架的低层住宅已建造完成。

1.2 钢结构特点

钢结构工程是土木工程（Civil Engineering）的主要结构类型之一，与其他材料建造的结构相比，具有许多特点。

1.2.1 钢结构的优点

（1）质量轻而强度高。虽然钢材的密度较大，但它的强度（Strength）却比其他建筑材料（如混凝土、木材和砌块等）高很多，其密度与强度的比值相对较小，当承受的荷载和支座条件相同时，钢结构截面面积相对较小。例如，当跨度和荷载均相同时，钢屋架的质量仅为钢筋混凝土屋架的 1/4～1/3，冷弯薄壁型钢屋架甚至接近 1/10，为运输和吊装提供了方便。因而钢结构在大跨度结构、房屋加层结构和夹层改造结构中具有明显的优势。

（2）塑性（Plastic）和韧性（Toughness）好。钢材具有良好的变形能力，一般不会因为荷载作用而发生突然断裂破坏，且破坏前有较大的变形，易于觉察和躲避。同时，钢材还具有良好的韧性，对动力荷载的适应性较强，因而钢结构具有好的抗震性能。

（3）材质均匀。钢材由钢厂生产，质量控制严格，材质均匀性好，比较符合各向同性假设，与目前结构分析中采用的计算理论较为吻合，计算结果准确可靠。

（4）工业化程度高，工期短。钢结构与其他结构在建造流程上有着很大的区别。钢结构建造流程可分为两个阶段：构件制作与现场安装。构件制作主要在工厂车间进行集中制作，工业化程度高，加工精确度高。制成的构件运到现场拼装，采用螺栓连接或焊接，施工效率高，施工不受季节影响，工期短。因而在现代工业厂房结构中，钢结构具有非常明显的优势。

（5）密闭性好。钢材的组织非常密实，采用焊接（Weld）可以做到完全密封。一些要求气密性和水密性的高压容器、大型油库、输送管道等都适宜采用钢结构。

（6）绿色环保。钢结构工程现场作业量较小，噪声、施工污水和灰尘等对周围环境的污染较少。同时，当房子使用寿命到期，结构拆除产生的固体垃圾也少，而废钢还可回收循环利用，因而被誉为"绿色建筑"。

1.2.2 钢结构的缺点

与其他材料的结构相比，钢结构有以下缺点。

（1）耐热性好，防火性能差。钢材耐热而不耐高温。随着温度的升高，强度就会降低。当周围存在辐射热，温度在 150℃ 以上时，必须在局部区域采取隔热保护措施。一旦发生火灾，未加防护的钢结构一般只能维持 20min 左右。为了提高钢结构的耐火极限，通常都用混凝土（Concrete）或砖（Brick）把它包裹起来。此外，还应根据建筑物的耐火极限时间，对承重构件采取有效的防护措施，如涂刷防火涂料等。

（2）耐腐蚀性差。钢结构在湿度大和有侵蚀介质的环境下容易锈蚀，影响结构的耐久性和使用安全。为确保结构具有足够的耐久性，钢结构工程每隔一定时间都要重新刷防腐涂料。目前，国内外正在发展各种高性能的涂料和不易锈蚀的耐候钢。

（3）造价相对较高。采用钢结构后结构造价会略有增加，往往影响业主的选择。据统计，对高层建筑而言，钢结构与钢筋混凝土结构间的价差约占工程总投资的 5%～10%。这一差价常可由于采用钢结构后因自重轻而降低基础造价、增加建筑使用面积和缩短施工周期等得到相当程度的弥补，从而提高工程的综合经济效益。

1.3 钢结构的工程应用

钢结构是各类工程结构中应用比较广泛的一种建筑结构。针对房屋结构的自身特点，一些高度或跨度较大、荷载或吊车起重量较大、有较大振动或较高温度的工作环境、要求能活动或经常装拆的结构和在地震多发区的房屋结构，均可考虑采用钢结构。钢结构应用范围大致有以下几类。

1. 大跨度结构

在大跨度结构中，网架（Wire Frame）与网壳（Reticulated Structure）仍是当前我国常用的结构形式，如机库、航站楼、体育馆、展览中心、大剧院、博物馆等大跨度建筑的屋面采用钢网架或网壳结构形式较普遍。近年来，我国以钢网架及网壳为代表的空间网格结构得以迅速发展，100 多米跨度的网架或网壳建筑已有多座，网架结构形式如图 1-6 所示。

随着数控技术的发展，空间钢管桁架（Truss）结构在我国现代大跨度结构中脱颖而出。这种结构简洁大方，能展现结构的力学美，其身姿更引人注目。目前我国在建的高铁客运站、候机楼和体育馆等大型公共建筑多采用这种结构形式，如图 1-7 所示。

图1-6 某体育馆看台网架结构

图1-7 长沙高铁站空间钢管结构

其余的大跨度结构形式还包括：框架（Frame）结构、拱式（Arch）结构、悬索结构（Suspended Cable）、悬挂结构（Suspended）和预应力（Pre-stressed）钢结构等。代表性建筑有2008年北京奥运会国家体育场馆、2009年济南全运会体育场馆、2010上海世博会场、2010年亚运会体育场馆和2011年深圳大运会体育场馆等。

2. 高层建筑钢结构

钢结构在高层和超高层建筑中应用非常广泛，如旅馆、饭店、公寓、办公大楼和住宅等。其常用的结构形式有支撑钢框架结构和钢框架-混凝土核心筒混合结构（以下简称钢-混混合结构）等。据统计，在我国在建和已建成的高层和超高层建筑中，钢-混混合结构所占比例约为50%，世界第一高的哈利法塔（图1-8）和上海环球金融中心（图1-9）就是采用此结构类型。

图1-8 哈利法塔

图1-9 上海环球金融中心

20世纪80年代至今，我国已建成和在建的高层钢结构达100多幢，总面积约800万㎡，钢材用量80多万吨。在北京、上海、广州和深圳等经济较为发达的城市目前正在建和新建成的高层钢结构就达到十余幢。如上海中心大厦（高632m，在建）、上海环球金融中心（高492m）、北京电视中心（高227m）和央视新办公大楼（高234m）等。可见钢结构在此类建筑类型中的运用和发展都非常迅速。早在 1998 年建大连国贸中心(高 201m)时,就做到了所用钢结构全采用国产钢材,体现了我国钢产业的生产实力,这实力促进了我国钢结构的发展。

3. 工业厂房钢结构

工业厂房(Industrial Plant)主要有轻型工业厂房和重型工业厂房两种。相对重型工业厂房而言,轻型工业厂房主要采用小截面型钢或焊接宽翼缘的 H 型钢建造,用钢量通常不超过 $50kg/m^2$,因而厂房内吊车吨位相对较小,这种结构常出现在我国各级城市的经济技术开发区内的工业建筑中。对于钢铁联合企业、冶金工业、重型机械制造业以及大型动力设备制造业的许多车间都适合采用重型工业厂房建造,如图 1-10 所示。

(a)厂房外观　　　　　　　　　　　　　　(b)厂房内景

图 1-10 某重型化工厂

工业厂房中最常见的结构形式为门式刚架结构。在工程应用中,门式刚架(Portal Frame)结构跨度一般不超过 40m,个别达到 70m 以上,可用于单跨单层或多跨单层的厂房结构,也可用于二或三层建筑。目前,我国门式刚架结构已有较为完备的设计、施工和质量验收规范与规程。

4. 高耸钢结构

高耸钢结构为高而细的钢结构〔如各类钢塔(Steel Tower)、钢桅杆(Steel Mast)等〕,主要应用在电视塔、风力发电塔、微波塔、通信塔、输电线路塔、大气监测塔、旅游瞭望塔、火箭发射塔和烟仓等各个方面。目前,量大且面广的高耸钢结构主要是通信塔和输电塔,随着信息和电力的开发,这种钢塔将遍布神州大地,如图 1-11 和图 1-12 所示。

5. 桥梁钢结构

各大城市将桥梁等交通基础设施建设作为经济发展的重要基础,钢结构在桥梁中运用的增多也带动了钢结构的发展。使用钢结构较多的桥梁结构有斜拉桥,主要应用在钢箱、缆索、桥塔等部位。据统计,600m 以上的特大桥梁均为钢结构桥梁;"十一五"前三年平均每年新建桥梁 3 万座,年平均用钢量 1300 万吨;目前在建高速公路混凝土桥梁中可实施改用钢结构桥梁 3480 座,改用钢结构后可净增加钢材用量 546 万吨。截至 2008 年底,全国 59 万座桥梁中钢结构桥梁不足 1%,与美国 60 万座桥梁中钢结构桥梁占 33%、日本 13 万座桥梁钢结构桥梁占 41% 相比,差距较大。到 2015 年,我国要建 5 座跨海峡大桥,总用钢量预计为 625 万吨。

图 1-11　广州电视塔

图 1-12　某通信铁塔

中国第一座全钢结构桥塔的桥是南京三桥，仅桥塔用钢量即达 1.44 万吨。此外，著名的南浦大桥、杨浦大桥和杭州湾跨海大桥(图 1-13)等都是钢结构桥梁。

6. 板壳钢结构

用于要求密闭的容器，如冶金、石油、化工企业中大量采用钢板做成的容器结构，包括油罐、煤气罐、高炉、热风炉等都是板壳(Plate and Shell)钢结构。此外，某些大型管道也是一种板壳钢结构。

7. 索膜结构

随着悬索和膜等张拉结构研究开发的深入和工程应用的推广，预应力空间结构开始得到应用，如英国的千年穹顶(图 1-14)、上海世博园核心区的世博轴"阳光谷"、城市广场膜结构等一大批新型钢结构建筑和构筑物不断涌现。索膜(Cable - Membrane)结构目前处于发展阶段，用量不大，国内已有多家膜结构工程公司承担了许多体育场馆、机场、公园和街道景观的设计和施工。目前，在工程中所采用的高中档膜材仍需进口(如 PTFE、ETFE)。

图 1-13　杭州湾跨海大桥

图 1-14　伦敦千年穹顶

8. 移动钢结构

由于钢结构具有强度高、质量相对较轻和便于拆装等特点，许多装配式房屋、水工闸门、升船机、桥式吊车、各种塔式起重机、龙门起重机和悬索起重机等都采用钢结构。现在也有一些钢结构采用移动房屋的设计方式，更为新颖的是，美国克利夫兰滨水地带的Voinovich 公园将人行桥钢结构也设计成可移动的。

9. 钢-混凝土组合结构

钢-混凝土组合结构包括压型钢板混凝土组合板、钢-混凝土组合梁、钢骨混凝土结构（也称为型钢混凝土结构或劲性混凝土结构）和钢管混凝土（Concrete-filled Steel Tubular）结构等形式。

组合结构能充分发挥钢材和混凝土两种材料各自的优点，不但具有优异的静力和动力工作性能，而且能大量节约钢材、降低工程造价和加快施工进度，对环境污染较少，符合我国建筑结构发展方向。目前，组合结构在我国的发展十分迅速，已广泛应用于冶金、造船、电力和交通等部门的建筑中，并以迅猛的势头进入到桥梁工程和高层与超高层建筑中。

1.4 钢结构的发展趋势

目前，钢结构工程在我国土木工程中所占的比例远远低于其他国家，这也说明我国在钢结构工程这一领域还具有很大的上升空间。随着各方面条件的完善，我国的钢结构工程正面临着新的契机。可以预期，今后我国钢结构工程的发展方向主要在以下几个方面。

1. 提升钢产量，发展高强度低合金钢材

考虑到钢结构建筑的突出优点，2008 年的国内十大产业振兴规划中的钢铁产业调整振兴规划也明确提出，要鼓励在建筑结构中提高用钢的比例。随着国内钢结构技术和企业的发展，我国"钢结构产量/粗钢产量"正努力向国际平均水平靠拢，为赶上国际水平，我国钢结构产量将大幅上升。据估计 2015 年"钢结构产量/粗钢产量"比例为 8%、粗钢产量增速为 3.5%，则未来 3 年钢结构产量增速将达 15%以上，为钢结构建筑的发展提供保障。

除产量外，钢材的强度也是制约钢结构发展的很重要的因素，致力于研发和完善高强度低合金钢材是发展钢结构必不可缺的步骤。目前除了已有的 Q235 钢、Q345 钢、Q390钢和 Q420 钢外，还研发了 Q460 钢，并已在国家体育场——鸟巢中应用。

2. 钢结构设计方法的改进

概率极限状态设计方法还有待发展，因为它计算的可靠度还只是构件或某一截面的可靠度，而不是结构体系的可靠度，同时也不适用于疲劳计算的反复荷载作用下的结构。另外，结构设计上考虑优化理论的应用与计算机辅助设计及绘图的发展，今后还应继续研究和改进。

3. 结构形式的革新

悬索结构、网架结构、超高层结构等近年来已得到飞速发展和应用，钢-混凝土组合构件也已广泛应用。在已有的结构形式继续发展以及研究的同时，结构的革新也是今后值得深入探讨的课题。

4. 做好标准与规范的衔接

现行的《建筑行业工程设计资格分级标准》是针对一般工业与民用建筑的，不完全适用于钢结构工程；现行的《钢结构、网架工程企业资质等级标准》范围较窄，已不能适应当前的情况；目前住房和城乡建设部住宅产业化促进中心正在组织各有关科研设计单位、大专院校、生产企业共同编制行业技术标准《低层轻钢结构住宅技术要求》，这项标准发布后，将结束轻钢结构住宅在我国无技术标准可依的局面；我国《冷弯薄壁型钢结构技术规程》基本上不考虑用厚度 2mm 以下的钢材制作主要承重构件，对于国外大量采用的壁厚 0.8～1.6mm 的镀锌轻钢龙骨承重体系，我们既缺乏对其受力状况和结构安全性、耐久性的理论分析，也缺乏相关的试验数据，这就使得轻钢住宅的结构设计在我国寻找不到有针对性的规范作为依据。

5. 加强科研工作

全行业开展课题研究，总结设计、制作、安装经验，组织国内外技术交流，促进钢结构技术不断创新和发展，钢结构的设计、制造、施工及管理将会有更大的进步。目前钢结构主要的研究课题包括：①钢结构体系的创新；②钢结构设计的理念和实践；③钢结构施工工业化、施工和检测机具的革新；④与钢结构相匹配的建筑材料的开发；⑤钢结构设计、施工、防火、抗灾标准的补充、修订和完善；⑥钢结构制造、安装企业国内外市场竞争力的提高战略和现实的科学管理；⑦钢结构产业化和产业链发展的各种技术经济指标测算、分析和优化；⑧要重点研究解决钢结构防火、防腐及保温、隔声、防震动等性能以及住宅建筑防火、防腐蚀问题，并制订相应的设计、施工导则规程，以推进我国钢结构的健康发展。

本 章 小 结

通过本章学习，可以了解钢结构的发展历程，掌握钢结构工程所具有的特点和钢结构工程的应用范围与发展趋势。

与其他材料所建造的结构相比，钢结构工程具有许多自身的特点，钢结构的工程应用范围均与其优点有关，其缺点制约了钢结构的发展和应用。

工程应用对钢结构提出了许多要求，这些要求将会引起钢结构技术的不断更新和发展。

习　　题

1. 试查阅相关资料，了解国外钢结构的发展历程。
2. 试讲述你所见到的钢结构工程的特点。
3. 与其他材料所建造的结构相比，钢结构工程具有哪些优缺点？
4. 在钢结构工程应用过程中，克服其缺点的途径有哪些？

第2章
钢结构材料

教学目标

本章主要讲述钢结构材料的基本知识。通过本章学习，应达到以下目标。

（1）掌握钢材的基本力学性能及力学指标、钢材的破坏形态、钢材性能的影响因素。

（2）熟悉钢材分类、钢材牌号的含义和国产型钢规格。

（3）理解建筑用钢材的选用原则。

教学要求

知识要点	能力要求	相关知识
钢材力学性能	（1）理解伸长率和截面收缩率的概念 （2）掌握钢材的力学性能及指标	（1）钢材的塑性性能指标及计算方法 （2）建筑用钢材对性能的要求
钢材破坏形态	（1）理解脆性破坏和疲劳破坏的概念 （2）熟悉预防脆性破坏和疲劳破坏的措施	（1）脆性破坏和疲劳破坏特征 （2）引起脆性破坏和疲劳破坏的原因 （3）疲劳强度的影响因素
影响钢材性能的因素	熟悉影响钢材性能的主要因素	（1）主要化学成分对钢材性能的影响 （2）镇静钢和沸腾钢的概念 （3）钢材硬化的概念 （4）蓝脆温度和应力集中的概念
钢材的分类	熟悉钢材牌号和品种的分类	（1）钢材牌号的含义 （2）钢材不同品种的力学要求和性能要求
钢材的选用和规格	（1）熟悉钢材的常用规格 （2）掌握钢材选用的原则	（1）钢材选用时需考虑的因素 （2）国产型钢的种类

基本概念

伸长率、冷弯性能、脆性破坏、疲劳破坏、蓝脆温度、热脆、冷脆、低碳钢、合金钢

 引例

钢材是钢结构中的主要建筑材料，钢材质量和钢材的力学性能关系到结构的正常使用和安全。工程实际中，由于钢材质量问题而导致工程事故的案例屡有发生。

加拿大魁北克大桥建于 20 世纪初期，它是当时世界上此类大桥中最大的一座。这座大桥本该是美国著名设计师特奥多罗·库帕的一个真正有价值的不朽杰作，可惜它没有架成。库帕自我陶醉于他的设计，而忘乎所以地把大桥的长度由原来的 500m 加到 600m，以成为当时世界上最长的桥。桥的建设速度很快，施工组织也很完善。正当投资修建这座大桥的人士开始考虑如何为大桥剪彩时，人们忽然听到一阵震耳欲聋的巨响——大桥的整个金属结构垮塌；19000t 钢材和 86 名建桥工人落入水中，只有 11 人生还如图 2-1 所示。由于库帕的过分自信而忽略了对桥梁自重的精确计算，导致了一场悲剧。

图 2-1 魁北克大桥坍塌现场图

今天，所有毕业于加拿大各大学的工程师们都带有一个铁指环，这些铁指环曾经是由取之于那座坍塌的魁北克大桥的金属制成的(现在的指环由不锈钢制造)。它们时刻提醒工程师们，要具有高度的责任感去设计安全、牢固和有用的结构。

钢结构的主要材料是钢材。钢材种类繁多，性能各异。要深入了解钢结构的特性，必须从钢结构的材料开始，掌握钢材的力学性能、加工工艺、破坏形态和钢材性能的影响因素，以便在工程应用过程中能选择合理的钢材，在满足结构安全和使用的前提下，尽可能地节约材料，降低工程造价。

2.1 钢材的力学性能

2.1.1 钢材的强度

钢材拉伸试验是用试件在常温条件下在拉力试验机或万能试验机上进行一次单向均匀拉伸直到试件被拉断的力学性能测试验，其测试结果可用单向均匀静力拉伸试验的荷载-位移曲线或应力-应变曲线来表示。图 2-2 为低碳钢在均匀拉伸时的荷载-位移曲线，横坐标代表试件的伸长量或应变，纵坐标代表荷载或应力。

从图 2-2 中的曲线可以看出，钢材的工作性能可以分为以下四个阶段。

1. 弹性阶段(OE 段)

曲线 OE 段是钢材的弹性阶段，即在荷载作用下，随着荷载增加，变形也增加，荷载降到零，变形也降到零，试件的伸长量与加载大小几乎成线性关系。其中 OA 段的荷载与钢材试件的伸长成比例，弹性模量 E 保持常数（$E=2.06\times10^5\,\text{N/mm}^2$），完全符合胡克定律，$N_P$ 为比例极限荷载，相应的应力为比例极限 σ_P。E 点所对应的荷载为弹性极限荷载 N_e，相应的应力为弹性极限 σ_e。通常 σ_e 略大于 σ_P，但由于两者极其接近，且试验时弹性极限不易准确求得，通常不加区分。

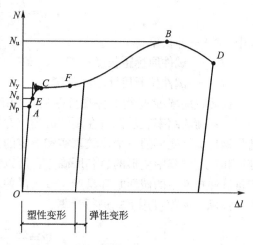

图 2-2 钢材在静力单向均匀拉伸时的荷载-位移曲线

2. 屈服阶段（ECF 段）

当荷载超过 N_e 后，由于钢材内部组织发生变化，纯铁体晶粒之间产生滑移，荷载与变形不再成正比例关系，此时试件变形包括弹性变形和塑性变形两部分，即后者在卸载后不会消失而成为残余变形。其后，变形增加很快，曲线呈锯齿状，甚至荷载不增加时，变形仍然继续发展，这个阶段为钢材的屈服阶段。屈服阶段波动曲线的下限，被认为是钢材的屈服荷载 N_y，相应的应力称为屈服点或流限，用符号 f_y 表示。屈服阶段从 E 点开始到曲线再次上升的 F 点，试件变形范围较大，其应变幅度称为流幅。流幅越大，钢材的塑性越好。屈服点能反映钢材强度，流幅能反映钢材塑性，两者均为钢材重要的力学性能指标。

3. 强化阶段（FB 段）

屈服阶段之后，钢材内部晶粒重新排列，使之能抵抗更大的荷载，曲线略有上升而达到顶点 B，这个阶段称为强化阶段。对应于顶点 B 的荷载为试件能承受的最大荷载，称为极限荷载，用符号 N_u 表示。相应的应力叫抗拉强度或极限强度，用符号 f_u 表示。

4. 颈缩阶段（BD 段）

当荷载到达极限值 N_u 时，在试件材料质量较差处的截面出现局部横向收缩，截面面积开始明显缩小，塑性变形迅速增大，试件发生颈缩，这个阶段称为颈缩阶段。钢材颈缩后，荷载不断降低，但变形却继续发展，直至 D 点，试件断裂。

2.1.2 钢材的塑性

钢材的塑性一般是钢材破坏前产生塑性变形的能力。衡量钢材塑性的好坏的主要指标是伸长率 δ 和截面收缩率 ψ。

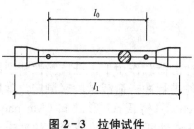

图 2-3 拉伸试件

伸长率 δ 是指钢材受外力（拉力）作用断裂时，试件（图 2-3）拉断后的原标距长度的伸长量与原标距比值的百分率。伸长率按试件长度的不同可分为：短试件伸长率 δ_5（试件的标距等于 5 倍直径）和长试件伸长率 δ_{10}（试件的标距等于 10 倍直径）。δ 值可按下式计算：

$$\delta = \frac{l_1 - l_0}{l_0} \times 100\% \tag{2-1}$$

式中 δ——伸长率；

l_0——试件原标距长度；

l_1——试件拉断后标距间长度。

截面收缩率 Ψ 是指试件在拉断后，颈缩区的断面面积缩小值与原断面面积比值的百分率。断面收缩率表示钢材在颈缩区的应力状态条件下，所能产生的最大塑性变形。它是衡量钢材塑性变形的一个比较真实和稳定的力学指标。由于伸长率 δ 是钢材沿长度的均匀变形和颈缩区集中变形的总和所确定，所以它不能代表钢材的最大塑性变形能力。由于在测量试件拉断后的截面时容易产生较大误差，因而钢材塑性指标仍然采用伸长率作为材料力学指标。Ψ 值可用下式进行计算：

$$\Psi = \frac{A_0 - A_1}{A_0} \times 100\% \tag{2-2}$$

式中 A_0——原来的断面面积；

A_1——试件拉断后颈缩区的断面面积。

具有良好塑性性能的钢材，能部分消除因钢材应力集中和材质缺陷等不利因素所造成的应力集中现象，改善材料的受力状况，不至因个别区域损坏而扩展到全构件并导致破坏（尤其是在动力荷载作用下的结构和构件）。

2.1.3 钢材的冷弯性能

钢材的冷弯(Cold Bending)性能是衡量钢材在常温下弯曲加工产生塑性变形时，抵抗产生裂纹能力的一项指标，由冷弯试验确定。试验时，根据钢材牌号和不同的板厚，按国家相关标准规定的弯心直径，在试验机上把试件弯曲180°，以试件内、外表面和侧面不出现裂纹和分层为合格，如图 2-4 所示。冷弯试验不仅能检验材料承受规定的弯曲变形能力的大小，还能显示其内部的冶金缺陷（如非金属夹渣、裂纹、分层和偏析等）。因此，其冷弯性能是判断钢材塑性变形能力和冶金质量的综合指标。结构在制作和安装过程中常需要进行冷加工，特别是焊接结构的焊后变形需要进行调直和调平等，都需要钢材具有较好的冷弯性能。焊接承重结构以及重要的非焊接承重结构采用的钢材还应具有冷弯试验的合格保证。

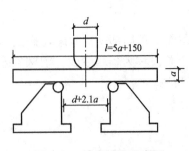

图 2-4 冷弯试验示意图

2.1.4 钢材的抗冲击韧性

钢材的抗冲击韧性也称作缺口韧性，是衡量钢材在冲击荷载作用下，抵抗脆性断裂能力的一项力学指标，通常采用在材料试验机上对标准试件进行冲击荷载试验来测定。常用的标准试件的形式有夏比 V 形缺口（Charp V - notch）和梅氏 U 形缺口（Mesnaqer U - notch）两种。U 形缺口试件的冲击韧性用冲击荷载下试件断裂所吸收或消耗的冲击功除横截面面积的量值来表示，即 $\alpha_k = A_k/A_n$，单位为 J/mm^2。V 形缺口试件的冲击韧性用试件断裂时所吸收的功，用 A_k 来表示。由于 V 形缺口试件对冲击尤为敏感，更能反映钢材的韧性。我国规定钢材的冲击韧性按 V 形缺口试件冲击功来表示，如图 2-5 所示。

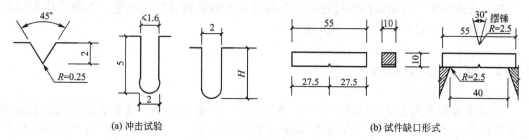

(a) 冲击试验 (b) 试件缺口形式

图 2-5 冲击韧性试验示意图

钢材的冲击韧性与钢材的质量、缺口形状、加载速度、试件厚度和温度有关，其中温度的影响最大。试验表明，钢材的冲击韧性值随温度的降低而降低，但不同牌号和质量等级的钢材其降低规律又有很大的不同。因此，在寒冷地区承受动力荷载作用的重要承重结构，应根据工作温度和所用的钢材牌号，对钢材提出相应温度下的冲击韧性指标要求，以防脆性破坏的发生。

2.2 钢材的破坏形态

钢材是土木工程中一种较为理想的弹塑性材料，具有良好的塑性性能，但在特殊条件下，钢材也会发生脆性断裂。两者的主要力学特征如下。

（1）塑性破坏——构件应力超过屈服点 f_y，并达到抗拉极限强度 f_u 后，构件产生明显的塑性变形而断裂，其断口常为杯形，呈纤维状，色泽发暗。破坏前有明显的变形，且有较长的变形持续时间，便于发现和补救。

（2）脆性破坏——破坏前无明显变形，平均应力低于抗拉极限强度 f_u，甚至是低于屈服点 f_y，其断口平直，呈有光泽的晶粒状。破坏很突然，无明显预兆，此破坏危险性极大，应尽量避免。

2.2.1 钢材的脆性破坏

断裂力学认为脆性断裂是由裂纹引起的，是在荷载和侵蚀性环境的作用下，裂纹扩展到明显尺寸时发生的。因此裂纹的尺寸是影响脆性断裂的原因之一，此外还有作用应力和材料的韧性。钢材化学成分不同也影响着钢材的脆性破坏，如冶金缺陷容易造成偏析、非金属夹杂、裂纹、起层等现象进而影响钢材的脆性。影响钢材脆断的其他因素还包括：钢板厚度、加载速度、应力性质和大小、最低使用温度、连接方法和应力集中等。

提高钢材抗脆性断裂性能的主要措施如下。

（1）合理设计。选择正确的材料和连接方式，力求构造合理，例如，避免构件截面突然改变，减少构件和截面的应力集中现象发生；避免焊缝的密集和交叉；选择合理的钢材质量等级等。

（2）合理制作。严格按图施工，不得随意变更图纸，例如，不得随意变更钢材型号和等级；不得随意变更钢材的连接方式；提高焊缝质量，避免焊缝出现非金属夹渣、气泡、裂纹、未熔透和咬边等质量问题。

（3）合理使用。结构在使用过程中，不得随意改变其设计使用功能；不得在主要结构上任意施焊；避免使用过程中的意外损伤等。

2.2.2 钢材的疲劳破坏

钢材或构件在连续反复荷载作用下，在应力远低于极限强度，甚至还低于屈服强度的情况下也会发生破坏，这种破坏称之为疲劳破坏（Fatigue Failure）。钢材在疲劳破坏前，无明显变形，是一种突然发生的断裂，断口表面呈现两个截然不同的区域（其一是光滑区，另一个是晶粒状的粗糙区），属于反复荷载作用下的脆性破坏。其破坏后果严重，应尽力避免。荷载变化不大或不频繁反复作用的钢结构一般不会发生疲劳破坏，计算中不必考虑疲劳的影响。但长期承受连续反复荷载的结构，设计时必须考虑其影响。

由于冶炼、轧制以及冷热加工在构件表面或内部留下的几何缺陷（微小缺陷、不均匀杂质等），经常会导致应力集中出现。大量疲劳破坏的事故及试验研究表明，裂源总是与应力集中同时出现，应力集中系数 ε 越大（相应地，应力集中程度越高），构件的抗疲劳性能越差。同时，温度越低，钢材越易脆断，尤其是焊接结构。

钢材的破坏是经过长时间的发展过程产生的，破坏过程可以分为三个阶段：裂纹的形成、裂纹的缓慢扩展（破坏时该区域断口光滑）和最后的迅速断裂而破坏。由于钢结构总会有内在的微小缺陷，这些缺陷本身就有微小裂缝的性质，所以钢结构的疲劳破坏只有后两个阶段。

疲劳破坏时，钢材达到的最大应力称之为疲劳强度。影响疲劳强度的因素有很多，如应力的种类（拉应力、压应力、剪应力和复合应力等）、应力循环形式、应力循环次数、应力集中程度和残余应力等。有关疲劳强度的计算方法请参阅相关书籍。

工程中常用于改善结构疲劳性能的措施如下。

（1）对低温地区的焊接结构，要注意选用钢材的材质和钢材厚度，如需钢材进行冷加工，应将冷加工硬化部分的钢材刨去。

（2）注意钢材的焊接质量和焊缝的正确布置，尽量避免各种焊缝缺陷的产生。

（3）力求避免应力集中现象出现。

（4）确保结构均衡受力，减小荷载冲击和降低应力水平。

2.3 影响钢材性能的因素

2.3.1 化学成分的影响

钢材是由各种化学成分组成的，化学成分及其含量对钢的性能特别是力学性能有着重要的影响。钢材的基本元素为铁（Fe），普通碳素钢中铁元素含量占 99%，此外，还有碳(C)、硅(Si)、锰(Mn)等杂质元素，及硫(S)、磷(P)、氧(O)、氮(N)等有害元素，这些总含量约 1%，但对钢材力学性能却有很大影响。

1. 碳(C)

碳是钢材除铁以外最主要的元素。碳含量增加，会使钢材强度提高，塑性和韧性(特别是低温冲击韧性)下降，同时耐腐蚀性、疲劳强度和冷弯性能也显著下降，恶化钢材可焊性，增加低温脆断的危险性。一般建筑用钢要求碳含量在 0.22% 以下，焊接结构中应限制在 0.20% 以下。

2. 硅(Si)

硅作为脱氧剂加入普通碳素钢。适量的硅可提高钢材的强度，而对塑性、冲击韧性、冷弯性能及可焊性无显著不良影响。一般镇静钢(Killed Steel)的含硅量为 0.10%～0.30%，含量过高(达 1%)会降低钢材塑性、冲击韧性、抗锈性和可焊性。

3. 锰(Mn)

锰是一种弱脱氧剂。适量的锰可有效提高钢材强度，消除硫、氧对钢材的热脆影响，改善钢材热加工性能和冷脆倾向，同时不显著降低钢材的塑性和冲击韧性。普通碳素钢中锰的含量约为 0.3%～0.8%，含量过高(达 1.0%～1.5% 以上)将使钢材变脆变硬，并降低钢材的抗锈性和可焊性。

4. 硫(S)

硫属于有害元素。硫会引起钢材热脆，降低钢材的塑性、冲击韧性、疲劳强度和抗锈性等。一般建筑用钢含硫量要求不超过 0.055%，在焊接结构中应不超过 0.050%。

5. 磷(P)

磷也属于有害元素。磷虽可提高强度、抗锈性，但会严重降低塑性、冲击韧性、冷弯性能和可焊性，尤其低温时发生冷脆。磷的含量需严格控制，一般不超过 0.050%，焊接结构中不超过 0.045%。

6. 氧(O)和氮(N)

氧和氮也是有害元素。氧的作用和硫类似，会使钢材发生热脆(Hot Shortness)，一般要求含氧量小于 0.05%；氮的作用和磷类似，会使钢材发生冷脆(Cold Shortness)，一般应小于 0.008%。

此外，为改善钢材力学性能，可适量增加锰、硅含量，还可掺入一定数量的铬、镍、铜、钒、钛、铌等合金元素，炼成合金钢。钢结构常用合金钢中合金元素含量较少，属于普通低合金钢。

2.3.2　生产工艺的影响

1. 冶炼

钢材的冶炼主要有三种：电炉钢、平炉钢和氧气转炉钢。电炉钢质量最好，但成本高，一般不采用；平炉钢和氧气转炉钢两者质量大体相当，但由于氧气转炉钢具有投资少、建厂快、生产效率高等优点，已成为炼钢工业发展的主要方向。

2. 浇铸

钢的脱氧因脱氧程度不同，形成沸腾钢（Rimming Steel）、镇静钢（Fully-killed Steel）、半镇静钢（Part Killed Steel）和特殊镇静钢（Special Killed Steel）。沸腾钢是采用弱脱氧剂进行脱氧，浇注钢锭时，有氧、氮和一氧化碳气体从钢水中逸出，形成钢水的沸腾现象，故称之为"沸腾钢"。沸腾钢的时效、韧性、可焊性较差，容易发生时效和变脆，但产量较高、成本较低，因而在土木工程中仍大量使用；镇静钢是在钢水中加入 Si、Mn 等进行彻底脱氧，过程中钢水冷却慢，状态平静，故称之为"镇静钢"。镇静钢性能较好，但产量较低，成本较高。半镇静钢介于镇静钢和沸腾钢之间，国内生产较少。特殊镇静钢是在用 Si 脱氧之后再用 Al 补充脱氧，所得钢材的低温冲击韧性更高。

3. 轧制

钢的轧制是在高温（1200～1300℃）和压力作用下轧制成型的。钢材的轧制是将钢锭热轧成钢板或型钢，它不仅改变了钢的形状及尺寸，而且改善了钢材的内部组织，从而改善了钢材的力学性能。钢材的轧制可以细化钢的晶粒，消除显微组织的缺陷，使钢锭中的小气泡、裂纹、疏松等缺陷焊合起来，使金属组织更加致密。试验表明：辊压次数越多，晶粒越细密，缺陷越少。因此，轧制的薄型材和薄钢板较厚型材相比，强度较高，且塑性和韧性较好。

2.3.3 钢材的硬化

钢材硬化包括时效硬化、应变硬化和应变时效硬化三种情况。

钢材仅随时间增长而变脆的现象称为时效硬化。其主要原因是纯铁体中常有一些碳和氮的化合物以固熔物逐渐从纯铁体中析出，形成自由的碳化物和氮化物微粒，散布在晶粒的滑移面上，约束纯铁体的塑性发展。

钢材经冷加工（冷拉、冷弯等）而产生塑性变形，卸载后重新加载，可使钢材屈服点得到提高，但钢材塑性和韧性明显降低的现象，称为应变硬化。应变硬化增加了钢材出现脆性破坏的可能性，对钢结构不利。

钢材经应变硬化后，其时效硬化速度将加快，从而在较短时间内钢材又产生显著的时效硬化的现象，称为应变时效硬化。

2.3.4 温度的影响

钢材性能受温度的影响较大。当温度不超过 200℃时，钢材性能变化不大。达 250℃附近时，钢材抗拉强度略有提高，而塑性、韧性均下降，此时加工有可能产生裂缝。因钢材表面氧化膜呈蓝色，此现象称"蓝脆现象"。温度超过 300℃以后，屈服点和极限强度明显下降，达到 600℃时强度几乎等于零。温度从常温下降到一定值时，钢材的冲击韧性突然急剧下降，试件断口呈脆性破坏，这种现象称为"冷脆现象"。钢材由韧性状态向脆性状态转变的温度叫冷脆转变温度。冷脆转变温度与钢材的韧性有关，冷脆转变温度越低的钢材，其韧性越好。

2.3.5 应力集中的影响

当构件截面发生急剧变化，出现几何不连续现象(如钢结构构件中存在的孔洞、槽口、凹角、裂缝、厚度变化、形状变化、内部缺陷等)，使构件截面上的一些区域产生局部高峰应力，这就是所谓的应力集中现象。应力集中越严重，钢材塑性越差。因此，在设计时，要尽量避免截面突然发生改变，尤其在低温地区更应如此。

2.4 钢材的分类

我国建筑用钢主要为碳素结构钢(又称普通碳素钢)和低合金结构钢两种，优质碳素结构钢在冷拔碳素钢丝和连接用的紧固件中也有应用。另外，焊接结构用耐候钢和铸钢等在某些情况下也有应用。

1. 碳素结构钢

根据现行的国家标准《碳素结构钢》(GB 700—2006)的规定，将碳素结构钢(Carbon Steel)分为 Q195、Q215、Q235、Q275 四种牌号，其中 Q 是屈服强度中"屈"字汉语拼音的字首，后接的阿拉伯数字表述屈服强度的大小，单位为"N/mm^2"。阿拉伯数字越大，表示含碳量越大，强度和硬度越大，塑性越低。由于碳素结构钢冶炼容易，成本低廉，并有良好的各种加工性能，所以使用较广泛。其中，Q235 在使用、加工和焊接方面的性能都比较好，是钢结构常用钢材品种之一。

碳素结构钢有氧气转炉和电炉冶炼。交货时供方应提供其力学性能(机械性能)质保书，其内容为：碳(C)、锰(Mn)、硅(Si)、硫(S)、磷(P)等含量。Q235 钢有四种质量等级和三种脱氧方法。质量等级分为 A、B、C、D 四级，由 A 到 D 表示质量由低到高。不同质量等级对冲击韧性(夏比 V 形缺口试验)的要求有所区别。A 级无冲击功规定，对冷弯试验只在需方有要求时才进行；B 级要求提供 20℃时冲击功不小于 27J(纵向)；C 级要求提供 0℃时冲击功不小于 27J(纵向)；D 级要求提供−20℃时冲击功不小于 27J(纵向)。同时，B、C、D 级还要求提供冷弯试验合格证书。不同质量等级对化学成分的要求也有区别。

根据脱氧程度不同，钢材分为沸腾钢、镇静钢和特殊镇静钢，并用汉字拼音字首分别表示为 F、Z、TZ。对 Q235 来说，A、B 两级钢的脱氧方法可以是 F，也可以是 Z，C 级钢只能是 Z，D 级钢只能是 TZ。用 Z 和 TZ 表示牌号时也可以省略。现将 Q235 钢表示法举例如下。

Q235A——屈服强度为 235 N/mm^2，A 级镇静钢。

Q235AF——屈服强度为 235 N/mm^2，A 级沸腾钢。

Q235D——屈服强度为 235 N/mm^2，D 级特殊镇静钢。

Q235C——屈服强度为 235 N/mm^2，C 级镇静钢。

碳素结构钢按现行标准规定的化学成分和力学性能见附录 1。

2. 低合金钢

低合金钢(Low Alloy Steel)是在普通碳素钢中添加一种或几种少量合金元素，总量低于 5%，故称低合金钢。根据现行国家标准《低合金高强度结构钢》(GB/T 1591—2008)的规定，低合金高强度钢分为 Q345、Q390、Q420、Q460、Q500、Q550、Q620、Q690 八种，阿拉伯数字表示该钢种屈服强度的大小，单位为"N/mm²"，其中 Q345、Q390、Q420 为钢结构常用的钢种。低合金钢由氧气顶吹转炉、电炉冶炼，交货时供方应提供力学性能质保书，其内容为屈服强度(f_y)、极限强度(f_u)、伸长率(δ_5 或 δ_{10})和冷弯试验；还要提供化学成分质保书，其内容为碳、锰、硅、硫、磷、钒、铌和钛等的含量。Q345、Q390 和 Q420 按质量等级分为 A、B、C、D、E 五级，由 A 到 E 表示质量由低到高。不同质量等级对冲击韧性(夏比 V 形缺口试验)的要求有区别。以公称厚度在 12mm 至 150mm 时为例，A 级无冲击功要求；B 级要求提供 20℃时冲击功不小于 34J(纵向)；C 级要求提供 0℃时冲击功不小于 34J(纵向)；D 级要求提供 −20℃时冲击功不小于 34J(纵向)；E 级要求提供 −40℃时冲击功不小于 34J(纵向)。不同质量等级对碳、硫、磷、铝等含量的要求也有区别。低合金钢的脱氧方法为镇静钢和特殊镇静钢，应以热轧、控轧、正火、正火轧制、正火加回火状态、热机械轧制(TMCP)或热机械轧制加回火状态交货。现将 Q345、Q390、Q420 表示法举例如下。

Q345B——屈服强度为 345 N/mm²，B 级镇静钢。

Q390D——屈服强度为 390 N/mm²，D 级特殊镇静钢。

Q345C——屈服强度为 345 N/mm²，C 级特殊镇静钢。

Q390A——屈服强度为 390N/mm²，A 级镇静钢。

Q420E——屈服强度为 420 N/mm²，E 级特殊镇静钢。

低合金高强度钢按现行标准规定的化学成分和力学性能分别见表 2-1 和表 2-2。

3. 优质碳素结构钢

优质碳素结构钢是含碳量小于 0.8% 的碳素钢。这种钢中所含的硫、磷及非金属夹杂物比碳素结构钢少，力学性能较为优良。根据《优质碳素结构钢技术条件》(GB 699—1999)的规定，优质碳素结构钢按含碳量不同可分为三类：低碳钢(C≤0.25%)、中碳钢(C 为 0.25%~0.6%)和高碳钢(C>0.6%)。

4. 优质钢丝绳

优质钢丝绳是由高强度钢丝组成，钢丝用优质碳钢制成，经多次冷拔和热处理后可达到很高的强度。潮湿或露天环境等工作场所可采用镀锌钢丝拧成的钢丝绳，以增强防锈性能。钢丝绳主要用在吊运和拉运等需要高强度线绳的运输中。

5. 建筑结构用钢板

近年来，我国研发出系列高性能建筑结构钢材(GJ 钢)，并制定了相应产品标准《建筑结构用钢板》(GB/T 19879—2005)。GJ 钢与碳素结构钢、低合金高强度结构钢的主要差异有：规定了屈强比和屈服强度的波动范围；规定了碳当量 CE 和焊接裂纹敏感性指数 Pcm；降低了 P、S 的含量，提高了冲击功值；降低了强度的厚度效应等。

表2-1 部分热轧、控轧、正火或正火加回火状态交货低合金高强度钢的牌号及化学成分

牌号	质量等级	质量分数/%														
		C	Si	Mn	P	S	Nb	V	Ti	Cr	Ni	Cu	N	Mo	B	Al
		≤														≥
Q345	A	0.20	0.50	1.7	0.035	0.035	0.07	0.15	0.20	0.30	0.50	0.30	0.012	0.10	—	—
	B	0.20			0.035	0.035										
	C				0.030	0.030										0.015
	D	0.18			0.030	0.025										
	E				0.025	0.020										
Q390	A	0.20	0.50	1.7	0.035	0.035	0.07	0.20	0.20	0.30	0.50	0.30	0.015	0.10	—	—
	B				0.035	0.035										
	C				0.030	0.030										0.015
	D				0.030	0.025										
	E				0.025	0.020										
Q420	A	0.20	0.50	1.7	0.035	0.035	0.07	0.20	0.20	0.30	0.80	0.30	0.015	0.20	—	—
	B				0.035	0.035										
	C				0.030	0.030										0.015
	D				0.030	0.025										
	E				0.025	0.020										
Q460	C	0.20	0.60	1.8	0.030	0.030	0.11	0.20	0.20	0.30	0.80	0.55	0.015	0.20	0.004	0.015
	D				0.030	0.025										
	E				0.025	0.020										

表 2-2　部分热轧、控轧状态交货低合金高强度钢拉伸性能

牌号	质量等级	拉伸试验 以下公称厚度（或直径）(mm) 最小屈服强度 R_{eL}/MPa									以下公称厚度（或直径）(mm) 抗拉强度 R_m/MPa				以下公称厚度（或直径）(mm) 断后最小伸长率 A/%					
		≤16	>16～40	>40～63	>63～80	>80～100	>100～150	>150～200	>200～250	>250～400	≤100	>100～150	>150～250	>250～400	≤40	>40～63	>63～100	>100～150	>150～250	>250～400
Q345	A	≥345	≥335	≥325	≥315	≥305	≥285	≥275	≥265	—	470～630	450～600	450～600	—	≥20	≥19	≥18	≥18	≥17	—
	B	≥345	≥335	≥325	≥315	≥305	≥285	≥275	≥265	—	470～630	450～600	450～600	—	≥20	≥19	≥18	≥18	≥17	—
	C	≥345	≥335	≥325	≥315	≥305	≥285	≥275	≥265	—	470～630	450～600	450～600	—	≥20	≥19	≥18	≥18	≥17	—
	D	≥345	≥335	≥325	≥315	≥305	≥285	≥275	≥265	≥265	470～630	450～600	450～600	450～600	≥20	≥19	≥18	≥18	≥17	≥17
	E	≥345	≥335	≥325	≥315	≥305	≥285	≥275	≥265	—	470～630	450～600	450～600	—	≥20	≥19	≥18	≥18	≥17	—
Q390	A	≥390	≥370	≥350	≥330	≥330	≥310	—	—	—	490～650	470～620	470～620	—	≥20	≥19	≥19	≥18	—	—
	B	≥390	≥370	≥350	≥330	≥330	≥310	—	—	—	490～650	470～620	470～620	—	≥20	≥19	≥19	≥18	—	—
	C	≥390	≥370	≥350	≥330	≥330	≥310	—	—	—	490～650	470～620	470～620	—	≥20	≥19	≥19	≥18	—	—
	D	≥390	≥370	≥350	≥330	≥330	≥310	—	—	—	490～650	470～620	470～620	—	≥20	≥19	≥19	≥18	—	—
	E	≥390	≥370	≥350	≥330	≥330	≥310	—	—	—	490～650	470～620	470～620	—	≥20	≥19	≥19	≥18	—	—
Q420	A	≥420	≥400	≥380	≥360	≥360	≥340	—	—	—	520～680	500～650	500～650	—	≥19	≥18	≥18	≥18	—	—
	B	≥420	≥400	≥380	≥360	≥360	≥340	—	—	—	520～680	500～650	500～650	—	≥19	≥18	≥18	≥18	—	—
	C	≥420	≥400	≥380	≥360	≥360	≥340	—	—	—	520～680	500～650	500～650	—	≥19	≥18	≥18	≥18	—	—
	D	≥420	≥400	≥380	≥360	≥360	≥340	—	—	—	520～680	500～650	500～650	—	≥19	≥18	≥18	≥18	—	—
	E	≥420	≥400	≥380	≥360	≥360	≥340	—	—	—	520～680	500～650	500～650	—	≥19	≥18	≥18	≥18	—	—
Q460	C	≥460	≥440	≥420	≥400	≥400	≥380	—	—	—	550～720	530～700	530～700	—	≥17	≥16	≥16	≥16	—	—
	D	≥460	≥440	≥420	≥400	≥400	≥380	—	—	—	550～720	530～700	530～700	—	≥17	≥16	≥16	≥16	—	—
	E	≥460	≥440	≥420	≥400	≥400	≥380	—	—	—	550～720	530～700	530～700	—	≥17	≥16	≥16	≥16	—	—

注：① 当屈服不明显时，可测量 $R_{p0.2}$ 代替下屈服强度。
　　② 宽度不小于 600mm 的钢板、钢带及宽扁平材，拉伸试验取横向试样。
　　③ 厚度 >250～400mm 的数值适用于扁平材。

GJ 钢牌号由代表屈服强度的汉语拼音字母（Q）、屈服强度数值、代表高性能建筑结构用钢的汉语拼音字母（GJ）、质量等级符号（B、C、D、E）四部分按顺序组成。如 Q345GJC、Q420GJD 等。对于厚度方向性能钢板，在质量等级后面加上厚度方向性能级别（Z15、Z25 或 Z35），如 Q345GJCZ25。

目前，国内冶金工业为建筑钢结构提供的钢材品种主要是低合金高强度结构钢，作为大跨或高层建筑钢结构的主力品种，国内建设实践陆续发现 Q345 系列钢材存在某些性能缺陷，例如，它的厚板比薄板的屈服强度小很多，甚至与某些碳素结构钢的第一组屈服强度差不多，其他力学和工艺性能均有不同程度的下降。

GJ 钢比目前采用的低合金高强度结构钢（特别是在厚板和超厚板方面）有更好的综合性能。

6. 耐候耐火钢

耐候钢（即耐大气腐蚀钢）是介于普通钢和不锈钢之间的低合金钢系列。耐候钢由普碳钢添加少量铜、镍等耐腐蚀元素而成，它具有耐锈、使构件抗腐蚀延寿、减薄降耗、省工节能等特点。耐火钢弥补了铁的弱点，提高了高温时铁的强度。使用这种钢材后，降低了对耐火涂膜的要求，还可以根据预防火灾的要求，实现无耐火涂膜的钢结构。耐火钢高温时的强度比普通钢高得多，能确保 600℃时的屈服强度达到常温规格值的三分之二。

▌2.5 钢材的选用

钢材的选用标准是：既可以使结构安全可靠、满足使用要求，又可以最大限度地节约钢材，以降低造价。不同情况下，结构应当有不同的质量要求。在一般结构中不宜使用优质钢材，在主要的结构中更不能使用质量不好的钢材。就钢材的力学性能来说，屈服点、抗拉强度、伸长率、冷弯性能、冲击韧性等各项指标，是从各个不同方面来衡量钢材质量的指标。在设计钢结构时，我们应该防止承重结构的脆性破坏，必须根据结构的重要性、荷载特征、结构形式、应力状态、连接方法、钢材厚度和工作环境等，选用适宜的钢材。

钢材选择是否合适，不仅是一个经济问题，而且关系到结构的安全使用和寿命。选用钢材时应考虑下列结构特点。

（1）结构的类型和重要性。由于使用条件、结构所处的部位不同，结构可以分为重要、一般和次要三类。例如，民用大跨度屋架、重级工作制吊车梁等就是重要的；普通厂房的屋架和柱就是一般的；梯子、栏杆、平台则是次要的。应根据不同情况，有区别地选用钢材的牌号。

（2）荷载的性质。按所受荷载的性质，结构可分为承受静力荷载和承受动力荷载两种。在承受动力荷载的结构和构件中，又有经常满载和不经常满载的区别。因此，荷载性质不同，就应选择不同的牌号。例如，对重级工作制吊车梁，就要选用冲击韧性和疲劳性能好的钢材，如 Q345C 或 Q235C；而对于一般承受静力荷载的结构或构件，如普通焊接屋架及柱，在常温下可以选用 Q235B、Q235BF。

（3）连接方法。不同的连接方法应该选用不同的钢材。例如，焊接的钢材由于在焊接过程中会产生焊接应力、焊接变形和焊接缺陷，在受力性质改变和温度变化的情况下，容易引起缺口敏感，导致构件产生裂纹，甚至发生脆性断裂，因此，焊接钢结构对钢材的化学成分、力学性能指标和可焊性都有较高的要求。如钢材中的碳、硫、磷的含量要低，塑性和韧性指标要高，可焊性要好等。但对非焊接结构来说，这些要求就可适当放宽。

（4）结构的工作温度。结构所处的环境和工作温度对钢材的影响很大。例如，室内、室外、温度变化、腐蚀作用情况等。钢材有随着温度下降而发生脆断的特性。钢材的塑性和冲击韧性都随着温度的下降而下降，当降低到冷脆温度时，钢材处于脆性状态，随时都有可能突然发生脆性破坏。国内外都有这样的工程事故的实例。尤其是经常在低温下工作的焊接结构，选材时必须慎重。

（5）结构的受力性质。构件的受力有受拉、受弯和受压等状态。首先，由于构造原因使结构构件截面上产生应力集中现象，在应力集中处往往产生三向（或双向）应力，容易引起构件发生脆断，而脆断主要在受拉区，危险性较大。因此，对受拉和受弯构件的材性要求高一些。其次，结构的低温脆断现象绝大部分发生在构件内部有局部缺陷的部位，但同样的缺陷对拉应力比压应力影响更大。因此，经常承受拉力的构件，应选用质量较好的钢材。

（6）结构形式和钢材厚度。采用格构式的结构形式，由于缀件和肢件连接处可能产生应力集中现象，而且该处进行焊接，因此对材料要求比实腹式构件高些。对重要的受拉和受弯焊接构件，由于有焊接残余拉应力存在，往往会出现多向拉应力场，当构件的钢材厚度较大时，轧制次数少，钢材的气孔和夹渣比薄板的多，存在较多缺陷，因此，对钢材厚度较大的受拉和受弯构件，对材性要求应高一些。

2.6 钢材的规格

钢结构所用的钢材主要为热轧成型的钢板、型钢和圆钢，以及冷弯成型的薄壁型钢，还有热轧成型钢管和冷弯成型焊接钢管。

1. 钢板

钢板分厚板及薄板两种，厚板的厚度为 4.5～60mm，薄板的厚度为 0.35～4mm。前者广泛用来组成焊接构件和连接钢板，后者是冷弯薄壁型钢的原料。钢板用"宽×厚×长（单位为 mm）"前面附加钢板横断面的方法表示，如－800×12×2100。

2. 型钢

钢结构常用的型钢是角钢、工字钢、槽钢和 H 型钢、钢管等。除 H 型钢和钢管有热轧和焊接成型外，其余型钢均为热轧成型。

型钢的截面形式合理，材料在截面上分布对受力最为有力。由于其形状较简单，种类和尺寸分级较小，所以便于轧制，构件间相互连接也较方便。型钢是钢结构中采用的主要钢材。现分述如下。

1）角钢

角钢：有等边和不等边两种。等边角钢（也叫等肢角钢），以边宽和厚度表示，如 ∟100×10 为肢宽 100mm、厚 10mm 的等边角钢。不等边角钢（也叫不等肢角钢）则以两边宽度和厚度表示，如∟100×80×8 等。我国目前生产的等边角钢，其肢宽为 20～200mm，不等边角钢的肢宽为(25mm×16mm)～(200mm×125mm)。

2) 工字钢

工字钢分成普通型工字钢和轻型工字钢。工字钢用号数表示，号数即为其截面高度的厘米数。20 号以上的工字钢同一号数有三种腹板厚度，分别为 a、b、c 类。如 I30a、I30b、I30c，由于 a 类腹板较薄用作受弯构件较为经济。轻型工字钢的腹板和翼缘均比普通工字钢薄，其在相同质量下其截面模量和回转半径均较大。

3) 槽钢

槽钢：我国槽钢有两种尺寸系列，即热轧普通槽钢与热轧轻型槽钢。前者的表示法如[30a，指槽钢外廓高度为 30cm 且腹板厚度为最薄的一种；后者的表示方法如[25Q，表示外廓高度为 25cm，Q 是汉语拼音"轻"的拼音字首。同样号数时，轻型者由于腹板薄及翼缘宽而薄，因而截面积小但回转半径大，能节约钢材减少自重。不过轻型系列的实际产品较少。

4) H 型钢和 T 型钢

热轧 H 型钢分为三类：宽翼缘 H 型钢(HW)、中翼缘 H 型钢(HM)和窄翼缘 H 型钢(HN)。H 型钢型号的表示方法是先用符号 HW、HM 和 HN 表示 H 型钢的类别，后面加"高度(mm)×宽度(mm)"，如 HW300×300，即为截面高度为 300mm，翼缘宽度为 300mm 的宽翼缘 H 型钢。剖分 T 型钢也分为三类：宽翼缘剖分 T 型钢 (TW)、中翼缘剖分 T 型钢(TM)和窄翼缘剖分 T 型钢(TN)。剖分 T 形钢是由对应的 H 型钢沿腹板中部对等剖分而成。其表示方法与 H 型钢类同，如 TN225×200 即表示截面高度为 225mm，翼缘宽度为 200mm 的窄翼缘剖分 T 形钢。

5) 钢管

钢管有无缝钢管(Seamless Tube)和焊接钢管(Welded Tube)两种，用符号"ϕ"后面加"外径×厚度"表示，如 ϕ40×6，单位为 mm。

3. 冷弯薄壁型钢

冷弯薄壁型钢是用 2～6mm 厚的薄钢板经冷弯或模压而成型的，其截面形式如图 2-6 所示。在国外，冷弯薄壁型钢所用钢板的厚度有加大范围的趋势，如美国可用到 1 英寸(25.4mm)厚。

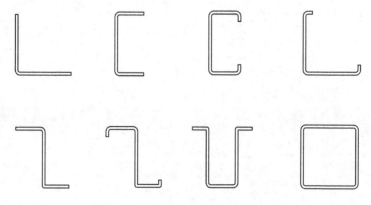

图 2-6 冷弯薄壁型钢截面形式

4. 压型钢板

压型钢板是由热轧薄钢板经冷压或冷轧成形，具有较大的宽度及曲折外形，从而增加了惯性矩和刚度。近年来开始使用的压型钢板，所用钢板厚度为 0.4～2mm，用作轻型屋面等构件。

本 章 小 结

本章全面介绍了钢结构材料的力学性能与力学指标、钢材的破坏形态、钢材性能的各种影响因素、钢材的分类、钢材的规格和建筑用钢材的选用原则等内容，重点需掌握钢材的力学性能指标、破坏形态分类和性能影响因素等内容，熟悉我国型钢的规格和建筑用钢材的选用原则等内容。在学习过程中，应查阅相关文献，了解国外钢材与我国钢材的差异。

习 题

1. 钢结构对钢材性能有哪些要求？假如在我国南方进行钢结构工程应用，对所使用钢材性能有哪些要求？

2. 钢材的主要力学性能有哪些？各项指标用来衡量钢材的哪方面性能？

3. 碳素结构钢是如何划分牌号的？说明 Q235AF 和 Q235C 号钢在性能上有何区别？

4. 简述钢材的化学成分对钢材性能的影响。

5. 钢材产生脆性破坏的因素有哪些？在工程应用时，该如何预防？

6. 什么是钢材的疲劳破坏？在工程中如何尽量避免其产生？

7. 查找相关文献，试述我国型钢与美国和日本所生产型钢表示方法的异同。

第**3**章
钢结构的连接

教学目标

本章主要讲述钢结构连接的基本知识。通过本章学习，应达到以下目标。

（1）掌握钢结构连接的分类、各种焊缝连接和螺栓连接在多种内力作用下的计算方法。

（2）熟悉焊缝连接和螺栓连接的构造要求、焊缝质量等级和螺栓连接的破坏形式等。

（3）了解焊接的常用施工方法、焊接和螺栓连接的工作性能。

（4）理解焊缝连接对结构的热影响区及其控制方法。

教学要求

知识要点	能力要求	相关知识
钢结构连接方法	（1）理解焊缝连接和螺栓连接的基本概念 （2）掌握钢结构连接的基本方法	（1）焊缝连接的优缺点 （2）螺栓连接的类型和基本特点 （3）铆接的工艺和特点
焊接方法和焊接连接形式	（1）理解常用的焊接方法 （2）熟悉焊缝的质量缺陷和检测方法 （3）掌握焊缝的连接分类及表示方法	（1）焊接方法的特点及基本工艺 （2）焊缝的连接分类及受力特点 （3）焊缝的质量缺陷、质量等级及检测 （4）焊缝的表示方法
对接焊缝和角焊缝的构造与计算	（1）熟悉对接焊缝和角焊缝的构造要求 （2）掌握对接焊缝和角焊缝在多种内力作用下的计算方法	（1）对接焊缝的构造要求 （2）对接焊缝的计算 （3）角焊缝的构造要求 （4）角焊缝在多种荷载作用下的计算
焊接应力与焊接变形	（1）熟悉焊接应力对结构的影响 （2）掌握减小焊接变形的措施	（1）焊接应力的分类 （2）焊接应力产生的原因 （3）焊接应力对结构的影响 （4）减小焊接变形的主要措施
普通螺栓连接的构造和计算	（1）熟悉普通螺栓连接的构造要求 （2）掌握普通螺栓连接的计算方法	（1）普通螺栓的排列和要求 （2）普通螺栓连接在多种内力作用下的计算
高强螺栓连接的构造和计算	（1）熟悉高强螺栓连接的构造要求 （2）掌握高强螺栓连接的计算方法	（1）高强螺栓的工作性能和构造要求 （2）高强螺栓连接在多种内力作用下的计算

基本概念

对接焊缝、角焊缝、普通螺栓、高强度螺栓、焊接残余应力、焊接变形

引例

连接是钢结构构件之间传递荷载和内力的部位，连接方式的合理性和可靠性关系到结构的工作性能和使用安全，在钢结构设计和施工过程中都应该慎重对待。在实际工程中，如何选择合理的连接方式，如何消除或减小焊接残余应力和焊接变形对钢结构的影响(尤其是在厚板焊接中)，如何确保连接承载能力的可靠性？这些问题将在本章重点讲解。

3.1 钢结构的连接方法

钢结构的构件是由型钢、钢板等通过连接(Connection)构成，各构件再通过安装连接构成整体结构。在钢结构中连接占有很重要的地位，设计任何钢结构都会遇到连接的问题，连接方式及其质量优劣直接影响钢结构的工作性能，钢结构的连接设计应符合安全可靠、传力明确、构造简单、施工方便和节约钢材的原则。

钢结构的连接方法可分为焊接连接、螺栓连接和铆钉连接三种，如图3-1所示。

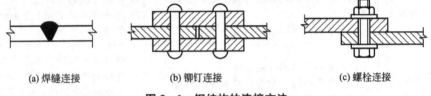

(a) 焊缝连接   (b) 铆钉连接   (c) 螺栓连接

图3-1 钢结构的连接方法

3.1.1 焊缝连接

焊缝连接(Welded Connection)是目前钢结构最主要的连接方法，任何形状的结构均可以采用焊缝连接方式。其优点是：构造简单，各种样式的构件都可直接相连；用料经济，不削弱截面；制造加工方便，可实现自动化操作；连接的密闭性好，结构刚度大。其缺点是：在焊缝附近的热影响区内，钢材的金相组织会发生改变，会导致局部材质变脆；焊接残余应力和残余变形使受压构件的承载力降低；焊缝结构对裂纹很敏感，局部裂纹一旦发生，就容易扩展到整体；低温冷脆问题较为突出。

3.1.2 螺栓连接

螺栓连接在钢结构工程中应用非常广泛，根据其所使用螺栓的性能，可分为普通螺栓连接(Bolted Connection)和高强度螺栓连接(High-strength Bolted Connection)两种。

1. 普通螺栓连接

普通螺栓分为 A、B、C 三级。A 级和 B 级为精制螺栓，C 级为粗制螺栓。A 级和 B 级螺栓的性能等级有 5.6 级和 8.8 级，C 级螺栓性能等级有 4.6 级和 4.8 级。为说明螺栓性能等级的含义，下面以 4.6 级的 C 级螺栓为例：小数点前的数字表示螺栓成品的抗拉强度不小于 400N/mm²，小数点及小数点后的数字表示屈强比（屈服强度和抗拉强度之比）为 0.6。

C 级螺栓由未经加工的圆钢压制而成，由于螺栓表面粗糙，因此，构件上的螺栓孔一般采用Ⅱ类孔（在单个零件上一次冲成或不用钻模钻成设计孔径的孔），螺栓孔的直径比螺栓杆的直径大 1.5～3mm（C 级螺栓孔径见表 3−1）。对采用 C 级螺栓的连接，由于螺栓杆与螺栓孔之间有较大的间隙，受剪力作用时，将会产生较大的剪切滑移，因此，连接变形大。但 C 级螺栓安装方便，且能有效传递拉力，因此，可用于沿螺栓杆轴方向受拉的连接中，以及次要结构的抗剪连接或安装时的临时固定。

表 3−1 C 级螺栓孔径

螺栓杆公称直径/mm	12	16	20	(22)	24	(27)	30
螺栓孔公称直径/mm	13.5	17.5	22	(24)	26	(30)	33

注：表中仅列出部分常用的直径规格，其中括号内的螺栓杆直径为非优选规格。

A、B 级精制螺栓是由毛坯在车床上经过切削加工精制而成的，其表面光滑，尺寸精确，螺栓杆直径与螺栓孔径相同，对孔质量要求高。由于精制螺栓有较高的精度，因而受剪性能好，但制作和安装复杂，价格较高，已很少在钢结构中采用。

2. 高强度螺栓连接

高强度螺栓一般采用 45 号钢、40B 钢和 20MnTiB 钢加工而成，经热处理后，螺栓抗拉强度应分别不低于 800N/mm² 和 1000N/mm²，即前者的性能等级为 8.8 级，后者的性能等级为 10.9 级。

高强度螺栓分大六角头型 ［图 3−2(a)］ 和扭剪型 ［图 3−2(b)］ 两种。安装时通过特别的力矩扳手将螺帽拧紧，使螺杆产生较大的预拉力，这种预拉力的存在将使得其连接板之间产生压力。

(a) 大六角头型　　　　　　　　　　(b) 扭剪型

图 3−2 高强度螺栓

高强度螺栓连接有两种类型：一种是只依靠板层间的摩擦阻力传力，并以剪力不超过接触面摩擦力作为设计准则，称为摩擦型连接；另一种允许接触面滑移，以连接达到破坏的极限承载力作为设计准则，称为承压型连接。摩擦型连接的剪切变形小，弹性性能好，施工较简单，可拆卸，耐疲劳，特别适用于承受动力荷载的结构。承压型连接的承载力高于摩擦型，连接紧凑，但剪切变形比摩擦型大，所以只适用于承受静力荷载或间接承受动力荷载的结构中。

高强度螺栓孔应采用钻成孔，摩擦型连接高强度螺栓的孔径比螺栓杆公称直径 d 大 1.5～2.0mm，承压型连接高强度螺栓杆的孔径比螺栓杆公称直径 d 大 1.0～1.5mm。

3.1.3 铆钉连接

铆钉的材料通常采用专用钢 BL2 和 BL3 号钢制成，铆钉连接（Riveted Connection）的制造有热铆和冷铆两种方法。热铆是由烧红的铆坯插入构件的钉孔中，用铆钉枪或压铆机铆合而成。冷铆是在常温下铆合而成。在建筑结构中一般都采用热铆。

铆钉连接的质量和受力性能与钉孔的制法有很大关系。钉孔的制法分Ⅰ、Ⅱ两类。Ⅰ类孔是用钻模钻成，或先冲成较小的孔，装配时再扩钻而成，质量较好。Ⅱ类孔是冲成或不用钻模钻成，虽然制法简单，但构件拼装时钉孔不易对齐，因此质量较差。重要的结构应采用Ⅰ类孔。

铆钉打好后，钉杆由高温逐渐冷却而发生收缩，但被钉头之间的钢板阻止住，所以钉杆中产生了收缩拉应力，对钢板则产生收缩系紧力。这种系紧力使连接十分紧密。当构件受剪力作用时，钢板接触面上产生很大的摩擦力，因而能大大提高连接的工作性能。

铆钉连接由于构造复杂、费钢费工，现已很少采用。但由于铆钉连接的塑性和韧性较好，传力可靠，质量易于检查，在一些重型和直接承受动力荷载的结构中，有时仍然采用。

3.2 焊接方法和焊接连接形式

3.2.1 常用焊接方法

焊接方法很多，但在钢结构中通常采用电弧焊。电弧焊有手工电弧焊、埋弧焊（埋弧自动或半自动焊）、气体保护焊以及电阻焊等。

1. 手工电弧焊

这是一种很常用的焊接方法（图 3-3）。通电后，在涂有药皮的焊条与焊件之间产生电弧，电弧的温度可高达 3000℃。在高温作用下，电弧周围的金属变成液态，形成熔池，同时焊条中的焊丝融化滴落入熔池中，与焊件的熔融金属相互结合，冷却后即形成焊缝。焊条药皮则在焊接过程中形成气体保护电弧和熔化金属，并形成熔渣覆盖焊缝，防止空气中的氧、氮等有害气体与熔化金属接触而形成易脆的化合物。

手工电弧焊的设备简单，操作灵活方便，适于任意空间位置的焊接，特别适于焊接短焊缝；但其生产效率低、劳动强度大，焊接质量与焊工技术水平有很大关系。

　　手工电弧焊所用焊条应与焊件钢材（或称主体金属）相适应，一般采用等强度的原则：对 Q235 钢采用 E43 型焊条（E4300～E4328）；对 Q345 钢采用 E50 型焊条（E5001～E5048）；对 Q390 钢和 Q420 钢采用 E55 型焊条（E5500～E5518）。焊条型号中，字母"E"表示焊条，前两位数字为熔敷金属的最小抗拉强度（以 N/mm^2 计），第三、四位数字表示适用焊接位置、电流种类以及药皮类型等。不同强度

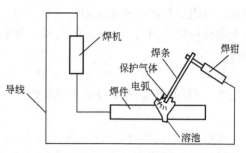

图 3-3　手工电弧焊

的钢材相焊接时，如 Q235 钢和 Q345 钢相焊接，宜采用低组配方案，即采用与低强度钢材相适应的焊条。根据试验可知，Q235 钢与 Q345 钢焊接时，若用 E50 型焊条，焊缝强度比用 E43 型焊条时提高不多，设计时只能取用 E43 型焊条的焊缝强度设计值。因此，从连接的韧性和经济性方面考虑，规定应采用与低强度钢材相适应的焊接材料。

2. 埋弧焊（自动或半自动）

　　埋弧焊是电弧在焊剂层下燃烧的一种电弧焊方法。焊丝送进和电弧沿焊接方向移动有专门机构控制完成的称"埋弧自动电弧焊"（图 3-4）；焊丝送进有专门机构，而电弧沿焊接方向的移动由手工完成的称"埋弧半自动电弧焊"。埋弧焊的焊丝不涂药皮，但施焊端为焊剂所覆盖，能对较细的焊丝采用大电流，因而电弧热量集中、熔深大。由于采用了自动或半自动操作，焊接效率高，且焊接时的工艺条件稳定，焊缝化学成分均匀，焊缝质量好，焊件变形小，同时高的焊速也减小了热影响区的范围，但埋弧焊对焊件边缘的装配精度（如间隙）要求比手工电弧提高。

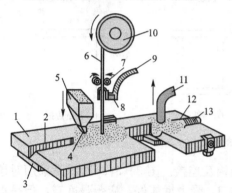

1—焊件；2—V 形坡口；3—垫板；
4—焊剂；5—焊剂斗；6—焊丝；
7—送丝轮；8—导电器；9—电缆；
10—焊丝盘；11—焊剂回收器；
12—焊渣；13—焊缝

图 3-4　埋弧自动电弧焊

　　埋弧焊所采用焊丝和焊剂应与主体金属强度相适应，即要求焊缝与主体金属等强度。

3. 气体保护焊

　　气体保护焊是利用二氧化碳气体或其他惰性气体作为保护介质的一种电弧熔焊方法。其直接依靠保护气体在电弧周围造成局部的保护层，以防止有害气体的侵入并保证焊接过程的稳定性。

　　气体保护焊的焊缝熔化区没有熔渣，焊工能够清楚地看到焊缝形成的过程；由于保护气体是喷射的，有助于熔滴的过渡；又由于热量集中，焊件熔深大，因而所形成的焊缝质量比手工电弧焊好。气体保护焊焊接效率高，适用于全位置的焊接，但风较大时保护效果不好。

4. 电阻焊

　　电阻焊是利用电流通过焊件接触点表面电阻所产生的热来融化金属，再通过加压使其

焊合。电阻焊只适用于板叠厚度不大于 12 mm 的焊接。对冷弯薄壁型钢构件，电阻焊可用来缀合壁厚不超过 3.5mm 的构件，如将两个冷弯槽钢或 C 型钢组合成工字形截面构件等。

3.2.2 焊缝连接形式及焊缝形式

按被连接钢材的相互位置可分为对接、搭接、T 形连接和角部连接四种(图 3-5)。这些连接所采用的焊缝主要有对接焊缝、角焊缝以及对接与角接组合焊缝。

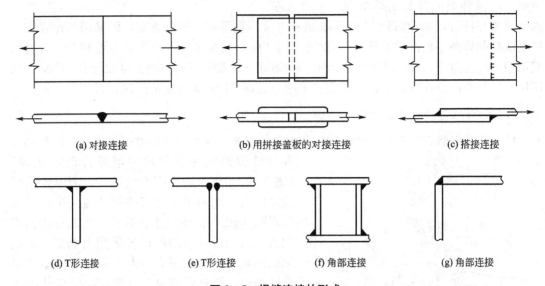

| (a) 对接连接 | (b) 用拼接盖板的对接连接 | (c) 搭接连接 |

| (d) T形连接 | (e) T形连接 | (f) 角部连接 | (g) 角部连接 |

图 3-5　焊缝连接的形式

对接连接主要用于厚度相同或相近的两构件的相互连接。图 3-5(a)所示为采用对接焊缝的对接连接，其特点是用料省，传力简捷、均匀，受力性能好，疲劳强度高，但是焊件边缘一般需要加工，对被连接两板的间隙和坡口尺寸有严格的要求。

图 3-5(b)所示为用双层盖板和角焊缝的对接连接，其特点是对焊件边缘尺寸要求较低，制造较易，但连接传力不均匀、费料。所连接两板的间隙大小无需严格控制。

图 3-5(c)所示为角焊缝的搭接连接，特别适用于不同厚度构件的连接。

T 形连接常用于制作组合截面。但采用角焊缝连接时 [图 3-5(d)]，焊件间存在缝隙，截面突变，应力集中现象严重，疲劳强度较低，可用于不直接承受动力荷载结构的连接中。对于直接承受动力荷载的结构，如重级工作制吊车梁，其上翼缘与腹板的连接，应采用焊透的对接与角接组合焊缝(腹板边缘须加工成 K 形坡口)进行连接 [图 3-5(e)]。

角部连接 [图 3-5(f)、(g)] 主要用于制作箱形截面。

根据焊缝沿长度方向的布置可分为连续角焊缝和断续角焊缝(图 3-6)。连续角焊缝的受力性能较好，为主要的角焊缝形式。断续角焊缝的起、灭弧处容易引起应力集中，只能用于一些次要构件的连接或受力很小的连接中，重要结构或重要的焊接连接应避免采用。断续角焊缝段的长度不小于 $10 h_f$(h_f 为角焊缝的焊脚尺寸)或 50mm，其间断距离 l 不宜过长，以免连接不紧密。一般在受压构件中应满足 $l \leqslant 15t$；在受拉构件中 $l \leqslant 30t$，t 为较薄焊件的厚度。

图 3-6 连续角焊缝和断续角焊缝

焊缝按施焊位置可分为平焊、横焊、立焊及仰焊(图 3-7)。平焊(又称俯焊)施焊方便；立焊和横焊要求焊工的操作水平比平焊高一些；仰焊的操作条件最差，焊缝质量不易保证，因此应尽量避免采用仰焊。

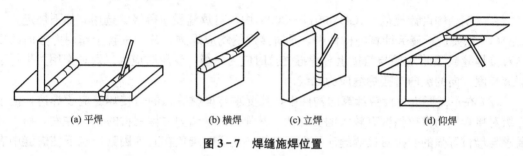

(a) 平焊　　　　　(b) 横焊　　　(c) 立焊　　　　(d) 仰焊

图 3-7 焊缝施焊位置

3.2.3 焊缝缺陷及焊缝质量检测

1. 焊缝缺陷

焊缝缺陷是指焊接过程中产生于焊缝金属或附近热影响区钢材表面或内部的缺陷。常见的缺陷有裂纹、焊瘤、烧穿、弧坑、气孔、夹渣、咬边、未融合、未焊透等(图 3-8)，以及焊缝尺寸不符合要求、焊缝成形不良等。

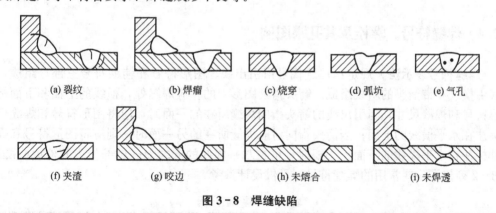

(a) 裂纹　　　　(b) 焊瘤　　　　(c) 烧穿　　　(d) 弧坑　　　(e) 气孔

(f) 夹渣　　　　(g) 咬边　　　　(h) 未熔合　　　(i) 未焊透

图 3-8 焊缝缺陷

2. 焊缝质量检测

焊缝缺陷的存在将削弱焊缝的受力面积，并在缺陷处引起应力集中，对连接的强度、冲击韧性及冷弯性能等均有不利影响。因此，焊缝质量检验极为重要。

焊缝质量检验包括焊缝外观检查和焊缝内部缺陷的检查。外观检查主要采用目视检查(借助直尺、焊缝检测尺、放大镜等)，辅以磁粉探伤、渗透探伤检查表面和近表面缺陷。

内部缺陷的检查主要采用射线探伤和超声波探伤。由于钢结构节点形式繁多，其中T形连接和角部连接较多，超声波探伤比射线探伤适用性更佳。世界上各国都把超声波探伤作为建筑钢结构质量检测的主要手段，而射线探伤的应用逐渐减少。

《钢结构工程施工质量验收规范》（GB 50205—2001）规定焊缝按其检验方法和质量要求分为一级、二级和三级。三级焊缝只要求对全部焊缝做外观检查且符合三级质量标准；一级、二级焊缝除外观检查外，还要求一定数量的超声波检验并符合相应级别的质量标准。

3. 焊缝质量等级的规定

在《钢结构设计规范》（GB 50017—2003）中，对焊缝质量等级的选用有如下规定。

（1）需要进行疲劳计算的构件中，凡对接焊缝均应焊透。其中垂直于作用力方向的横向对接焊缝或T形对接与角接组合焊缝受拉时应为一级，受压时应为二级；作用力平行于焊缝长度方向的纵向对接焊缝应为二级。

（2）在不需要进行疲劳计算的构件中，凡要求与母材等强的对接焊缝应予焊透，由于三级对接焊缝的抗拉强度有较大的变异性，其强度设计值为主体钢材的85%左右，所以凡要求与母材等强的受拉对接焊缝应不低于二级；受压时难免在其他因素影响下使焊缝中有拉应力存在，因而应为二级。

（3）重级工作制和起重量 $Q \geqslant 500\mathrm{kN}$ 的中级工作制吊车梁的腹板与上翼缘板之间，以及吊车桁架上弦杆与节点板之间的T形接头均要求焊透，焊缝形式一般为对接与角接组合焊缝，其质量等级不应低于二级。

（4）不要求焊透的T形接头采用的角焊缝或部分焊透的对接与角接组合焊缝，以及搭接连接采用的焊缝，一般仅要求外观质量检查，具体规定为：除了对直接承受动力荷载且需要验算疲劳的结构和起质量 $Q \geqslant 500\mathrm{kN}$ 的中级工作制吊车梁才规定角焊缝的外观质量标准应符合二级外，其他结构焊缝外观质量标准可为三级。

3.2.4 焊缝符号、螺栓及其孔眼图例

《焊缝符号表示法》规定：焊缝代号由引出线、图形符号和辅助符号三部分组成，引出线由横线和带箭头的斜线组成。箭头指到图形上的相应焊缝处，横线的上面和下面标注图形符号和焊缝尺寸。当引出线的箭头指向焊缝所在的一面时，应将图形符号和焊缝尺寸等标注在水平横线的上面；当箭头指向对应焊缝所在的另一面时，则应将图形符号和焊缝尺寸标注在水平横线的下面。必要时，可在水平横线的末端加一尾部作为其他说明之用。表3-2列出了一些常用的焊缝符号，可供设计参考。

表 3-2 焊 缝 符 号

形式	角焊缝				对接焊缝	塞焊缝	三面围缝
	单面焊缝	双面焊缝	安装焊缝	相同焊缝			

（续）

	角焊缝				对接焊缝	塞焊缝	三面围缝
	单面焊缝	双面焊缝	安装焊缝	相同焊缝			
标注方法							

3.3 对接焊缝的构造与计算

对接焊缝包括焊透的对接焊缝和 T 形对接与角接组合的焊缝（以下简称对接焊缝），以及部分焊透的对接焊缝和 T 形对接与角接组合的焊缝。部分焊透的对接焊缝的受力与角焊缝相似，其技术方法可查阅相关文献。

3.3.1 对接焊缝的构造

对接焊缝（Butt Welds）的焊件常做成坡口，因而又叫坡口焊缝（Groove Weld），其中坡口形式与焊件厚度有关。对接焊缝的构造如图 3-9 所示。当焊件厚度很小（手工焊 $t \leqslant$ 6mm，埋弧焊 $t \leqslant 10$mm）时可用直边缝，对于一般厚度的焊件可采用具有坡口角度的单边 V 形或 V 形焊缝。焊缝坡口和根部间隙 c 共同组成一个焊条能够运转的施焊空间，使焊缝易于焊透；钝边 p 有托住熔化金属的作用。对于较厚的焊件（$t > 20$mm），则常采用 U 形、K 形和 X 形坡口。其中 V 形坡口和 U 形坡口还要求对焊缝先清理其根部再反面焊接。对于没有条件补焊的，要事先在根部加垫板，以保证焊透。当焊件可随意翻转施焊时，使用 K 形缝和 X 形缝较好。对接焊缝坡口形式的选用，具体可根据板厚以及施工条件按现行标准《气焊、手工电弧焊及气体保护焊焊缝坡口的基本形式与尺寸》和《埋弧焊焊缝坡口的基本形式和尺寸》的要求进行。

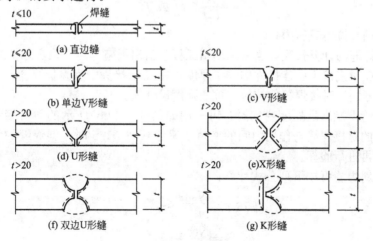

图 3-9 对接焊缝的构造

在钢板厚度或宽度有变化的焊接中，为了使构件传力均匀，减少应力集中，应在板的一侧或两侧做成坡度不大于 1∶2.5 的斜坡（图 3-10），形成平缓的过渡。若板厚相差不大于 4mm，则可不做斜坡。

在焊缝的起灭弧处，常会出现弧坑等缺陷，这些缺陷对连接的承载力影响较大，因此，焊接时一般应设置引弧板和引出板（图 3-11），焊后将它割除。对受静力荷载的结构设置引弧板和引出板有困难时，允许不设置，此时可令焊缝计算长度等于实际长度减去 2t（t 为较薄焊件的厚度）。

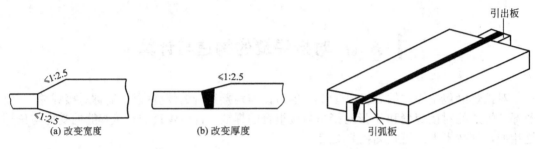

(a) 改变宽度	(b) 改变厚度	
图 3-10　钢板拼接		图 3-11　用引弧板和引出板焊接

3.3.2　对接焊缝的计算

对接焊缝的强度与所用钢材的牌号、焊条型号及焊缝质量的检验标准等因素有关。由于焊接技术问题，焊缝中可能有气孔、夹渣、咬边、未焊透等缺陷，三级检验的焊缝允许存在的缺陷较多，因而取其抗拉强度为母材强度的 85%，而一级、二级检验的焊缝的抗拉强度可认为与母材相等。焊缝中的应力分布基本上与焊件原来的情况相同，因而计算方法与构件的强度计算一样。

1. 轴心受力的对接焊缝

垂直于轴心拉力或轴心压力的对接焊缝（图 3-12），其强度可按下式计算：

$$\sigma = \frac{N}{l_w t} \leqslant f_t^w \text{ 或 } f_c^w \qquad (3-1)$$

式中　N——轴心拉力或压力；

　　　l_w——焊缝的计算长度，当未采用引弧板和引出板施焊时，取实际长度减去 2t；

　　　t——在对接接头中连接件的较小厚度，在 T 形接头中为腹板厚度；

　　　f_t^w、f_c^w——分别为对接焊缝的抗拉、抗压强度设计值。

如果用直缝不能满足强度要求时，可采用如图 3-12(b)所示的斜对接焊缝。计算证明，三级检验的对接焊缝与作用力间的夹角 θ 满足 $\tan\theta \leqslant 1.5$ 时，斜焊缝的强度不低于母材强度，可不再进行验算。

轴心受拉斜焊缝可按下列公式计算：

$$\sigma = \frac{N\sin\theta}{l_w t} \leqslant f_t^w \qquad (3-2)$$

$$\tau = \frac{N\cos\theta}{l_w t} \leqslant f_v^w \qquad (3-3)$$

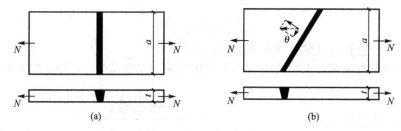

图 3 - 12 对接焊缝受轴心力

式中 l_w——焊缝的计算长度，加引弧板时，$l_w = b/\sin\theta$，不加引弧板时，$l_w = b/\sin\theta - 2t$；

f_v^w——为对接焊缝抗剪强度设计值。

【例 3 - 1】 试验算图 3 - 12 所示钢板的对接焊缝的强度。图中 $a = 550$mm，$t = 22$mm，轴心力的设计值为 $N = 2350$kN。钢材为 Q235B，手工焊，焊条为 E43 型，焊缝为三级检验标准，施焊时加引弧板和引出板。

解：直缝连接其计算长度 $l_w = 550$mm，焊缝正应力为：

$$\sigma = \frac{N}{l_w t} = \frac{2350 \times 10^3}{550 \times 22} = 194.3 \text{N/mm}^2 > f_t^w = 175 \text{N/mm}^2$$

不满足要求，改用斜对接焊缝，取截割斜度为 1.5∶1，即 $\theta = 56°$，焊缝长度：

$$l_w = \frac{a}{\sin\theta} = \frac{550}{\sin 56°} = 663.4 \text{mm}$$

此时焊缝的正应力为：

$$\sigma = \frac{N\sin\theta}{l_w t} = \frac{2350 \times \sin 56°}{663.4 \times 22} = 133.5 \text{N/mm}^2 < f_t^w = 175 \text{N/mm}^2$$

剪应力为：

$$\tau = \frac{N\cos\theta}{l_w t} = \frac{2350 \times 10^3 \times \cos 56°}{663.4 \times 22} = 90.1 \text{N/mm}^2 < f_v^w = 120 \text{N/mm}^2$$

这就说明当 $\tan\theta \leqslant 1.5$ 时，焊缝强度能够保证，可不必计算。

2. 承受弯矩和剪力共同作用的对接焊缝

图 3 - 13(a)所示钢板对接接头受到弯矩和剪力的共同作用，由于焊缝截面是矩形，正应力与剪应力图形分别为三角形与抛物线形，其最大值应分别满足下列强度条件：

$$\sigma_{max} = \frac{M}{W_w} = \frac{6M}{l_w^2 t} \leqslant f_t^w \tag{3-4}$$

$$\tau_{max} = \frac{VS_w}{I_w t} = \frac{3}{2} \times \frac{V}{l_w t} \leqslant f_v^w \tag{3-5}$$

式中 W_w——焊缝截面模量；

S_w——焊缝截面面积矩；

I_w——焊缝截面惯性矩。

图 3 - 13(b)所示工字形截面梁的对接接头，除应分别验算最大正应力和最大剪应力外，对于同时受较大正应力和较大剪应力的焊缝，如腹板与翼缘的交接点，还应按下式验

算折算应力：

$$\sqrt{\sigma_1^2 + 3\tau_1^2} \leqslant 1.1 f_t^w \qquad (3-6)$$

式中　σ_1、τ_1——验算点处的焊缝正应力和剪应力；

　　　1.1——考虑到最大折算应力只在局部出现，而将强度设计值适当提高的系数。

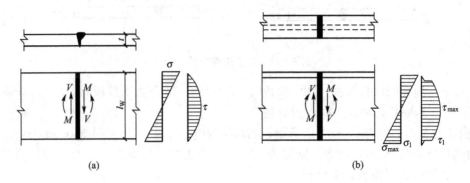

图 3-13　对接焊缝受弯矩和剪力联合作用

3. 承受轴心力、弯矩和剪力共同作用的对接焊缝

当轴心力与弯矩、剪力共同作用时，焊缝的最大正应力应为轴心力和弯矩引起的应力之和，剪应力按式 $\tau_{max} = \dfrac{VS_w}{I_w t} = \dfrac{3}{2} \cdot \dfrac{V}{l_w t} \leqslant f_v^w$ 验算，折算应力仍按式 $\sqrt{\sigma_1^2 + 3\tau_1^2} \leqslant 1.1 f_t^w$ 验算。

除考虑焊缝长度是否减小，焊缝强度是否折减外，对接焊缝的计算方法与母材的强度计算完全相同。

【例 3-2】　试计算图 3-14 所示牛腿与柱连接的对接焊缝所能承受的最大荷载 F（设计值）。已知牛腿截面尺寸为：翼缘板宽度 $b_1 = 160mm$，厚度 $t_1 = 10mm$，腹板高度 $h = 240mm$，厚度 $t = 10mm$。钢材为 Q345，焊条为 E50 型，手工焊，施焊时不用引弧板，焊缝质量为三级。

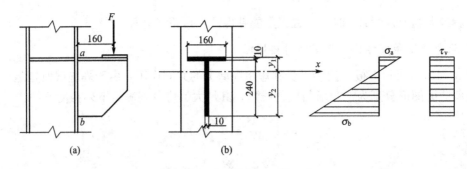

图 3-14　例 3-2 图

解：（1）确定对接焊缝计算截面的几何特性。

① 确定中和轴的位置：

$$y_1 = \frac{(160-10) \times 10 \times 5 + (240-5) \times 10 \times 127.5}{(160-10) \times 10 + (240-5) \times 10} \approx 79.8mm$$

$$y_2 = 250 - 79.8 = 170.2mm$$

② 焊缝计算截面的几何特征：

$$I_x \approx \frac{1}{12} \times 10 \times (240-5)^3 + (240-5) \times 10 \times (127.5-79.8)^2 + (160-10) \times 10 \times (74.8)^2$$

$$\approx 24450 \times 10^4 \, \text{mm}^4$$

腹板焊缝计算截面的面积：

$$A_w = (240-5) \times 10 = 2350 \text{mm}^2$$

(2) 确定焊缝所能承受的最大荷载设计值 F。

将力 F 向焊缝截面形心简化得：

$$M = Fe = 160F$$
$$V = F$$

查附表：$f_c^w = 310 \text{N/mm}^2$，$f_t^w = 265 \text{N/mm}^2$，$f_V^w = 180 \text{N/mm}^2$

点 a 的拉应力 σ_a^M，且要求 $\sigma_a^M \leqslant f_t^w$

$$\sigma_a^M = \frac{My_1}{I_x} = \frac{160 \times F \times 79.8}{2455 \times 10^4} = 0.52 \times 10^{-3} F = f_t^w = 265 \text{N/mm}^2$$

解得：$F \approx 509.6 \text{kN}$

点 b 的压应力 σ_b^M，且要求 $\sigma_b^M \leqslant f_c^w$

$$\sigma_b^M = \frac{My_2}{I_x} = \frac{160 \times F \times 170.2}{2455 \times 10^4} = 1.11 \times 10^{-3} F = f_c^w = 310 \text{N/mm}^2$$

解得：$F \approx 279.2 \text{kN}$

由 $V = F$ 产生的剪应力 τ_V，且要求 $\tau_V \leqslant f_V^w$

$$\tau_V = \frac{F}{23.5 \times 10^2} = 0.43 \times 10^{-3} F = f_V^w = 180 \text{N/mm}^2$$

解得：$F \approx 418.6 \text{kN}$

点 b 的折算应力，且要求大于 $1.1 f_t^w$

$$\sqrt{(\sigma_b^M)^2 + 3\tau_V^2} = \sqrt{(1.11 \times 10^{-3} F)^2 + 3 \times (0.43 \times 10^{-3} F)^2} = 1.1 f_t^w$$

解得：$F \approx 218 \text{kN}$

取最小值，故此焊缝所能承受的最大荷载设计值 F 为 218kN。

3.4 角焊缝的构造及计算

3.4.1 角焊缝的构造

1. 角焊缝的形式和强度

角焊缝(Fillet Welds)按其与作用力的关系可分为：焊缝长度方向与作用力垂直的正面角焊缝；焊缝长度方向与作用力平行的侧面角焊缝以及斜焊缝。按其截面形式可分为直角角焊缝(图 3-15)和斜角角焊缝(图 3-16)。

直角角焊缝通常做成表面微凸的等腰直角三角形截面［图 3-15(a)］。在直接承受动力荷载的结构中，正面角焊缝的截面常采用图 3-15(b)所示的形式，侧面角焊缝的截面则采用凹面形式［图 3-15(c)］，图中的 h_f 为焊脚尺寸。两焊脚边的夹角 $\alpha > 90°$ 或 $\alpha < 90°$ 的焊缝称为斜角角焊缝(图 3-16)，斜角角焊缝常用于钢漏斗和钢管结构中。除钢管结构外，对于夹角 $\alpha > 135°$ 或 $\alpha < 60°$ 的斜角角焊缝，不宜用作受力焊缝。

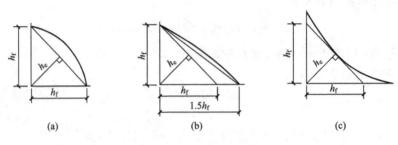

图 3-15　直角角焊缝截面

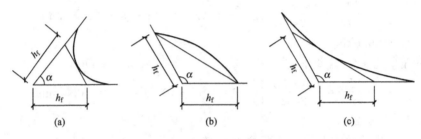

图 3-16　斜角角焊缝截面

正面角焊缝受力复杂，截面中的各面均存在正应力和剪应力，且焊跟处存在严重的应力集中现象。与侧面角焊缝相比，正面角焊缝的刚度较大(弹性模量 $E \approx 1.5 \times 10^5 \mathrm{N/mm^2}$)，强度较高，但塑性变形要差。

斜焊缝的受力性能和强度值介于正面角焊缝和侧面角焊缝之间。

2. 角焊缝的构造要求

1) 最大焊脚尺寸

为了避免烧穿较薄的构件，减少焊接应力和焊接变形，角焊缝的焊脚尺寸不宜太大。《规范》规定：除了直接焊接钢管结构的焊脚尺寸 h_f 不宜大于支管壁厚的 2 倍之外，h_f 不宜大于较薄焊件厚度的 1.2 倍［图 3-17(a)］。

在板件边缘的角焊缝［图 3-17(b)］，当板件厚度 $t > 6\mathrm{mm}$ 时，$h_f \leqslant t-(1\sim2)\mathrm{mm}$；当 $t \leqslant 6\mathrm{mm}$ 时，$h_f \leqslant t$。如果另一焊件厚度 $t' < t$ 时，还应满足 $h_f \leqslant 1.2t'$ 的要求。圆孔或槽孔内的角焊缝尺寸还不宜大于圆孔直径或槽孔短径的 1/3。

2) 最小焊脚尺寸

焊脚尺寸不宜太小，以保证焊缝的最小承载能力，并防止焊缝因冷却过快而产生裂纹。《规范》规定：角焊缝的焊脚尺寸 h_f 不得小于 $1.5\sqrt{t}$，t 为较厚焊件厚度(单位为 mm)；自动焊熔深大，最小角焊缝尺寸可减小 1mm；对 T 形连接的单面角焊缝，应增加 1mm。当焊件厚度等于或小于 4mm 时，则最小焊脚尺寸应与焊件厚度相同。

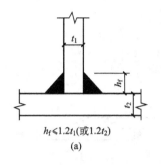
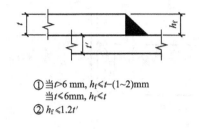
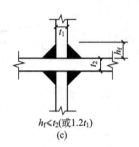

图 3-17　最大焊脚尺寸

3）不等焊脚尺寸的构造要求

角焊缝的两焊脚尺寸一般相等。如图 3-17(c)所示，当焊件的厚度相差较大且等焊脚尺寸不能符合以上两点要求时，可采用不等焊脚尺寸，与较薄焊件接触的焊脚边应符合 1）的要求；与较厚焊件接触的焊脚边应符合 2）的要求。

4）侧面角焊缝的最大计算长度

侧面角焊缝的计算长度不宜大于 $60h_f$，当大于上述数值时，其超过部分在计算中不予考虑。这是因为侧焊缝应力沿长度分布不均匀，两端较中间大，且焊缝越长差别越大。当焊缝太长时，虽然仍有因塑性变形产生的内力重分布，但两端应力可首先达到强度极限而破坏，若应力沿侧面角焊缝全长分布时，比如焊接梁翼缘板与腹板的连接焊缝，计算长度可不受上述限制。

5）角焊缝的最小计算长度

角焊缝的焊脚尺寸大而长度较小时，焊件的局部加热严重，焊缝起灭弧所引起的缺陷相距太近，以及焊缝中可能产生的其他缺陷，使焊缝不够可靠。对搭接连接的侧面角焊缝而言，如果焊缝长度过小，由于力线弯折大，也会造成严重应力集中。因此，为了使焊缝能够有一定的承载力，根据使用经验，侧面角焊缝或正面角焊缝的计算长度均不得小于 $8h_f$ 和 40mm，考虑到焊缝两端的缺陷，其实际焊接长度应较前述数值还要大 $2h_f$（单位为 mm）。

6）搭接连接的构造要求

当板件端部仅有两条侧面角焊缝连接时（图 3-18），试验结果表明，连接的承载力与 b/l_w 有关。b 为两侧焊缝的距离，l_w 为侧焊缝长度。当 $b/l_w>1$ 时，连接的承载力随着 b/l_w 比值的增大而明显下降。这主要是因应力传递的过分弯折使构件中应力分布不均匀造成的。为使连接强度不致过分降低，应使每条侧焊缝的长度大于等于两侧面角焊缝之间的距离，即 $b/l_w \leqslant 1$。两侧面角焊缝之间的距离 b 也不宜大于 $16t(t>12mm)$，t 为较薄焊件的厚度）或 $200mm(t \leqslant 12mm)$，以免因焊缝横向收缩，引起板件发生较大的弯曲。

在搭接连接中（图 3-19），为了减小收缩应力以及因偏心在钢板与连接中产生的次应力，要求搭接长度不得小于焊件较小厚度的 5 倍，也不得小于 25mm。

杆件端部搭接采用围焊（包括三面围焊、L 形围焊）时，转角处截面突变会产生应力集中，假如在此处引起灭弧，可能会出现弧坑或咬边等缺陷，从而加大应力集中的影响，因此，所有围焊的转角处必须连续施焊。对于非围焊情况，当角焊缝的端部在构件转角处时，可连续地作长度为 h_f 的绕角焊（图 3-18）。

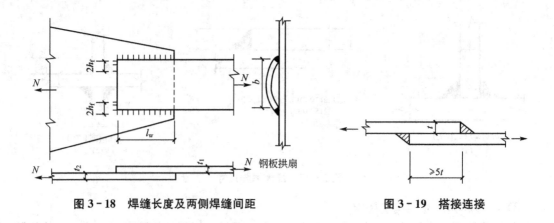

图 3-18 焊缝长度及两侧焊缝间距	图 3-19 搭接连接

3.4.2 直角角焊缝强度计算的基本公式

当角焊缝的两焊脚边夹角为 90°时，称为直角角焊缝。角焊缝的有效截面为焊缝有效厚度(喉部尺寸)与计算长度的乘积，而有效厚度 $h_e=0.7h_f$ 为焊缝横截面的内接等腰三角形的最短距离，即不考虑熔深和凸度的距离(图 3-20)。

直角角焊缝是以 45°方向的最小截面(即有效厚度也称计算厚度与焊缝计算长度的乘积)作为有效计算截面。作用于焊缝有效截面上的应力如图 3-21 所示，这些应力包括：垂直于焊缝有效截面的正应力 $\sigma_\perp$，垂直于焊缝长度方向的剪应力 $\tau_\perp$，以及沿焊缝长度方向的剪应力 $\tau_{//}$。

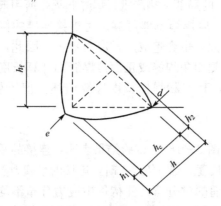

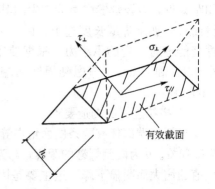

图 3-20 角焊缝的截面	图 3-21 角焊缝有效截面上的应力

h—焊缝厚度；h_e—焊脚有效厚度(喉部位置)；

h_f—焊脚尺寸；h_1—熔深；h_2—凸度；

d—焊趾；e—焊根

我国《规范》中角焊缝的计算式：

$$\sqrt{\sigma_\perp^2+3(\tau_\perp^2+\tau_{//}^2)}\leqslant\sqrt{3}f_f^w \qquad (3-7)$$

式中 f_f^w——规范规定的角焊缝强度设计值。由于 f_f^w 是由角焊缝的抗剪条件确定的，所以 $\sqrt{3}f_f^w$ 相当于角焊缝的抗拉强度设计值。

采用式(3-7)进行计算，即使是在简单外力作用下，都要求有效截面上的应力分量 $\sigma_\perp$、$\tau_\perp$、$\tau_{/\!/}$，过于烦琐。我国规范采用下述方法进行了简化。

现以图3-22所示承受相互垂直的 N_x 和 N_y 两个轴心力作用的直角角焊缝为例，说明角焊缝基本公式的推导。N_y 在焊缝有效截面上引起垂直于焊缝一个直角边的应力 σ_f，该应力对有效截面既不是正应力，也不是剪应力，而是 $\sigma_\perp$ 和 $\tau_\perp$ 的合应力。

$$\sigma_f = \frac{N_y}{h_e l_w} \tag{3-8}$$

式中　N_y——垂直于焊缝长度方向的轴心力；

　　　h_e——垂直角焊缝的有效厚度，$h_e = 0.7h_f$。

由图3-22(b)知，对直角角焊缝：

$$\sigma_\perp = \tau_\perp = \sigma_f / \sqrt{2}$$

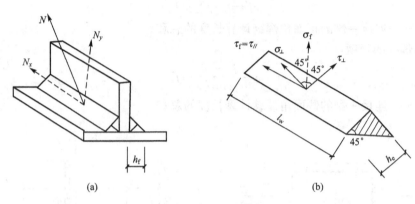

图3-22　直角角焊缝的计算

沿焊缝长度方向的分力 N_x 在焊缝有效截面上引起平行于焊缝长度方向的剪应力 $\tau_f = \tau_{/\!/}$：

$$\tau_f = \tau_{/\!/} = \frac{N_x}{h_e l_w} \tag{3-9}$$

则得直角角焊缝在各种应力综合作用下的计算式为：

$$\sqrt{4\left(\frac{\sigma_f}{\sqrt{2}}\right)^2 + 3\tau_f^2} \leqslant \sqrt{3} f_f^w$$

或

$$\sqrt{\left(\frac{\sigma_f}{\beta_f}\right)^2 + \tau_f^2} \leqslant f_f^w \tag{3-10}$$

式中　β_f——正面角焊缝的强度增大系数，$\beta_f = \sqrt{\dfrac{3}{2}} = 1.22$。

对正面角焊缝，此时 $\tau_f = 0$，得：

$$\sigma_f = \frac{N}{h_e l_w} \leqslant \beta_f f_f^w \tag{3-11}$$

对侧面角焊缝，此时 $\sigma_f = 0$，得：

$$\tau_f = \frac{N}{h_e l_w} \leqslant f_f^w \tag{3-12}$$

式(3-10)~式(3-12)即为角焊缝的基本计算公式。

对于直接承受动力荷载结构中的焊缝，由于正面角焊缝的刚度大、韧性差，应将其强度降低使用，取 $\beta_f = 1.0$，相当于按 σ_f 和 τ_f 的合应力进行计算，即 $\sqrt{\sigma_f^2 + \tau_f^2} \leqslant f_f^w$。

3.4.3 各种受力状态下直角角焊缝连接的计算

1. 承受轴心力作用时角焊缝连接计算

1）用盖板的对接连接承受轴心力时

当焊件受轴心力，且轴心力通过连接焊缝中心时，可认为焊缝应力是均匀分布的。图 3-23 的连接中，当只有侧面角焊缝时，按式（3-12）计算；当采用三面围焊时，对矩形拼接板，可先按式（3-11）计算正面角焊缝承担的内力：

$$N' = \beta_f f_f^w \sum h_e l_w \tag{3-13}$$

式中 $\sum l_w$——连接一侧的正面角焊缝计算长度的总和。

侧面角焊缝的强度：

$$\tau_f = \frac{N - N'}{\sum h_e l_w} \leqslant f_f^w \tag{3-14}$$

式中 $\sum l_w$——连接一侧的侧面角焊缝计算长度的总和。

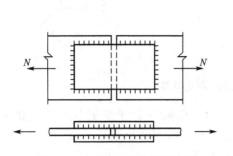

图 3-23 受轴心力的盖板连接

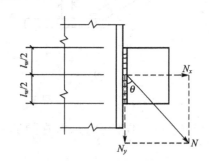

图 3-24 斜向轴心力作用

2）承受斜向轴心力的角焊缝连接计算

图 3-24 所示为受斜向轴心力的角焊缝连接，可利用力学原理，将 N 分解为垂直于焊缝和平行于焊缝的分力 $N_x = N\sin\theta$，$N_y = N\cos\theta$，并计算应力：

$$\left.\begin{aligned} \sigma_f &= \frac{N\sin\theta}{\sum h_e l_w} \\ \tau_f &= \frac{N\cos\theta}{\sum h_e l_w} \end{aligned}\right\} \tag{3-15}$$

将式（3-15）代入 $\sqrt{\left(\dfrac{\sigma_f}{\beta_f}\right)^2 + \tau_f^2} \leqslant f_f^w$，验算角焊缝的强度。

3）承受轴心力的角钢角焊缝计算

在钢桁架中，角钢腹杆与节点板的连接焊缝一般采用两面侧焊 [图 3-25(a)]，也可采用三面围焊 [图 3-25(b)]，特殊情况也允许采用 L 形围焊 [图 3-25(c)]。为了避免节点的偏心受力，各条焊缝所传递的合力作用线应与角钢杆件的轴线重合。

对于三面围焊，由角焊缝构造要求先假定正面角焊缝的焊脚尺寸 h_{f3}，求出正面角焊

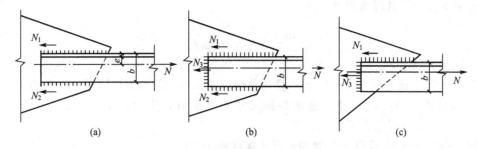

图 3-25 桁架腹杆与节点板的连接

缝所分担的轴心力 N_3。当腹杆为双角钢组成的 T 形截面，且肢宽为 b 时，应计入 2 条正面角焊缝的作用：

$$N_3 = 2 \times 0.7 h_{f3} b \beta_f f_f^w \tag{3-16}$$

由平衡条件($\sum M = 0$)可得：

$$N_1 = \frac{N(b-e)}{b} - \frac{N_3}{2} = k_1 N - \frac{N_3}{2} \tag{3-17}$$

$$N_2 = \frac{Ne}{b} - \frac{N_3}{2} = k_2 N - \frac{N_3}{2} \tag{3-18}$$

式中 N_1、N_2——角钢肢背和肢尖上的侧面角焊缝所分担的轴力；

$\quad\quad e$——角钢背的形心距；

$\quad\quad k_1$、k_2——角钢肢背和肢尖焊缝的内力分配系数，设计时可近似取 $k_1 = \frac{2}{3}$，$k_2 = \frac{1}{3}$。

对于两侧侧焊，因 $N_3 = 0$，可得：

$$N_1 = k_1 N \tag{3-19}$$
$$N_2 = k_2 N \tag{3-20}$$

求得各条焊缝所受的内力后，再按构造要求(角焊缝的尺寸限制)假定肢背和肢尖焊缝的焊脚尺寸，即可求出焊缝的计算长度。如对双角钢截面：

$$l_{w1} = \frac{N_1}{2 \times 0.7 h_{f1} f_f^w} \tag{3-21}$$

$$l_{w2} = \frac{N_2}{2 \times 0.7 h_{f2} f_f^w} \tag{3-22}$$

式中 h_{f1}、l_{w1}——单个角钢肢背上的侧面角焊缝的焊脚尺寸及计算长度；

$\quad\quad h_{f2}$、l_{w2}——单个角钢肢尖上的侧面角焊缝的焊脚尺寸及计算长度。

考虑到每条焊缝两端的起、灭弧缺陷，实际焊缝长度应将计算长度加 $2h_f$；对于采用绕脚焊的侧面角焊缝实际长度等于计算长度(绕角焊缝长度 $2h_f$ 无需计算)。

当杆件受力很小时，可采用 L 形围焊。由于只有正面角焊缝和角钢肢背上的侧面角焊缝，令式(3-18)中的 $N_2 = 0$，得：

$$N_3 = 2k_2 N \tag{3-23}$$
$$N_1 = N - N_3 \tag{3-24}$$

角钢肢背上的角焊缝计算长度可按式(3-21)计算，角钢端部的正面角焊缝的长度已知，可按下式计算其焊脚尺寸：

$$h_{f3} = \frac{N_3}{2 \times 0.7 l_{w3} \beta_f f_f^w} \tag{3-25}$$

式中　$l_{w3} = b - h_f$。

【例 3-3】 试验算图 3-24 所示直角角焊缝的强度。已知焊缝承受的静态斜向力 $N = 300\text{kN}$（设计值），$\theta = 60°$，角焊缝的焊脚尺寸 $h_f = 8\text{mm}$，实际长度 $l_w' = 180\text{mm}$，钢材为 Q235B，手工焊，焊条为 E43 型。

解： 将 N 分解为垂直于焊缝和平行于焊缝的分力：

$$N_x = N\sin\theta = N\sin 60° = 300 \times \frac{\sqrt{3}}{2} = 259.8\text{kN}$$

$$N_y = N\cos\theta = N\cos 60° = 300 \times \frac{1}{2} = 150\text{kN}$$

$$\sigma_f = \frac{N_x}{2h_e l_w} = \frac{259.8 \times 10^3}{2 \times 0.7 \times 8 \times (180 - 16)} = 141.5\text{N/mm}^2$$

$$\tau_f = \frac{N_y}{2h_e l_w} = \frac{150 \times 10^3}{2 \times 0.7 \times 8 \times (180 - 16)} = 81.7\text{N/mm}^2$$

焊缝同时承受 σ_f 和 τ_f 作用，用式（3-10）验算：

$$\sqrt{\left(\frac{\sigma_f}{\beta_f}\right)^2 + \tau_f^2} = \sqrt{\left(\frac{141.5}{1.22}\right)^2 + 81.7} = 141.9\text{N/mm}^2 < f_f^w = 160\text{N/mm}^2$$

【例 3-4】 试设计用拼接盖板的对接连接（图 3-26）。已知钢板宽 $B = 270\text{mm}$，厚度 $t_1 = 26\text{mm}$，拼接盖板厚度 $t_2 = 16\text{mm}$。该连接承受静态轴心力 $N = 1750\text{kN}$（设计值），钢材为 Q345，手工焊，焊条为 E50 型。

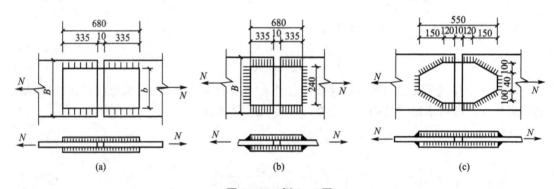

图 3-26　例 3-4 图

解： 设计拼接盖板的对接连接有两种方法：一种方法是假定焊脚尺寸求焊缝长度，再由焊缝长度确定拼接盖板的尺寸；另一种方法是先假定焊脚尺寸和拼接盖板的尺寸，然后验算焊缝的承载力，如果假定的焊脚尺寸和拼接盖板尺寸不能满足承载力要求时，则进行相应调整再验算，直到满足要求为止。

角焊缝的焊脚尺寸 h_f 应根据板件厚度确定：

由于焊缝是在板件边缘施焊，且拼接盖板厚度 $t_2 = 16\text{mm} > 6\text{mm}$，$t_2 < t_1$，则：

$$h_{fmax} = t - (1 \sim 2) = 16 - (1 \sim 2) = 15\text{mm 或 } 14\text{mm}$$

$$h_{min} = 1.5\sqrt{t_1} = 1.5\sqrt{26} = 7.7\text{mm}$$

取 $h_f=10$mm，查附录表 2-2 得角焊缝强度设计值 $f_t^w=200$N/mm²。

(1) 采用两面侧焊时［图 3-26(a)］。

连接一侧所需焊缝的总长度，可按式(3-12)计算的：

$$\sum l_w=\frac{N}{h_e f_t^w}=\frac{1750\times10^3}{0.7\times10\times200}=1250\text{mm}$$

此对接连接采用了上、下两块拼接盖板，共有 4 条侧焊缝，一条侧焊缝的实际长度为：

$$l_w'=\frac{\sum l_w}{4}+2h_f=\frac{1250}{4}+20=333\text{mm}<60h_f=60\times10=600\text{mm}$$

所需拼接盖板长度：

$$L=2l_w'+10=2\times333+10=676\text{mm}，取 680\text{mm}。$$

式中　10mm——两块被连接钢板间的间隙。

拼接盖板的宽度 b 就是两条侧面角焊缝之间的距离，应根据强度条件和构造要求确定。根据强度条件，在钢材种类相同的情况下，拼接盖板的截面积 A' 应等于或大于被连接钢板的截面积。

选定拼接盖板宽度 $b=240$mm，则：

$$A'=240\times2\times16=7680\text{mm}>A=270\times26=7020\text{mm}^2$$

满足强度要求。

根据构造要求可知：

$$b=240\text{mm}<l_w=333\text{mm}$$
$$且 b<16t=16\times16=256\text{mm}$$

满足要求，故选定拼接盖板尺寸为 680mm×240mm×16mm。

(2) 采用三面围焊时［图 3-26(b)］。

采用三面围焊可以减小两侧侧面角焊缝的长度，从而减小拼接盖板的尺寸。设拼接盖板的宽度和厚度与采用两面侧焊时相同，故仅需求盖板长度。已知正面角焊缝的长度 $l_w'=b=240$mm，则正面角焊缝所能承受的内力为：

$$N'=2h_e l_w'\beta_f f_f^w=2\times0.7\times10\times240\times1.22\times200=819.8\text{kN}$$

连接一侧所需侧面角焊缝的总长度：

$$\sum l_w=\frac{N-N'}{h_e f_f^w}=\frac{(1750-819.8)\times10^3}{0.7\times10\times200}=664.5\text{mm}$$

连接一侧的共有 4 条侧面角焊缝，则一条侧面角焊缝的长度为：

$$l_w'=\frac{\sum l_w}{4}+h_f=\frac{664.5}{4}+10=176.1\text{mm}，取为 180\text{mm}。$$

拼接盖板的长度为：

$$L=2l_w'+10=2\times180+10=370\text{mm}$$

(3) 采用菱形拼接盖板时［图 3-26(c)］。

当拼接板宽度较大时，采用菱形拼接盖板可减小角部的应力集中，从而使连接的工作性能得以改善。菱形拼接盖板的连接焊缝由正面角焊缝、侧面角焊缝和斜焊缝组成。设计时，一般先假定拼接盖板的尺寸再进行验算。拼接盖板尺寸如图 3-26(c)所示，则各部分焊缝的承载力分别如下。

正面焊缝：

$$N_1 = 2h_e l_{w1} \beta_f f_f^w = 2 \times 0.7 \times 10 \times 40 \times 1.22 \times 200 = 136.6 \text{kN}$$

侧面角焊缝：

$$N_2 = 4h_f l_{w2} f_f^w = 4 \times 0.7 \times 10 \times (120 - 10) \times 200 = 616 \text{kN}$$

斜焊缝：斜焊缝强度介于正面角焊缝与侧面角焊缝之间，从设计角度出发，将斜焊缝视作侧面角焊缝进行计算，这样处理是偏于安全的。

$$N_3 = 4h_e l_{w3} f_f^w = 4 \times 0.7 \times 10 \times \sqrt{150^2 + 100^2} \times 200 = 1009.5 \text{kN}$$

连接一侧焊缝所能承受的内力为：

$$N' = N_1 + N_2 + N_3 = 136.6 + 616 + 1009.5 = 1762.1 \text{kN} > N = 1400 \text{kN}，满足要求。$$

2. 复杂受力时角焊缝连接计算

当焊缝非轴心受力时，可以将外力的作用分解为轴力、弯矩、扭矩、剪力等简单受力情况，分别求出单独受力时的焊缝应力，然后利用叠加原理，对焊缝中受力最大的点进行验算。

1）在轴力、弯矩、剪力联合作用时角焊缝的计算

在轴心力 N 作用下，在焊缝有效截面上产生垂直于焊缝长度方向的均匀应力，属于正面角焊缝受力性质，则：

$$\sigma_A^N = \frac{N}{A_e} = \frac{N}{2h_e l_w} \tag{3-26}$$

在弯矩 M 的作用下，角焊缝有效截面上产生垂直于焊缝长度方向的应力，应力呈三角形分布，角焊缝受力为正面角焊缝性质，其应力的最大值为：

$$\sigma_A^M = \frac{M}{W_e} = \frac{6M}{2h_e l_w^2} \tag{3-27}$$

这两部分应力由于在 A 点处的方向相同，可直接叠加，故 A 点垂直于焊缝长度方向的应力为：

$$\sigma_f = \frac{N}{2h_e l_w} + \frac{6M}{2h_e l_w^2}$$

在剪力 V 作用下，产生平行于焊缝长度方向的应力，属于侧面角焊缝受力性质，在受剪截面上应力分布是均匀的，则：

$$\tau_A^V = \frac{V}{A_e} = \frac{V}{2h_e l_w} \tag{3-28}$$

式中　l_w——焊缝的计算长度，为实际长度减去 $2h_f$。

则焊缝的强度计算式为：

$$\sqrt{\left(\frac{\sigma_f}{\beta_f}\right)^2 + \tau_f^2} \leqslant f_f^w$$

当连接直接承受动力荷载作用时，取 $\beta_f = 1.0$。

对于工字形梁（或牛脚）与钢材翼缘的角焊缝连接（图 3-27），通常只承受弯矩 M 和剪

力 V 的联合作用。由于翼缘的竖向刚度较差，在剪力作用下，如果没有腹板焊缝存在，翼缘将发生明显挠曲。说明翼缘板的抗剪能力极差。因此，计算时通常假设腹板焊缝承受全部剪力，而弯矩则由全部焊缝承受。

为了焊缝分布较合理，宜在每个翼缘的上下两侧均匀布置焊缝，弯曲应力沿梁高度呈三角形分布，最大应力发生在翼缘焊缝的最外纤维处的应力满足角焊缝的强度条件，即：

$$\sigma_{f1} = \frac{M}{I_w} \cdot \frac{h_1}{2} \leqslant \beta_f f_f^w \qquad (3-29)$$

式中　M——全部焊缝所承受的弯矩；

　　　I_w——全部焊缝有效截面对中性轴的惯性矩；

　　　h_1——上下翼缘焊缝有效截面最外纤维之间的距离。

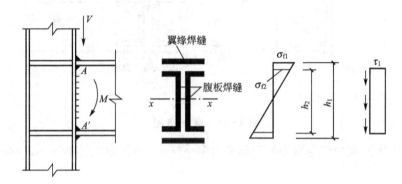

图 3 - 27　工字形梁(或牛脚)的角焊缝的连接

腹板焊缝承受两种应力的联合作用，即垂直于焊缝长度方向、且沿梁高度呈三角形分布的弯曲应力和平行于焊缝长度方向、且沿焊缝截面均匀分布的剪应力的作用，设计控制点为翼缘焊缝与腹板焊缝的交点处 A，此处的弯曲应力和剪应力分别按下式计算：

$$\sigma_{f2} = \frac{M}{I_w} \cdot \frac{h_2}{2}$$

$$\tau_{f2} = \frac{V}{\sum (h_{e2} l_{w2})}$$

式中　$\sum (h_{e2} l_{w2})$——腹板焊缝有效截面积之和；

　　　h_2——腹板焊缝的实际长度。

则腹板焊缝在 A 点的强度验算式为：

$$\sqrt{\left(\frac{\sigma_{f2}}{\beta_f}\right)^2 + \tau_{f2}^2} \leqslant f_f^w$$

工字梁(或牛腿)与钢柱翼缘角焊缝的连接的另一种计算方法是使焊缝传递应力近似与钢材所承受应力相协调，即假设腹板焊缝只承受剪力，翼缘焊缝承担全部弯矩，并将弯矩 M 等效为一对水平力 $H = M/h_1$。则：

翼缘焊缝的强度计算式为：

$$\sigma_f = \frac{H}{\sum h_{e1} l_{w1}} \leqslant \beta_f f_f^w$$

腹板焊缝的强度计算式为：

$$\tau_f = \frac{V}{2h_{e2}l_{w2}} \leqslant f_f^w$$

式中　$\sum h_{e1}l_{w1}$——一个翼缘上角焊缝的有效截面面积之和；

　　　$2h_{e2}l_{w2}$——两条腹板焊缝的有效面积。

【例 3-5】 试验算图 3-28 所示牛脚与钢柱连接角焊缝的强度。钢材为 Q345B，焊条为 E50 型，手工焊。静态荷载设计值 $N=400$kN，偏心距 $e=350$mm，焊脚尺寸 $h_{f1}=8$mm，$h_{f2}=6$mm。图 3-28(b)为焊缝有效截面的示意图。

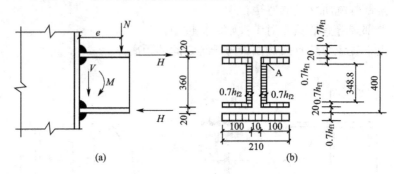

图 3-28　例 3-5 图

解： 竖向力 N 在角焊缝形心处引起剪力 $V=N=365$kN 和弯矩 $M=Ne=400\times0.35=140$kN·m。

(1) 考虑腹板焊缝参加传递弯矩的计算方法。

全部焊缝有效截面对中和轴的惯性矩为：

$$I_w = 2\times\frac{0.42\times34.88^3}{12} + 2\times21\times0.56\times20.28^2 + 4\times10\times0.56\times17.72^2 = 19677\text{cm}^4$$

翼缘焊缝的最大应力：

$$\sigma_{f1} = \frac{M}{I_w}\cdot\frac{h}{2} = \frac{140\times10^6}{19677\times10^4}\times205.6 = 146.3\text{N/mm}^2 < \beta_f f_f^w = 1.22\times200 = 244\text{N/mm}^2$$

腹板焊缝中由弯矩 M 引起的最大应力：

$$\sigma_{f2} = 146.3\times\frac{174.4}{205.6} = 124.1\text{N/mm}^2$$

由剪力 V 在腹板焊缝中产生的平均剪应力：

$$\tau_f = \frac{V}{\sum(h_{e2}l_{w2})} = \frac{400\times10^3}{2\times0.7\times6\times348.8} = 136.5\text{N/mm}^2$$

则腹板焊缝的强度（A 点为设计控制点）为：

$$\sqrt{\left(\frac{\sigma_{f2}}{\beta_f}\right)^2 + \tau_f^2} = \sqrt{\left(\frac{124.1}{1.22}\right)^2 + 136.5^2} = 170.3\text{N/mm}^2 < f_f^w = 200\text{N/mm}^2$$

(2) 不考虑腹板焊缝传递弯矩的计算方法。

翼缘焊缝所承受的水平力：

$$H = \frac{M}{h} = \frac{140\times10^6}{380} = 368.5\text{kN}（h \text{ 值近似取为翼缘中线间距离}）$$

翼缘焊缝厚度：

$$\sigma_f = \frac{H}{h_{e1}l_{w1}} = \frac{368.5\times10^3}{0.7\times8\times(210+2\times100)} = 160.5\text{N/mm}^2 < \beta_f f_f^w = 244\text{N/mm}^2$$

腹板焊缝的强度：

$$\tau_f = \frac{V}{2h_{e2}l_{w2}} = \frac{400 \times 10^3}{2 \times 0.7 \times 6 \times 348.8} = 136.5\text{N/mm}^2 < 200\text{N/mm}^2$$

2）在扭矩、剪力和轴心力联合作用时角焊缝的计算

图3-29所示的搭接连接中，力N通过围焊缝的形心O点，而力V距O点的距离为$(e+a)$。将力向围焊缝的形心O点处简化，可得到剪力V和扭矩$T = V(e+a)$。计算角焊缝在扭矩T作用下产生的应力时，采用如下假定：①被连接构件是绝对刚性的，而角焊缝则是弹性的；②被连接构件绕角焊缝有效截面形心O旋转，角焊缝任意一点的应力方向垂直该点与形心的连线，且应力大小与其距离r的大小成正比。

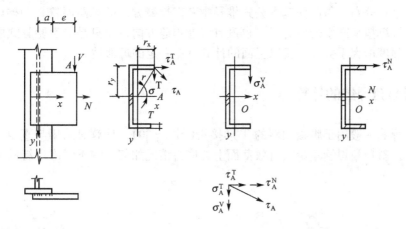

图3-29 受扭、受剪、受轴心力作用的角焊缝应力

在扭矩作用下，A点由扭矩引起的剪应力最大。扭矩T在A点引起的剪应力为：

$$\tau_A = \frac{Tr}{I_p} = \frac{Tr}{I_x + I_y} \tag{3-30}$$

式中 I_p——为焊缝有效截面的极惯性矩，$I_p = I_x + I_y$。

式(3-30)所得出的应力与焊缝的长度方向成斜角，将其沿x轴和y轴分解为：

$$\tau_A^T = \frac{Tr_y}{I_p} \quad \text{（侧面角焊缝受力性质）}$$

$$\sigma_A^T = \frac{Tr_x}{I_p} \quad \text{（正面角焊缝受力性质）}$$

由剪力V在焊缝群引起的剪应力均匀分布，A点处应力垂直于焊缝长度方向，属于正面角焊缝受力性质，可按

$$\sigma_A^V = \frac{V}{\sum h_e l_w}$$

计算出σ_A^V。由轴心力N引起的应力在A点处平行于焊缝长度方向，属侧面角焊缝受力性质，可按

$$\tau_A^N = \frac{N}{\sum h_e l_w}$$

计算出τ_A^N。则：

$$\tau_f = \tau_A^T + \tau_A^N$$

$$\sigma_f = \sigma_A^T + \sigma_A^V$$

A 点的合应力应满足的强度条件为：

$$\sqrt{\left(\frac{\sigma_f}{\beta_f}\right)^2 + \tau_f^2} \leqslant f_f^w \tag{3-31}$$

当连接直接承受动态荷载时，取 $\beta_f = 1.0$。

在上述计算方法中，假定竖向力产生的应力 τ_v 为平均分布是为了简化计算。实际上，在图 3-29 所示竖向力作用下的轴心受剪，其中水平焊缝为正面焊缝，而竖直焊缝为侧面焊缝，两者单位长度分担的应力是不同的，前者较大，后者较小。显然，假设轴心剪力产生的应力为平均分布，与前面基本公式推导中考虑焊缝方向的思路不符。同样，在确定形心位置以及计算扭矩产生的应力时，也没有考虑焊缝方向，而只是最后验算式中引进了正面角焊缝的强度增大系数 β_f，所以上面的计算具有一定的近似性。

3.4.4 斜角角焊缝的计算

斜角角焊缝一般用于腹板倾斜的 T 形接头(图 3-30)，计算时采用与直角角焊缝相同的计算公式，斜角角焊缝不论其有效截面上的应力情况如何，均不考虑焊缝的方向，一律取 $\beta_f = 1.0$。

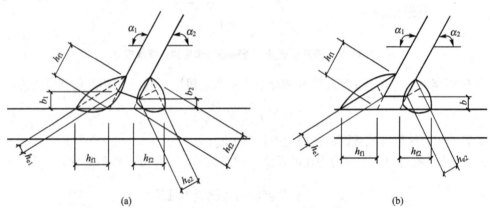

(a)　　　　　　　　　　　　(b)

图 3-30　斜角角焊缝的有效厚度

在确定有效厚度时(图 3-30)，一般是假定焊缝在其所成夹角的最小斜面上发生破坏。因此，《钢结构设计规范》对两焊脚边夹角 $60° \leqslant \alpha \leqslant 135°$ 的 T 形接头规定：当根部间隙(b、b_1 或 b_2)不大于 1.5mm 时，焊缝有效厚度为：

$$h_e = h_f \cos\frac{\alpha}{2}$$

当根部间隙大于 1.5mm 时，则焊缝有效厚度为：

$$h_e = \left[h_f - \frac{b(\text{或} b_1, b_2)}{\sin\alpha}\right]\cos\frac{\alpha}{2}$$

图 3-30 中的根部间隙最大不得超过 5mm。当图 3-30(a)中的 $b_1 > 5$mm 时，可将板边做成图 3-30(b)的形式。

3.5 焊接应力与焊接变形

3.5.1 焊接应力的分类和产生的原因

焊接应力(Welding Stresses)有沿焊缝长度方向的纵向焊接应力、垂直于焊缝长度方向的横向焊接应力和沿厚度方向的焊接应力。

1. 纵向焊接应力

焊接过程是一个不均匀加热和冷却的过程。在两块钢板上施焊时,钢板上产生不均匀的温度场,焊缝附近温度最高达 1600℃ 以上,其邻近区域温度较低,而且下降很快(图 3-31)。由于不均匀温度场,产生了不均匀的膨胀。焊缝附近高温处的钢材膨胀最大,受到周围膨胀小的区域的限制,产生了热状态塑性压缩。焊缝冷却时钢材收缩,焊缝区收缩变形受到两侧钢材的限制而产生纵向拉力,两侧因中间焊缝收缩而产生纵向压力,这就是纵向收缩引起的纵向应力,如图 3-31 所示。

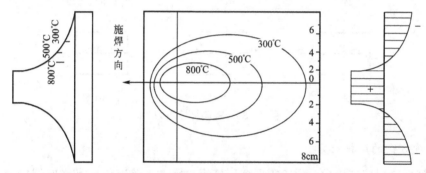

图 3-31 施焊时焊缝及附近的温度场和纵向焊接残余应力

三块钢板拼成的工字钢,腹板与翼缘用角焊缝连接,翼缘与腹板连接处因焊缝收缩受到两边钢板的阻碍而产生纵向拉应力,两边因中间收缩而产生压应力,因而形成中部焊缝区受拉而两边钢板受压的纵向应力。腹板纵向应力分布则相反,由于腹板与翼缘焊缝收缩受到腹板中间钢板的阻碍而受拉,腹板中间受压,因而形成中间钢板受压而两边焊缝区受拉的纵向应力,如图 3-32 所示。

2. 横向焊接应力

横向焊接应力由两部分组成:一部分是焊缝纵向收缩,使两块钢板趋向于形成反方向的弯曲变形,但实际上焊缝将两块钢板连成整体,在焊缝中部产生横向拉应力,而两端则产生横向压应力,如图 3-33 所示。另一部分是由于焊缝在施焊过程中冷却时间的不同,先焊的焊缝已经凝固,且具有一定强度,会阻止后焊焊缝的横向自由膨胀,使它发生横向塑性压缩变形。当先焊部分凝固后,中间焊缝部分逐渐冷却,后焊部分开始冷却,这三部分产生杠杆作用,结果是后焊部分因收缩而受拉,先焊部分因杠杆作用也受拉,中间部分受压。这两种横向应力叠加成最后的横向应力。

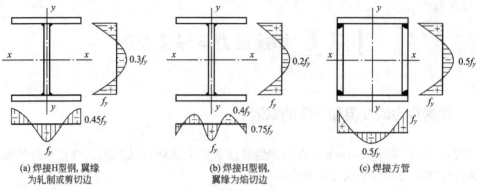

图 3－32　纵向焊接应力

横向收缩引起的横向应力与施焊方向和先后顺序有关。焊缝冷却时间不同，产生的应力分布也不同 ［图 3－33(c)～(e)］。

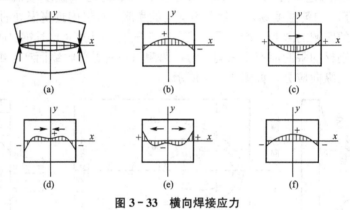

图 3－33　横向焊接应力

3. 厚度方向的焊接应力

在厚钢板的焊接连接中，焊缝需要多层施焊。因此，除有纵向和横向焊接应力 σ_x、σ_y 外，还存在着沿钢板厚度方向的焊接应力 σ_z（图 3－34）。这三种应力形成三向拉应力场，将大大降低连接的塑性。

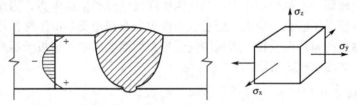

图 3－34　厚板中的焊接残余应力

3.5.2　焊接应力对结构性能的影响

1. 对结构静力强度的影响

对在常温下工作并具有一定塑性的钢材，由于钢材屈服会引起截面应力重分布现象，因而在静荷载作用下，焊接应力是不会影响结构强度的。

2．对结构刚度的影响

残余应力会降低结构的刚度。对于有残余应力的轴心受拉构件，当加载时，由于截面塑性区逐渐加宽，而两侧弹性区逐渐减小，必然导致构件变形增大，刚度降低。

3．对低温工作的影响

在厚板焊接处或具有交叉焊缝的部位，将产生三向焊接拉应力（图3-35），阻碍该区域钢材塑性变形的发展，从而增加钢材在低温下的脆断倾向，使裂纹容易发生和发展。

4．对疲劳强度的影响

在焊缝及其附近的主体金属残余拉应力通常达到钢材的屈服强度，此部位为疲劳裂纹最为敏感的区域。因此，焊接残余应力对结构的疲劳强度有明显不利影响。

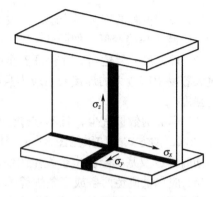

图3-35 三向焊缝残余应力

3.5.3 焊接变形

焊接变形是焊接结构中比较普遍的现象。焊接变形是焊接构件经局部加热冷却后产生的不可恢复变形，包括纵向收缩、横向收缩、角变形、弯曲变形或扭曲变形等（图3-36），通常是几种变形的组合。任一焊接变形超过验收规范的规定时，必须进行校正，以免影响构件在正常使用条件下的承载能力。

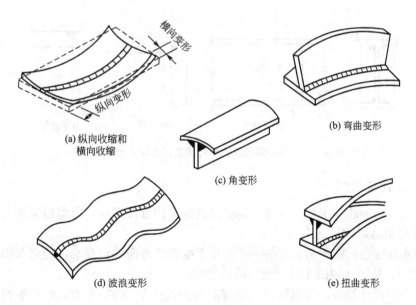

(a) 纵向收缩和横向收缩

(b) 弯曲变形

(c) 角变形

(d) 波浪变形

(e) 扭曲变形

图3-36 焊接变形

3.5.4 减小焊接应力和焊接变形的措施

1. 设计上的措施

(1) 焊接位置的安排要合理。只要结构上允许，应尽可能使焊缝对称于构件截面的中性轴，以减小焊接变形，如图 3-37(a)和图 3-37(c)所示情况。

(2) 焊缝尺寸要适当。在保证安全的前提下，施工时不得随意加大焊缝厚度。焊缝尺寸过大容易引起过大的焊接残余应力且在施焊时易发生焊穿、过热等缺陷，未必有利于连接的强度。

(3) 焊缝的数量宜少，且不宜过分集中。当几块钢板交汇于一处进行连接时，应采取图 3-37(e)的方式。如采用图 3-37(f)的方式，由于热量高度集中，会引起过大的焊接变形，同时焊缝及基本金属也会发生组织改变。

(4) 应尽量避免两条或三条焊缝垂直交叉。比如梁腹板加劲肋与腹板及翼缘的连接焊缝，就应通过采用切角的方式予以中断，以保证主要的焊缝(翼缘与腹板的连接焊缝)连续通过〔图 3-37(g)〕。

(5) 尽量避免在母材厚度方向的收缩应力。图 3-37(j)所示的这种连接方式，在焊缝收缩应力作用下，钢板易引起层状撕裂，应采用图 3-37(i)的构造。

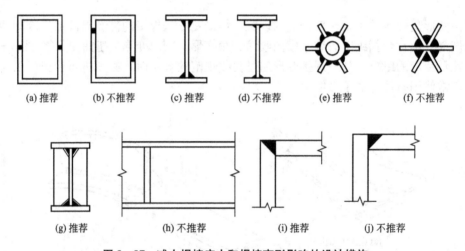

(a) 推荐　　(b) 不推荐　　(c) 推荐　　(d) 不推荐　　(e) 推荐　　(f) 不推荐

(g) 推荐　　　　(h) 不推荐　　　　(i) 推荐　　　(j) 不推荐

图 3-37　减小焊接应力和焊接变形影响的设计措施

2. 工艺上的措施

(1) 采取合理的施焊次序。例如：钢板对接时采用分段退焊，厚焊缝采用分层焊，工字型截面按对角跳焊(图 3-38)。

(2) 采用反变形。施焊前给构件一个与焊接变形反方向的预变形，使之与焊接所引起的变形相抵消，从而达到减小焊接变形的目的(图 3-39)。

(3) 对于小尺寸焊件，焊前预热，或焊后回火加热至 600℃ 左右，然后缓慢冷却，可以部分消除焊接应力和焊接变形，也可采用刚性固定法将构件加以固定来限制焊接变形，但这会增加焊接残余应力。

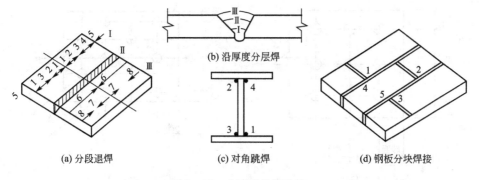

(b) 沿厚度分层焊

(a) 分段退焊　　　　(c) 对角跳焊　　　　(d) 钢板分块焊接

图 3 - 38　合理的施焊次序

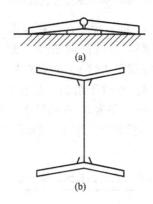

(a)

(b)

图 3 - 39　焊接前反变形

3.6 普通螺栓连接的构造和计算

3.6.1　螺栓的排列及其他构造要求

1. 螺栓的排列

螺栓在构件上排列应简单、统一、整齐而紧凑，通常分为并列和错列两种形式(图 3 - 40)。并列比较简单整齐，所用连接板尺寸小，但并列排放的螺栓孔对构件截面的削弱较错列方式大。错列可以减小螺栓孔对截面的削弱，但螺栓孔排列不如并列紧凑，连接板尺寸较大。

螺栓在构件上的排列应满足以下要求。

(1) 受力要求：在受力方向螺栓的端距过小时，钢材有剪断或撕裂的可能。各排螺栓距和线距太小时，构件有沿折线或直线破坏的可能。对受压构件，当沿作用方向螺栓距过大时，被连接的板件间易发生鼓曲和张口现象。

(2) 构造要求：螺栓的中距及边距不宜过大，否则钢板间不能紧密粘合，潮气易侵入缝隙使钢材锈蚀。

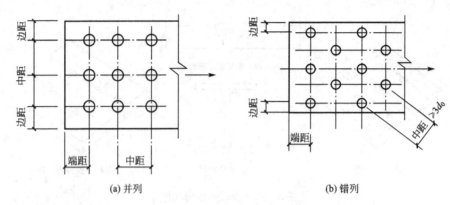

(a) 并列   (b) 错列

图 3-40　钢板的螺栓(铆钉)连接

(3) 施工要求：要保证一定的空间，便于转动螺栓扳手拧紧螺帽。

根据上述要求，规范规定了螺栓(或铆钉)的最大、最小容许距离，见表 3-3。螺栓沿型钢长度方向上排列的间距，除应满足表 3-3 的要求外，在型钢横截面上的线距排列尚应充分考虑拧紧螺栓时的净空要求。故对于角钢、普通工字钢、槽钢截面上排列螺栓的线距应满足图 3-41 及表 3-4、表 3-5 和表 3-6 的要求。在 H 型钢截面上排列螺栓的线距 [图 3-41(d)]，腹板上的 c 值可参照普通工字钢；翼缘上的 e 值或 e_1、e_2 值可根据其外伸宽度参照角钢。

表 3-3　螺栓或铆钉的最大、最小容许距离(mm)

名称	位置和方向			最大容许距离 (取两者的较小值)	最小容许距离
中心间距	外排(垂直内力方向或顺内力方向)			$8d_0$ 或 $12t$	$3d_0$
	中间排	垂直内力方向		$16d_0$ 或 $24t$	
		顺内力方向	构件受压力	$12d_0$ 或 $18t$	
			构件受拉力	$16d_0$ 或 $24t$	
	沿对角线方向			—	
中心至构件边缘距离	顺内力方向				$2d_0$
	垂直内力方向	剪切边或手工气割边		$4d_0$ 或 $8t$	$1.5d_0$
		轧制边、自动气割或锯割边	高强度螺栓		$1.2d_0$
			其他螺栓或铆钉		

注：① d_0 为螺栓或铆钉的孔径，t 为外层较薄板件的厚度。
    ② 钢板边缘与刚性构件(如角钢、槽钢等)相连的螺栓或铆钉的最大间距，可按中间排的数值采用。

表 3-4　角钢上螺栓或铆钉线距表(mm)

单行排列	角钢肢宽	40	45	50	56	63	70	75	80	90	100	110	125
	线距 e	25	25	30	30	35	40	40	45	50	55	60	70
	钉孔最大直径	11.5	13.5	13.5	15.5	17.5	20	22	22	24	24	26	26

（续）

双行错排	角钢肢宽	125	140	160	180	200	双行并列	角钢肢宽	160	180	200
	e_1	55	60	70	70	80		e_1	60	70	80
	e_2	90	100	120	140	160		e_2	130	140	160
	钉孔最大直径	24	24	26	26	26		钉孔最大直径	24	24	26

表 3-5 工字形钢和槽钢腹板上的螺栓线距表（mm）

工字钢型号	12	14	16	18	20	22	25	28	32	36	40	45	50	56	63
线距 c_{min}	40	45	45	45	50	50	55	60	60	65	70	75	75	75	75
槽钢型号	12	14	16	18	20	22	25	28	32	36	40	—	—	—	—
线距 c_{min}	40	45	50	50	55	55	55	60	65	70	75	—	—	—	—

表 3-6 工字形钢和槽钢腹板上的螺栓线距表（mm）

工字钢型号	12	14	16	18	20	22	25	28	32	36	40	45	50	56	63
线距 c_{min}	40	45	50	55	60	65	65	70	75	80	80	85	90	95	95
槽钢型号	12	14	16	18	20	22	25	28	32	36	40	—	—	—	—
线距 c_{min}	30	35	35	40	40	45	45	45	50	56	60	—	—	—	—

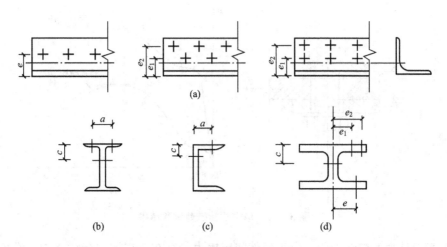

图 3-41 型钢的螺栓（铆钉）连接

2. 螺栓连接的构造要求

螺栓连接除满足螺栓排列的允许距离外，还应满足下列构造要求。

（1）当杆件在节点上或拼接接头的一端时，永久性的螺栓（或铆钉）数不宜少于两个。对组合构件的缀条，其端部连接可采用一个螺栓（或铆钉）。

（2）高强度螺栓孔应采用钻孔。摩擦型连接的高强度螺栓孔径比螺栓公称直径 d 大 1.5～2.0mm；承压型连接的高强度螺栓孔径比螺栓公称直径 d 大 1.0～1.5mm。

（3）在高强度螺栓连接范围内，构件截面的处理方法应在施工图中注明。

（4）C级普通螺栓宜用于沿其杆轴受拉方向连接，在下列情况下可用于受剪连接：①承受静力荷载或间接承受动力荷载结构中的次要连接；②承受静力荷载的可拆卸结构的连接；③临时固定构件用的安装连接。

（5）对直接承受动力荷载的普通螺栓受拉连接应采用双螺母或其他能防止螺帽松动的有效措施。

（6）当型钢构件拼接采用高强度螺栓连接时，其拼接件宜采用钢板。

（7）沉头和半沉头铆钉不得用于沿其杆轴方向受拉的连接。

（8）沿杆轴方向受拉的螺栓（或铆钉）连接中的端板（法兰板），应适当增强其刚度（如加设加筋肋），以减少撬力对螺栓（或铆钉）抗拉承载力的不利影响。

3.6.2　普通螺栓的受剪连接

普通螺栓连接按受力情况可分为三类：螺栓只承受剪力；螺栓只承受拉力；螺栓承受拉力和剪力的共同作用。下面先介绍螺栓受剪时的工作性能与计算方法。

1. 受剪连接的工作性能

抗剪连接是最常见的螺栓连接。如果以图 3-42(a)所示的螺栓连接试件做抗剪实验，可得出试件上 a、b 两点之间的相对位移 δ 与作用力 N 的关系曲线［图 3-42(b)］。该曲线给出了试件由零载一直加载至连接破坏的全过程，经历了以下四个阶段。

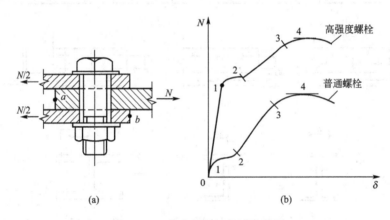

图 3-42　单个螺栓抗剪试验结果

（1）摩擦传力的弹性阶段。由于板件间摩擦力的存在，在施加荷载之初，螺栓杆与孔壁之间的间隙保持不变，连接工作处于弹性阶段，在 N-δ 图上呈现出 0-1 斜直线段。

（2）滑移阶段。当荷载增大，剪力超过构件间摩擦力的最大值，板件间产生相对滑移，直至螺栓与孔壁接触，相当于 N-δ 曲线上的 1-2 水平段。

（3）栓件传力的弹性阶段。荷载继续增加，连接所承受的外力主要靠栓杆与孔壁接触传递。栓件除主要承受剪力外，还有弯矩和轴向拉力，而孔壁则受到挤压。由于栓件的伸长受到螺帽的约束，增大了板件间的压紧力，使板件间的摩擦力也随之增大，所以 N-δ 曲线呈上升状态，直到"3"点。

（4）弹塑性阶段。荷载继续增加，N-δ 曲线升势趋缓，荷载达"4"点后开始下降，剪切变形迅速增大，直至剪切破坏。显然"4"点所对应的为极限承载力状态。

受剪螺栓连接达到极限承载力时，可能的破坏形式有：①当栓杆直径较小，板件较厚时，栓杆可能先被剪断［图3-43(a)］；②当栓件直径较大，板件较薄时，板件可能先被挤坏［图3-43(b)］，由于栓件和板件的挤压是相对的，故也把这种破坏叫螺栓承压破坏；③端距 l_1 太小，端距范围内的板件有可能被栓件冲剪破坏［图3-43(c)］；④板件可能因螺栓孔削弱太多而被拉断［图3-43(d)］。

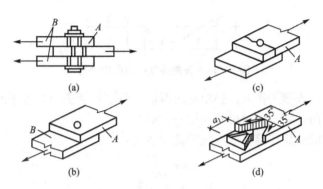

图3-43 抗剪螺栓连接的破坏形式

上述第③种破坏形式由螺杆端距 $l_1 \geqslant 2d$ 来保证；第④种破坏属于构件的强度验算。因此，普通螺栓的受剪连接只考虑①、②两种破坏形式。

2. 单个普通螺栓的受剪计算

普通螺栓的受剪承载力主要由栓杆受剪和孔壁承压两种破坏模式控制，因此应分别计算，取其小值进行设计。假定螺栓受剪面上的剪应力均匀分布，挤压力沿栓杆直径平面（实际上是相应于是栓杆直径平面的孔壁部分）均匀分布。

受剪承载力设计值：

$$N_v^b = n_v \frac{\pi d^2}{4} f_v^b \tag{3-32}$$

承压承载力设计值：

$$N_c^b = d \sum t \cdot f_c^b \tag{3-33}$$

式中 n_v——为受剪面数目，单剪 $n_v=1$，双剪 $n_v=2$，四剪 $n_v=4$；

　　d——为螺栓杆直径；

　　$\sum t$——为在不同受力方向中一个受力方向承压构件总厚度的较小值；

f_v^b、f_c^b——为螺栓的抗剪和承压强度的设计值。

3. 普通螺栓群轴心受剪连接计算

1）普通螺栓群轴心受剪

试验证明，螺栓群的抗剪连接承受轴心力时，螺栓群在长度方向上的各螺栓受力并不均匀（图3-44），表现为两端螺栓受力大，而中间螺栓受力小。当连接长度 $l_1 \leqslant 15d_0$（d_0为螺孔直径）时，可认为轴心力 N 由每个螺栓平均分担，即螺栓数 n 为：

$$n = \frac{N}{N_{min}^b} \tag{3-34}$$

式中 $N_{\min}^b$——为单个螺栓受剪承载力设计值与承压承载力设计值的较小值。

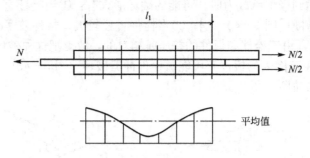

图 3-44 长接头螺栓的内力分布

当 $l_1 > 15d_0$ 时，连接工作进入弹塑性阶段后，各螺栓所受内力也不易均匀，端部螺栓首先达到极限强度而破坏，随后由外向里一次破坏。

对普通螺栓构成的长连接，所需抗剪螺栓数为：

$$n = \frac{N}{\eta N_{\min}^b} \qquad (3-35)$$

式中 $\eta = 1.1 - \frac{l_1}{150d_0} \geqslant 0.7$，为承载力设计值折减系数。

【例 3-6】 设计两块钢板用普通螺栓的盖板连接，板厚均为 8mm。已知轴心拉力的设计值 $N = 370$kN，钢材为 Q235A，螺栓直径 $d = 20$mm（粗制螺栓），试计算所需螺栓数量。

解： 单个螺栓的承载力设计值：

由附表 2-3 可知，$f_v^b = 140$N/mm²，$f_c^b = 305$N/mm²

抗剪承载力设计值：

$$N_v^b = n_v \frac{\pi d^2}{4} f_v^b = 2 \times \frac{3.14 \times 20^2}{4} \times 140 = 87.9\text{kN}$$

承压承载力设计值：

$$N_c^b = d\sum t \cdot f_c^b = 20 \times 8 \times 305 = 48.8\text{kN}$$

连接一侧所需螺栓数：

$$n = \frac{370}{48.8} = 7.6，取 8 个。$$

2）普通螺栓群偏心受剪

图 3-45 所示为螺栓群承受偏心剪力的情形，可将偏心力等效为轴心力 F 和扭矩 $T = Fe$。

在轴心力作用下，每个螺栓平均受力为：

$$N_{1F} = \frac{F}{n}$$

在扭矩 $T = Fe$ 作用下，通常采用弹性分析。假定连接板的旋转中心在螺栓群的形心，则螺栓剪力的大小与该螺栓至中心点距离 r_i 成正比，方向则与此距离垂直 [图 3-45 (c)]。由：

$$N_{1T}r_1 + N_{2T}r_2 + \cdots + N_{iT}r_i + \cdots = T$$

因

$$\frac{N_{1T}}{r_1} = \frac{N_{2T}}{r_2} = \cdots = \frac{N_{iT}}{r_i} = \cdots$$

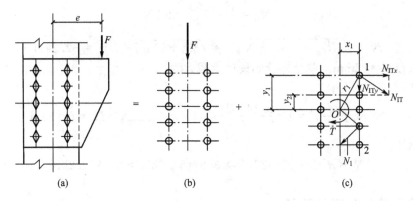

图 3 - 45 螺栓群偏心受剪

得：
$$\frac{N_{1T}}{r_1}(r_1^2 + r_2^2 + \cdots + r_i^2 + \cdots) = \frac{N_{1T}}{r_1}\sum r_i^2 = T$$

最大剪力
$$N_{iT} = \frac{Tr_1}{\sum r_i^2} = \frac{Tr_1}{\sum x_i^2 + \sum y_i^2}$$

将 N_{1T} 分解为水平分力和垂直分力：

$$N_{1Tx} = N_{1T}\frac{y_1}{r_1} = \frac{Ty_1}{\sum x_i^2 + \sum y_i^2} \qquad (3-36)$$

$$N_{1Ty} = N_{1T}\frac{x_1}{r_1} = \frac{Tx_1}{\sum x_i^2 + \sum y_i^2} \qquad (3-37)$$

由此可得到受力最大螺栓所承受的合力 N_1 的计算式：

$$N_1 = \sqrt{N_{1Tx}^2 + (N_{1Ty} + N_{1F})^2} \leqslant N_{min}^b \qquad (3-38)$$

当螺栓布置在一个狭长带，例如 $y_1 \geqslant 3x_1$ 时，可假定式(3-36)和(3-37)中的 $x_i = 0$，由此得 $N_{iTy} = 0$，$N_{iTx} = Ty_1/\sum y_i^2$，计算式为：

$$N_1 = \sqrt{\left(\frac{Ty_1}{\sum y_i^2}\right)^2 + \left(\frac{F}{n}\right)^2} \leqslant N_{min}^b \qquad (3-39)$$

式中　N_{min}^b——为单个螺栓的受剪承载力设计值。

以上设计方法，除受力最大的螺栓外，其余大多数螺栓均有潜力。所以按公式 $N_{1F} = \frac{F}{n}$ 计算轴心力 F 作用下的螺栓内力时，即使连接长度 $>15d_0$，也不用考虑长接头的折减系数 η。

【例 3 - 7】 设计图 3 - 45(a)所示的普通螺栓连接，螺栓水平间距为 120mm，垂直间距为 80mm。柱翼缘厚度为 10mm，连接板厚为 8mm，钢材为 Q235B，荷载设计值 $F = 200$kN，偏心距 $e = 200$mm，采用粗制螺栓 M22。

解：
$$\sum x_i^2 + \sum y_i^2 = 10 \times 6^2 + (4 \times 8^2 + 4 \times 16^2) = 1640\text{cm}^2$$
$$T = Fe = 200 \times 0.2 = 40\text{kN} \cdot \text{m}$$

$$N_{1Tx} = \frac{Ty_1}{\sum x_i^2 + \sum y_i^2} = \frac{40 \times 0.16}{1640 \times 10^{-4}} = 39\text{kN}$$

$$N_{1Ty} = \frac{Tx_1}{\sum x_i^2 + \sum y_i^2} = \frac{40 \times 0.06}{1640 \times 10^{-4}} = 14.7\text{kN}$$

$$N_{1F}=\frac{F}{n}=\frac{200}{10}=20\text{kN}$$

$$N_1=\sqrt{N_{1Tx}^2+(N_{1Ty}+N_{1F})^2}=\sqrt{39^2+(14.7+20)^2}=52.2\text{kN}$$

螺栓直径 $d=22$mm，单个螺栓的设计承载力为：

螺栓抗剪：

$$N_v^b=n_v\frac{\pi d^2}{4}f_v^b=1\times\frac{3.14\times22^2}{4}\times140=53.2\text{kN}>N_1=52.2\text{kN}$$

构件承压：

$$N_c^b=d\sum t \cdot f_c^b=22\times8\times305=53.7\text{kN}>N_1=52.2\text{kN}$$

3.6.3 普通螺栓的受拉连接

1. 普通螺栓受拉的工作环境

沿螺栓杆轴方向受拉时，通常由于翼缘的弯曲，使螺栓受到撬力的附加作用，如图 3-46 所示。为了简化计算，我国《规范》将螺栓的抗拉强度设计值降低 20% 来考虑撬力的影响。在设计时，可采取一些构造措施，如设置图 3-47 中所示的加劲肋来加强连接件的刚度，减小螺栓中的附加力。

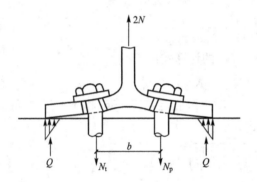

图 3-46 受拉螺栓的撬力

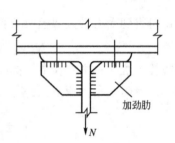

图 3-47 T 形连接中螺栓受拉

2. 单个普通螺栓的抗拉承载力

单个螺栓的受拉承载力的设计值为：

$$N_t^b=A_e \cdot f_t^b=\frac{\pi d_e^2}{4} \cdot f_t^b \tag{3-40}$$

$$d_e=\frac{d_n+d_m}{2}=d-\frac{13}{24}\sqrt{3}p$$

式中 A_e——螺栓有效截面积；

d_e——螺纹处的有效直径；

d_n——扣去螺纹后的净直径；

d_m——全直径与净直径的平均直径；

p——螺纹的螺距。

3. 普通螺栓群受拉

1) 螺栓群轴心受拉

螺栓群轴心受拉时，由于垂直于连接板的端板刚度很大，通常假定各个螺栓平均受拉，则连接所需的螺栓数为：

$$n=\frac{N}{N_t^b} \tag{3-41}$$

2) 螺栓群承受弯矩作用

图 3-48 所示为螺栓群在弯矩作用下的受拉连接(图中剪力 V 通过承受托板传递)。按弹性设计法，在弯矩作用下，离中和轴越远的螺栓所受拉力越大，而压力则由部分受压的端板承受，假设中和轴至端板受压边缘的距离为 c [图 3-48(a)]。这种连接的受力有如下特点：受拉螺栓截面只是孤立的几个螺栓点；而端板受压区则是宽度较大的实体矩形截面 [图 3-48(b)、(c)]。当计算其形心位置作为中和轴时，所得到的端板受压区高度 c 总是很小，中和轴通常在受压一侧最外排螺栓附近的某个位置。因此，实际计算时可近似地取中和轴位于最下排螺栓 O 处，即认为连接变形为绕 O 处水平轴转动，螺栓拉力与 O 点算起的纵坐标 y 成正比。在对 O 点水平轴列弯矩平衡方程时，偏安全地忽略了力臂很小的端板受压区部分的力矩。

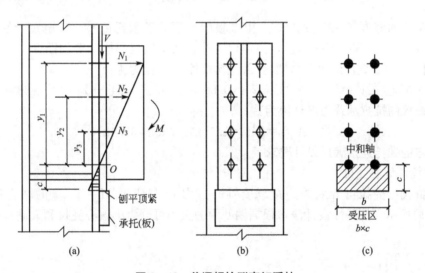

图 3-48 普通螺栓群弯矩受拉

考虑到：

$$\frac{N_1}{y_1}=\frac{N_2}{y_2}=\cdots=\frac{N_i}{y_i}=\cdots=\frac{N_n}{y_n}$$

则：

$$\begin{aligned}
M &= N_1 y_1+N_2 y_2+\cdots+N_i y_i+\cdots+N_n y_n \\
&=(N_1/y_1) y_1^2+(N_2/y_2) y_2^2+\cdots+(N_i/y_i) y_i^2+\cdots+(N_n/y_n) y_n^2 \\
&=(N_i/y_i)\sum y_i^2
\end{aligned}$$

螺栓 i 的拉力为：

$$N_i=\frac{M y_i}{\sum y_i^2} \tag{3-42}$$

设计时要求受力最大的最外排螺栓 1 的拉力不超过单个螺栓的抗拉承载力设计值：

$$N_i = \frac{My_i}{\sum y_i^2} \leqslant N_t^b \tag{3-43}$$

【例3-8】 牛腿用 C 级普通螺栓以及承托与柱连接,如图 3-49 所示,承受竖向荷载(设计值)$F=200$kN,偏心距 $e=200$mm。试设计其螺栓连接。已知构件和螺栓均用 Q235 钢材,螺栓为 M20,孔径为 21.5mm。

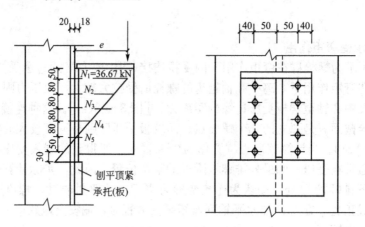

图 3-49 例 3-8 图

解： 牛腿的剪力 $V=F=200$kN,由端板刨平顶紧于承托传递；弯矩 $M=Fe=200\times 0.2=40$kN·m,由螺栓连接传递,使螺栓受拉。初步假定螺栓布置如图 3-49 所示。对最下排螺栓 O 轴取矩,最大受力螺栓(最上排螺栓 1)的拉力为：

$$N_1 = My_1/\sum y_i^2 = (40\times 0.32)/[2\times(0.88^2+0.16^2+0.24^2+0.32^2)] = 33.4\text{kN}$$

单个螺栓的抗拉承载力设计值为：

$$N_t^b = A_e f_t^b = 245\times 170 = 41.7\text{kN} > 33.4\text{kN}$$

所假定的螺栓连接满足设计要求。

3）螺栓群偏心受拉

螺栓群偏心受拉可等效为连接承受轴心拉力 N 和弯矩 $M=N\cdot e$ 的联合作用,如图 3-50(a)所示。按弹性设计法,根据偏心距的大小可分为小偏心受拉和大偏心受拉两种情况。

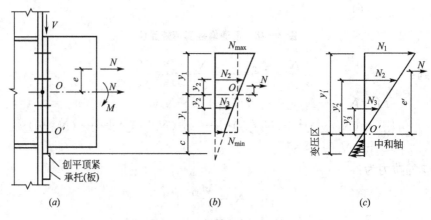

图 3-50 螺栓群偏心受拉

（1）小偏心受拉。

当偏心较小时，所有螺栓均承受拉力作用。计算时，轴心拉力 N 由各螺栓均匀承受，弯矩 M 则引起以螺栓群形心 O 为中和轴的三角形内力分布 [图 3-50(b)]，使上部螺栓受拉，下部螺栓受压；叠加后全部螺栓均受拉。可推出最大、最小受力螺栓的拉力和满足设计要求的公式如下（各 y_i 均自 O 点算起）：

$$N_{max} = \frac{N}{n} + \frac{Ney_1}{\sum y_i^2} \leqslant N_t^b \qquad (3-44a)$$

$$N_{min} = \frac{N}{n} - \frac{Ney_1}{\sum y_{i2}} \geqslant 0 \qquad (3-44b)$$

由式(3-44b)可知，当 $N_{min} > 0$ 时，偏心距 $e = \sum y_i^2/(ny_1)$。此时所有螺栓受拉，为小偏心受拉。

（2）大偏心受拉。

当偏心距 e 较大时，即 $e > \rho = \sum y_i^2/(ny_1)$ 时，在端板底部将出现受压区 [图 3-50(c)]。

按式(3-44)近似偏安全取中和轴位于最下排螺栓 O' 处，可得（e' 和 y_i' 自 O' 点算起，最上排螺栓 1 的拉力最大）：

$$\frac{N_1}{y_1'} = \frac{N_2}{y_2'} = \cdots = \frac{N_i}{y_i'} = \cdots \frac{N_n}{y_n'}$$

$$Ne' = N_1 y_1' + N_2 y_2' + \cdots + N_i y_i' + \cdots + N_n y_n'$$

$$= (N_1/y_1') y_1'^2 + (N_2/y_2') y_2'^2 + \cdots + (N_i/y_i') y_i'^2 + \cdots + (N_n/y_n') y_n'^2$$

$$= (N_i/y_i') \sum y_i'^2$$

$$N_i = \frac{Ne' y_i'}{\sum y_i'^2}, \qquad N_i = \frac{Ne' y_i'}{\sum y_i'^2} \leqslant N_t^b \qquad (3-45)$$

【例 3-9】 设计图 3-51 为一钢接屋架支座支点，竖向力由承托承受。螺栓为 C 级，只承受偏心拉力。设 $N = 260$kN，$e = 100$mm。螺栓布置如图 3-51(a)所示。

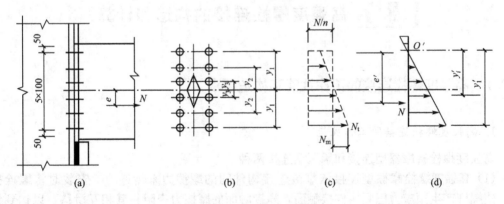

图 3-51 例 3-9 图

解： 螺栓有效截面的核心距：

$$\rho = \frac{\sum y_i^2}{ny_1} = \frac{4 \times (50^2 + 150^2 + 250^2)}{12 \times 250} = 116.7\text{mm} > e = 100\text{mm}$$

即偏心力作用在核心距以内，属于小偏心受拉［图3-51(c)］，应由式(3-44a)计算：

$$N_{max}=\frac{N}{n}+\frac{Ne\cdot y_1}{\sum y_i^2}=\frac{260}{12}+\frac{260\times100\times250}{4\times(50^2+150^2+250^2)}=40.3\text{kN}$$

需要的有效面积：

$$A_e=\frac{N_1}{f_t^b}=\frac{38.7\times10^3}{170}=237.1\text{mm}^2$$

采用 M20 螺栓，$A_e=245\text{mm}^2$

3.6.4　普通螺栓受剪力和拉力共同作用

承受拉力和剪力共同作用的普通螺栓应考虑两种可能的破坏形式：一种是螺杆受剪兼受拉破坏；二是孔壁承压破坏。在拉-剪共同作用下，普通螺栓杆处于极限承载力时的拉力和剪力，分别除以各自单独作用时的承载力，所得到的关于 N_t/N_t^b 和 N_v/N_v^b 的相关曲线，近似为圆曲线(图3-52)。

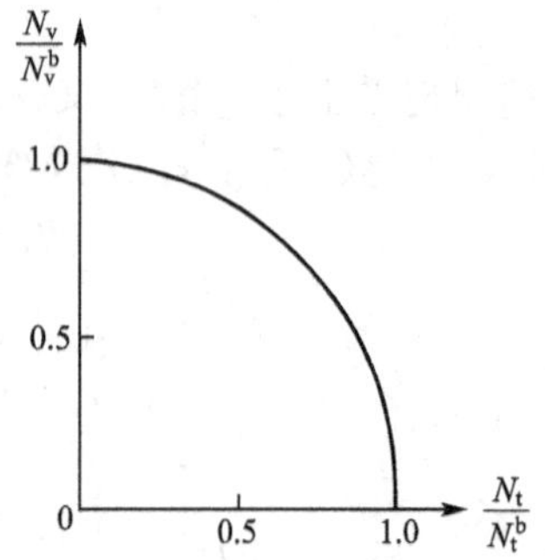

则验算拉-剪作用时，采用下式：

$$\sqrt{\left(\frac{N_v}{N_v^b}\right)^2+\left(\frac{N_t}{N_t^b}\right)^2}\leqslant1 \tag{3-46}$$

验算孔壁承压时，采用下式：

$$N_v\leqslant N_c^b \tag{3-47}$$

图3-52　拉-剪螺栓相关方程曲线

式中　N_v、N_t——单个螺栓所承受的剪力和拉力设计值；

N_v^b、N_t^b——单个螺栓抗剪和抗拉承载力设计值；

N_c^b——单个螺栓的孔壁承压承载力设计值。

3.7　高强度螺栓连接的构造和计算

3.7.1　高强度螺栓连接的工作性能和构造要求

1. 高强度螺栓连接的工作性能

高强度螺栓有摩擦型连接和承压型连接两种。

(1)高强度螺栓摩擦型连接依靠被连接构件间的摩擦力来传递力，安装时将螺栓拧紧，使螺杆产生预应力压紧构件接触面，靠接触面的摩擦力来阻止其相互滑移，以达到传递外力的目的。当剪力等于摩擦力时，即为连接的承载力极限状态。高强度螺栓摩擦型连接与普通螺栓连接的重要区别就是完全不靠螺杆的抗剪和孔壁的承压来传力，而是靠钢板间接触面的摩擦力来传力。

(2)高强度螺栓承压型连接的传力特征是：当剪力超过摩擦力时，构件间产生相对滑移,螺杆与孔壁接触,使螺杆受剪和孔壁受压,破坏形式与普通螺栓相同,以螺杆被剪坏或孔壁承压破坏为其承载力极限状态。承压型连接承载力高于摩擦型连接,但变形较大,不适用于直接承受动力荷载的结构。

2.高强度螺栓连接的构造要求

高强度螺栓施工时需用力矩扳手进行拧紧,在此过程中螺杆将产生预拉力。为保证连接接触面之间摩擦力的可靠性,规范对各种规格的高强度螺栓预应力的取值进行了规定,如表3-7所示。

表3-7 高强度螺栓的预拉力 $P(kN)$

螺栓的性能等级	螺栓公称直径/mm					
	M16	M20	M22	M24	M27	M30
8.8级	80	125	150	175	230	280
10.9级	100	155	190	225	290	355

高强度螺栓摩擦面抗滑移系数的大小与连接处构件接触面的处理方法和构件的钢号有关。我国规范推荐采用的接触面处理方法有:喷砂(丸)、喷砂(丸)后涂无机富锌漆、喷砂(丸)后生赤锈和钢丝刷消除浮锈或对未经处理的干净轧制表面不做处理等。各种处理方法相应的摩擦系数 μ 值详见表3-8。

表3-8 摩擦面的抗滑移系数 μ

在连接处构件接触面的处理方法	构件的钢号		
	Q235 钢	Q345、Q230 钢	Q420 钢
喷砂(丸)	0.45	0.50	0.50
喷砂(丸)后涂无机富锌漆	0.35	0.40	0.40
喷砂(丸)后生赤锈	0.45	0.50	0.50
未经处理的干净轧制表面不做处理	0.30	0.35	0.40

高强度螺栓连接除需要满足与普通螺栓连接相同的排列布置要求之外,还需注意以下两点:

(1)当型钢构件拼接采用高强度螺栓连接时,其拼接件宜采用钢板,以使被连接部分能紧密粘合,保证预应力的建立。

(2)在高强度螺栓连接范围内,构件接触面的处理方法应在施工图中说明。

3.7.2 高强度螺栓连接的抗剪计算

1.高强度螺栓摩擦型连接的抗剪承载力设计值

摩擦型连接的承载力取决于构件接触面所提供的摩擦力。摩擦阻力大小与摩擦面抗滑移系数、螺栓预拉力及摩擦面数目有关。单个高强度螺栓的抗剪承载力设计值:

$$N_v^b = 0.9 n_f \mu P \qquad (3-48)$$

式中 n_f——传力摩擦面数目，单剪时，$n_f = 1$，双剪时，$n_f = 2$；

P——单个高强度螺栓的设计预应力，按表 3-7 采用；

μ——摩擦面抗滑移系数，按表 3-8 采用。

2. 高强度螺栓承压型连接的抗剪承载力设计值

高强度螺栓承压型连接的计算方法与普通螺栓连接相同，只是应采用承压型连接高强度螺栓的强度设计值。

3.7.3 高强度螺栓连接的抗拉计算

试验证明，当外拉力过大时，卸荷后螺栓将发生松弛现象，这对连接抗剪性能是不利的，因此规范规定一个高强度螺栓抗拉承载力不得大于 $0.8P$，即：

$$N_t \leqslant N_t^b = 0.8P \qquad (3-49)$$

式中 P——高强度螺栓的预应力。

对于承压型连接的高强度螺栓，N_t^b 应按普通螺栓的公式计算（但强度设计取值不同）。

3.7.4 同时承受剪力和拉力的高强度螺栓连接承载力计算

1. 高强度螺栓摩擦型连接承载力计算

试验结果表明，外加剪力 N_v 和拉力 N_t 与高强螺栓的受拉、受剪承载力设计值之间具有线性相关关系。《规范》规定，当高强度螺栓摩擦型连接同时承受摩擦面间的剪力和螺栓杆轴方向的外拉力时，其承载力应按下式计算：

$$\frac{N_v}{N_v^b} + \frac{N_t}{N_t^b} \leqslant 1 \qquad (3-50)$$

式中 N_v、N_t——某个高强度螺栓所承受的剪力和拉力设计值；

N_v^b、N_t^b——单个高强度螺栓的受剪和受拉承载力设计值。

2. 高强度螺栓承压型连接承载力计算

同时承受剪力和杆轴方向拉力的承压型连接高强度螺栓的计算方法与普通螺栓相同，即

$$\sqrt{\left(\frac{N_v}{N_v^b}\right)^2 + \left(\frac{N_t}{N_t^b}\right)^2} \leqslant 1 \qquad (3-51)$$

$$N_v \leqslant N_c^b / 1.2 \qquad (3-52)$$

式中 N_v、N_t——某个高强度螺栓所承受的剪力和拉力设计值；

N_v^b、N_t^b、N_c^b——单个高强螺栓的受剪、受拉和承压承载力设计值；

1.2——高强度螺栓承压强度降低系数。

3.7.5 高强度螺栓群的计算

1. 高强度螺栓群受剪

1）轴心受剪

高强度螺栓连接所需螺栓数目由下式确定：

$$n \geq \frac{N}{N_{min}^{b}} \tag{3-53}$$

式中　N_{min}^{b}——相应连接类型的单个高强度螺栓受剪承载力设计值的最小值，应按相应类型由式（3-48）或式（3-32）和式（3-33）计算。

2）高强度螺栓群在扭矩作用或扭矩、剪力共同作用下

高强度螺栓群在扭矩作用或扭矩、剪力共同作用时的抗剪计算方法与普通螺栓群相同，但应采用高强度螺栓承载力设计值进行计算。

2. 高强度螺栓群受拉

1）轴心力作用时

高强度螺栓群轴心受拉时所需螺栓数目：

$$n \geq \frac{N}{N_{t}^{b}}$$

式中　N_{t}^{b}——沿杆轴方向受拉力时，单个高强度螺栓（摩擦型和承压型）的承载力设计值。

2）高强度螺栓群弯矩受拉

高强度螺栓（包括摩擦型和承压型）的外拉力 N_t 设计要求总是小于 $0.8P$ 的，在连接受弯矩作用而使螺栓沿栓杆方向受力时，被连接构件的接触面仍一直保持着紧密贴合，因此可认为中和轴在螺栓群的形心轴上（图3-53），最外排螺栓受力最大。按照普通螺栓小偏心受拉中关于弯矩使螺栓产生最大拉力的推导方法，同样可使高强度螺栓群弯矩受拉时的最大拉力及其验算式为：

$$N_1 = \frac{M y_1}{\sum y_i^2} \leq N_t^{b} \tag{3-54}$$

式中　y_1——螺栓形心轴至最外排螺栓的距离；

$\sum y_i^2$——形心轴上、下每个螺栓至形心轴距离的平方和。

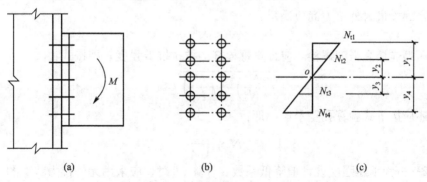

图 3-53　承受弯矩的高强度螺栓连接

3）高强螺栓群偏心受拉

高强螺栓偏心受拉时，螺栓的最大设计外拉力不会超过 $0.8P$，板层间始终紧密贴合，端板不会被拉开，故摩擦型连接高强度螺栓和承压型连接高强度螺栓均可按普通螺栓小偏心受拉计算，即：

$$N_1 = \frac{N}{n} + \frac{Ne}{\sum y_i^2} y_1 \leqslant N_t^b \qquad (3-55)$$

4）高强度螺栓群承受拉力、弯矩和剪力的共同作用

螺栓连接板间的压紧力和接触面的抗滑移系数，将随外拉力的增加而减小，摩擦型连接高强度螺栓承受剪力和拉力共同作用时，单个螺栓抗剪承载力设计值为：

$$N_{v,t}^b = 0.9 n_f \mu (P - 1.25 N_t) \qquad (3-56)$$

由图 3-54(c)可知，每行螺栓所受外拉力 N_u 各不相同，故应按下式计算摩擦型连接高强度螺栓的抗剪强度：

$$V \leqslant n_0 (0.9 n_f \mu P) + 0.9 n_f \mu \left[(P - 1.25 N_{t1}) + (P - 1.25 N_{t2}) + \cdots \right] \qquad (3-57)$$

式中 n_0——受压区（包括中和轴处）的高强度螺栓数；

N_{t1}、N_{t2}——受拉区高强度螺栓所承受的外拉力。

也可将式(3-57)写成下列形式：

$$V \leqslant 0.9 n_f \mu (nP - 1.25 \sum N_u) \qquad (3-58)$$

式中 n——连接的螺栓总数；

$\sum N_u$——螺栓承受外拉力的总和。

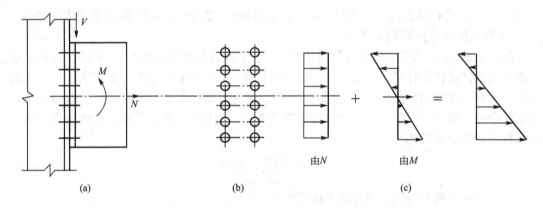

图 3-54 摩擦型螺栓连接高强度螺栓的应力

此外，螺栓最大外拉力尚应满足：

$$N_u \leqslant N_t^b$$

对承压型连接高强度螺栓，应计算螺栓杆的抗拉抗剪强度，即按式：

$$\sqrt{\left(\frac{N_v}{N_v^b}\right)^2 + \left(\frac{N_t}{N_t^b}\right)^2} \leqslant 1 \qquad (3-59)$$

同时还应按下式验算孔壁承压，即：

$$N_v \leqslant \frac{N_c^b}{1.2} \qquad (3-60)$$

式中 1.2——为承压强度设计值降低系数。计算 N_c^b 时，应采用无外拉力状态的 f_c^b 值。

【例 3-10】 试设计一双盖板拼接的钢板连接。钢材为 Q235B，高强度螺栓为 8.8 级

的 M20，连接处构件接触面用喷砂处理，作用在螺栓群形心处的轴心拉力设计值 $N=850\text{kN}$，试设计此连接。

解：（1）采用摩擦型连接时

查表 3-7 得每个 8.8 级的 M20 高强度螺栓的预拉力 $P=125$ kN，由表 3-8 得对于 Q235 钢材接触面做喷砂处理时 $\mu=0.45$。

单个螺栓的承载力设计值：

$$N_v^b=0.9n_f\mu P=0.9\times2\times0.45\times125=101.3\text{kN}$$

所需螺栓数：

$$n=\frac{N}{N_v^b}=\frac{850}{101.3}=8.4，\quad 取 9 个$$

螺栓排列如图 3-55 所示。

（2）采用承压型连接时

由附表 2-3 可知，$f_v^b=250\text{N/mm}^2$，$f_c^b=470\text{N/mm}^2$。

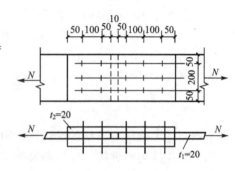

单个螺栓的承载力设计值：

$$N_v^b=n_v\frac{\pi d^2}{4}f_v^b=2\times\frac{3.14\times20^2}{4}\times250=157\text{kN}$$

$$N_c^b=d\sum t\cdot f_c^b=20\times20\times470=188\text{kN}$$

则所需螺栓数：

$$n=\frac{N}{N_{min}^b}=\frac{850}{157}=5.4，\quad 取 6 个$$

图 3-55 例 3-10 图

螺栓排列如图 3-55 左边所示。

【例 3-11】 图 3-56 所示高强度螺栓采用摩擦型连接，被连接构件的钢材为 Q235B。螺栓为 10.9 级，直径为 22 mm，接触面采用喷砂处理；图中内力均为设计值，试验算此连接的承载力。

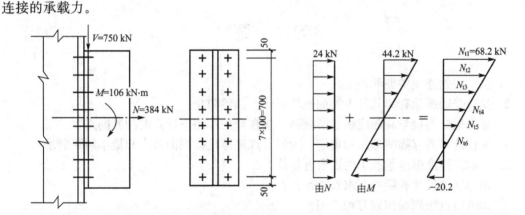

图 3-56 例 3-11 图

解： 由表 3-7 和表 3-8 查得抗滑移系数为 $\mu=0.45$，预应力 $P=190\text{kN}$。

单个螺栓的最大拉力：

$$N_{t1}=\frac{N}{n}+\frac{My_1}{m\sum y_i^2}=\frac{384}{16}+\frac{106\times10^3\times350}{2\times2\times(350^2+250^2+150^2+50^2)}$$

$$=24+44.2=68.2\text{ kN}<0.8P=152\text{ kN}$$

连接的受剪承载力设计值应按式(3-58)计算：

$$V=0.9n_f\mu(nP-1.25\sum N_u)$$

按比例关系可求得：

$$N_{t2}=55.6kN$$
$$N_{t3}=42.9kN$$
$$N_{t4}=30.3kN$$
$$N_{t5}=17.7kN$$
$$N_{t6}=5.1kN$$

故有 $\sum N_{ti}=(68.2+55.6+42.9+30.3+17.7+5.1)\times2=439.6$ kN

验算受剪承载力设计值：

$$\sum N_{v,t}^b=0.9n_f\mu(nP-1.25\sum N_u)$$
$$=0.9\times1\times0.45\times(16\times190-1.25\times439.6)=1008.6kN>V=750kN$$

本 章 小 结

本章阐述了钢结构连接的设计原理和基本计算方法。

钢结构连接包括焊接、栓接和铆接等形式。通过本章学习，可以熟悉钢结构工程连接节点的计算方法和连接节点的构造要求。

焊缝连接包括焊缝的施工方法、焊缝的质量等级与检测、焊缝的构造要求、各种焊缝在多种内力作用下的计算方法和焊缝对结构的影响以及预防措施等。

螺栓连接包括螺栓的分类、螺栓连接的破坏形式、连接的构造要求和各种螺栓连接在多种内力作用下的计算方法等。

习 题

1. 钢结构的连接类型和特点。

2. 受剪普通螺栓有哪几种可能的破坏形式？如何防止？

3. 普通螺栓连接与高强度螺栓摩擦型连接在弯矩作用下计算时的异同点？

4. 螺栓的排列有哪些形式和规定？为何要规定螺栓排列的最大和最小间距要求？

5. 影响高强度螺栓承载力的因素有哪些？

6. 角焊缝的尺寸有哪些要求？为什么？

7. 焊缝质量级别如何划分和应用？

8. 对接焊缝如何计算？在什么情况下对接焊缝可不必计算？

9. 简述常用焊缝符号表示的意义。

10. 焊接残余应力和残余变形对结构工作有什么影响？

11. 查找相关文献，试比较部分焊透对接焊缝计算方法与对接焊缝计算方法的异同之处。

12. 如图3-57所示的对接焊缝连接，钢材为Q235，焊条为E43型，采用焊条电弧焊，焊缝质量为三级，施焊时加引弧板和引出板。已知 $f_t^w = 185\text{N/mm}^2$，$f_c^w = 215\text{N/mm}^2$，试求此连接能承受的最大荷载。

13. 图 3-58 所示为角钢 2∟140×10 构件的节点角焊缝连接，构件重心至角钢肢背距离 $e_1 = 38.2\text{mm}$，钢材为 Q235BF，采用手工焊，焊条为 E43 型，$f_t^w = 160\text{N/mm}^2$，构件承受静力荷载产生的轴心拉力设计值为 $N = 1100\text{kN}$，若采用三面围焊，试设计此焊缝连接。

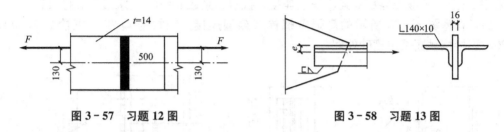

图 3-57 习题 12 图　　　　　图 3-58　习题 13 图

14. 试求图 3-59 所示连接的最大设计荷载。钢材为 Q235B，焊条为 E43 型，手工焊，角焊缝焊脚尺寸 $h_f = 8\text{mm}$，$e_1 = 30\text{cm}$。

15. 试设计如图 3-60 所示牛腿与柱连接角焊缝①、②、③。钢材为 Q235B，焊条为 E43 型，手工焊。

16. 如图 3-60 所示连接中，如将焊缝②及焊缝③改为对接焊缝（按三级质量标准检验），试求该连接的最大荷载。

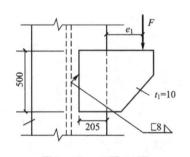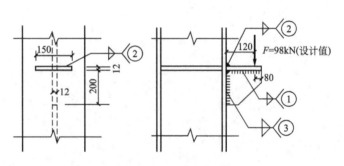

图 3-59　习题 14 图　　　　　图 3-60　习题 15 图

17. 如图 3-61 所示的焊接工字形梁在腹板上设一道拼接的对接焊缝，拼接处作用有弯矩 $M = 1122\text{kN·m}$，剪力 $V = 374\text{kN}$，钢材为 Q235B 钢，焊条用 E43 型，半自动焊，三级检验标准，试验算该焊缝的强度。

18. 两被连接钢板为 —18mm × 510mm，钢材为 Q235，承受轴心拉力 $N = 1500\text{kN}$（设计值），对接处用双盖板并采用 M22 的 C 级普通螺栓拼接，试设计此连接。

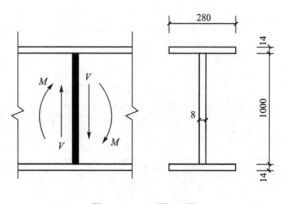

图 3-61　习题 17 图

19. 按高强度螺栓摩擦型连接和承压型连接设计习题18中的钢板的拼接，采用8.8级 M20($d_0=21.5$mm)的高强度螺栓，接触面采用喷砂处理。

(1) 确定连接盖板的截面尺寸。

(2) 计算需要的螺栓数目并确定如何布置。

(3) 验算被连接钢板的强度。

20. 如图3-62所示的连接节点，斜杆承受轴心拉力设计值 $F=300$kN，端板与柱翼缘采用10个8.8级摩擦型高强度螺栓连接，抗滑移系数 $u=0.3$，求最小螺栓直径。

21. 验算图3-63所示的高强度螺栓摩擦型连接，钢材为 Q235，螺栓为 10.9 级，M20，连接接触面采用喷砂处理。

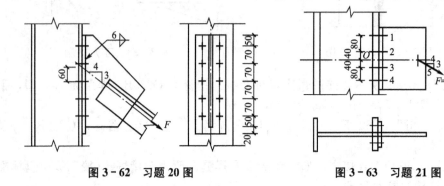

图 3-62　习题 20 图　　　　　　　图 3-63　习题 21 图

第4章
轴心受力构件

教学目标

本章主要讲述轴心受力构件(Axially Loaded Members)的基本理论和方法。通过本章学习，应达到以下目标。

(1) 掌握轴心受力构件的截面类型和选择、轴心受力构件强度计算和刚度计算；掌握理想轴心受压构件的弹性弯曲失稳；掌握考虑初始弯曲、初始偏心和残余应力等缺陷对于工程实际构件的整体稳定影响。

(2) 掌握轴心受压构件整体稳定计算方法；理解轴心受压构件的局部稳定概念及部分组合截面局部稳定计算方法。

(3) 掌握实腹式轴心受压构件的设计方法。

(4) 掌握格构式轴心受压构件的设计计算方法；了解柱头和柱脚的概念。

教学要求

知识要点	能力要求	相关知识
轴心受力构件的强度和刚度	(1) 理解轴心受力构件强度和刚度的概念 (2) 掌握轴心受力构件强度和刚度的计算	(1) 轴心受力构件的分类 (2) 轴心受力构件的强度计算 (3) 轴心受力构件的刚度计算
轴心受压构件的实际承载力	(1) 理解轴心受压构件的实际承载力的概念 (2) 掌握轴心受压构件稳定系数的 φ 分类 (3) 掌握轴心受压构件的实际承载力的计算 (4) 掌握轴心受压构件的局部稳定的验算	(1) 轴心受压构件整体稳定计算的构件长细比 (2) 轴心受压构件的截面分类 (3) 轴心受压构件的实际承载力的计算 (4) 翼缘的宽厚比的验算、腹板的高厚比的验算
实腹式轴心受压构件的设计方法	(1) 掌握实腹式轴心受压构件的设计方法 (2) 掌握实腹式轴心受压构件的验算方法	(1) 实腹式轴心受压构件的设计步骤 (2) 实腹式轴心受压构件的验算内容
格构式轴心受压构件的设计方法	(1) 掌握缀条式格构式轴心受压构件承载力计算方法 (2) 掌握缀板式格构式轴心受压构件承载力计算方法 (3) 掌握格构式轴心受压构件的分肢的验算	(1) 换算长细比计算 (2) 格构式轴心受压构件的整体验算 (3) 格构式轴心受压构件的分肢的验算
柱头和柱脚的构造设计	(1) 理解柱头和柱脚的概念 (2) 了解柱头的构造设计 (3) 掌握柱脚的构造设计的计算方法	(1) 柱头和柱脚的概念 (2) 柱脚的构造设计

基本概念

轴心受力构件强度、刚度、轴心受压构件稳定系数、轴心受压构件整体稳定计算的构件长细比、换算长细比、实腹式轴心受压构件、格构式轴心受压构件、柱头、柱脚

 引例

失稳也称为屈曲，是指钢结构或构件丧失了整体稳定性或局部稳定性，属承载能力极限状态的范围。由于钢结构强度高，用它制成的构件比较细长，截面相对较小，组成构件的板件宽而薄，因而在荷载作用下容易失稳成为钢结构最突出的一个特点。因此在钢结构设计中稳定性比强度更为重要，它往往对承载力起控制作用。

湖南某通信铁塔建于 20 世纪 90 年代，总高度为 70m，为四边形角钢铁塔，采用普通螺栓连接。该塔在正常使用过程中，由于大风作用，于 2002 年 4 月突然倒塌，其倒塌现场如图 4-1(b)所示。经现场测量后复原，该塔的轮廓尺寸如图 4-1(a)所示。经检测，其主要原因是由于杆件截面偏小和节点连接处理不当等。可以看出，钢结构中的轴心受压构件的稳定问题是钢结构设计中以待解决的主要问题，一旦出现了钢结构的失稳事故，不但对经济造成严重的损失，而且会造成人员的伤亡，所以我们在钢结构设计中，一定要把握好稳定性这一关。本章将针对轴心受压构件探讨其整体稳定和局部稳定问题。

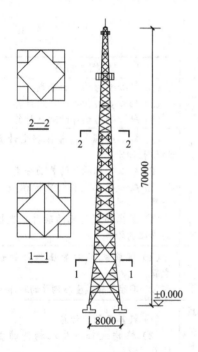

(a) 通信塔几何尺寸

(b) 倒塌破坏形态

图 4-1 通信铁塔失稳破坏

4.1 轴心受力构件的特点和截面形式

轴心受力构件(Axial Loaded Members))包括轴心受拉构件(Axial Tension Members)和轴心受压构件(Axial Compression Members)。轴心受拉构件是指只承受轴心拉力的构件;轴心受压构件是指只承受轴心压力的构件。轴心受力构件广泛地应用于钢结构中,如网架、桁架中的杆件、工业建筑中的平台和其他结构的支撑、柱间支撑、隔撑等。

轴心受力构件的截面形式可分为四类:第一类是热轧型钢截面,如图 4-2(a)中的圆钢、圆管、方管、角钢、工字钢、T型钢和槽钢等;第二类是冷弯薄壁型钢截面,如图 4-2(b)中的带卷边或不带卷边的角形、槽形截面和方管等;第三类是用型钢和钢板连接而成的组合截面,如图 4-2(c)中的实腹式组合截面;第四类是如图 4-2(d)所示的格构式组合截面。

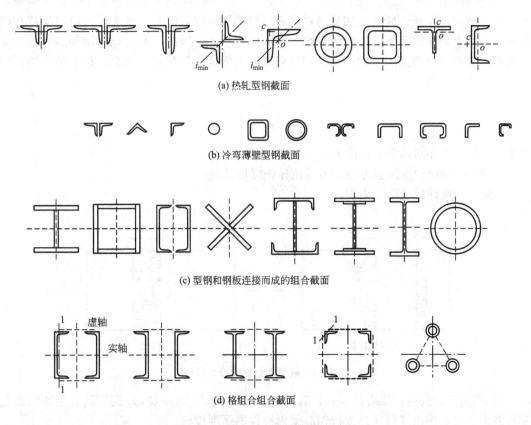

(a) 热轧型钢截面

(b) 冷弯薄壁型钢截面

(c) 型钢和钢板连接而成的组合截面

(d) 格组合组合截面

图 4-2 轴心受力构件的截面形式

对轴心受拉构件截面形式的要求是:①符合强度、刚度的要求;②制作简便,便于和相邻的构件连接;③符合经济要求。对轴心受压构件的截面形式的要求除以上几点外,还要求符合稳定性的要求,其中包括整体稳定和局部稳定。

4.2 轴心受力构件的强度和刚度

4.2.1 强度

从钢材的应力-应变关系(参见 2.1 节)可知,当轴心受力构件的截面平均应力达到钢材的抗拉强度 f_u 时,构件达到其强度极限承载力。实际上,当构件的平均应力达到钢材的屈服强度 f_y 时,由于构件塑性变形的发展,一般已达到不适于继续承载的变形极限状态;另外,以强度极限状态作为承载能力极限状态时,其破坏后果通常比较严重。因此,轴心受力构件是以截面的平均应力达到钢材的屈服强度作为计算准则的。

对有孔洞等削弱的轴心受力构件(图 4-3),在孔洞处界面上的应力分布是不均匀的,靠近孔边处将产生应力集中现象。孔壁边缘的最大弹性应力 σ_{max} 可达到构件毛截面平均应力 σ_0 的数倍 [图 4-3(a)]。随着轴心力的增加,孔壁边缘的最大应力首先达到材料的屈服强度,截面产生塑性变形。如果材料具有足够的塑性变形能力,最大应力可以保持在屈服平台上,直到净截面上的应力达到均匀屈服应力状态。因此,对于有孔洞削弱的轴心受力构件,宜以其净截面的平均应力达到屈服强度为强度极限状态。总之,轴心受力构件按下式进行强度计算:

$$\sigma = \frac{N}{A_n} \leqslant f \tag{4-1}$$

式中 N——构件的轴心力设计值;

f——钢材的抗拉强度设计值或抗压强度设计值;

A_n——构件的净截面面积。

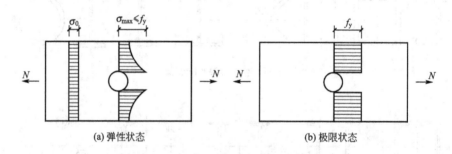

(a) 弹性状态   (b) 极限状态

图 4-3 截面削弱处的应力分布

《钢结构设计规范》推荐的 Q235 钢、Q345 钢、Q390 钢和 Q420 钢均具有足够的塑性变形能力,可直接由式(4-1)进行轴心受力构件的强度校核。

4.2.2 轴心受力构件的刚度计算

按照正常使用极限状态的要求,轴心受力构件应具有一定的刚度(Stiffness)。当轴心受力构件刚度不足时，在本身自重作用下容易产生过大的挠度，在动力荷载作用下容易产生振动，在运输和安装过程中容易发生弯曲。因此，设计时应对轴心受力构件的长细比(Slenderness Ratio)进行控制，以保证其有足够的刚度。轴心受力构件的容许长细比 $[\lambda]$ 是按构件的受力性质、构件类别和荷载性质确定的。对于轴心受压构件，长细比的控制更为重要。受压构件因刚度不足，一旦发生弯曲变形后，因变形而增加的附加弯矩影响远比受拉构件严重，长细比过大，会使稳定承载力降低太多，因而其容许长细比 $[\lambda]$ 限制应更严；直接承受动力荷载的受拉构件也比承受静力荷载或间接承受动力荷载的受拉构件不利，其容许长细比 $[\lambda]$ 限制也较严。

轴心受力构件的刚度是以限制其长细比来保证的，即：

$$\lambda = \frac{l_0}{i} \leqslant [\lambda] \tag{4-2}$$

式中　λ——构件的最大长细比；

　　　l_0——构件的计算长度；

　　　i——截面对应于主轴的回转半径；

　　　$[\lambda]$——构件的容许长细比。

《钢结构设计规范》根据构件的重要性和荷载情况，分别规定了轴心受拉和轴心受压构件的容许长细比，分别列于表4-1和表4-2。

表4-1　轴心受拉构件的容许长细比

项次	构件名称	承受静力荷载或间接承受动力荷载的结构		直接承受动力荷载的结构
		一般建筑结构	有重级工作制吊车的厂房	
1	桁架的杆件	350	250	250
2	吊车梁或吊车桁架以下的柱间支撑	300	200	—
3	其他拉杆、支撑、系杆等(张紧的圆钢除外)	400	350	—

注：① 承受静力荷载的结构中，可仅计算受拉构件在竖向平面内的长细比。

　　② 在直接或间接承受动力荷载的结构中，单角钢受拉构件长细比的计算方法与表4-2的注②相同。

　　③ 中、重级工作制吊车桁架下弦杆的长细比不宜超过200。

　　④ 在设有夹钳或刚性料耙等硬钩吊车的厂房中，支撑(表中第2项除外)的长细比不宜超过300。

　　⑤ 受拉构件在永久荷载与风荷载组合作用下受压时，其长细比不宜超过250。

　　⑥ 跨度等于或大于60m的桁架，其受拉弦杆和腹杆的长细比不宜超过300(承受静力荷载或间接承受动力荷载)或250(直接承受动力荷载)。

表4-2　轴心受压构件的容许长细比

项次	构件名称	容许长细比
1	柱、桁架和天窗架中的杆件	150
	柱的缀条、吊车梁或吊车桁架以下的柱间支撑	

（续）

项次	构件名称	容许长细比
2	支撑（吊车梁或吊车桁架以下的柱间支撑除外）	200
	用以减少受压构件长细比的杆件	

注：① 桁架（包括空间桁架）的受压腹杆，当其内力等于或小于承载能力的50%时，容许长细比值可取为200。

② 计算单角钢受压构件的长细比时，应采用角钢的最小回转半径，但计算在交叉点相互连接的交叉杆件平面外的长细比时，可采用与角钢肢边平行轴的回转半径。

③ 跨度等于或大于60m的桁架，其受压弦杆和端压杆的容许长细比值宜取100，其他受压腹杆可取150（承受静力荷载或间接承受动力荷载）或120（直接承受动力荷载）。

④ 由容许长细比控制截面的杆件，在计算其长细比时，可不考虑扭转效应。

【例4-1】 如图4-4所示梯形屋架由Q235B钢材制作。已知斜腹杆 AB 所受拉力为 $N=150$kN，几何长度 $l=3400$mm，杆件采用 $2 \llcorner 50 \times 5$ 角钢，其截面面积 $A=9.6$mm²，绕 x、y 轴的回转半径分别为 $i_x=1.53$cm、$i_y=2.38$cm，钢材设计强度 $f=215$N/mm²，$[\lambda]=350$，试确定在此条件下 AB 杆是否能够满足要求。

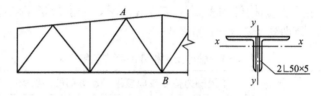

图4-4 例4-1图

解：（1）$\sigma = N/A = 150 \times 10^3/960 = 156.25MPa< f = 215$MPa

（2）$\lambda_x = l_{0x}/i_x = 3400/15.3 = 222.2 < [\lambda] = 350$

（3）$\lambda_y = l_{0y}/i_y = 3400/23.8 = 142.9 < [\lambda] = 350$

所以在此条件下，AB 杆能够满足要求。

4.3 轴心受压构件的整体稳定

4.3.1 轴心受压构件的实际承载力

实际的轴心受压构件不可避免地都存在初弯曲、初偏心和残余应力。按照概率统计理论，初弯曲、初偏心和残余应力最大值同时出现于一根柱子的可能性是极小的。分析表明，初弯曲和初偏心对轴心受压构件影响类似，常取初弯曲作为几何缺陷代表。因此在理论分析中，只考虑初弯曲和残余应力两个最主要的不利因素，初偏心不必另行考虑。由图4-5可以看出轴心受压构件在弹性和弹塑性状态时，初弯曲和残余应力对轴心受压构件承载能力的影响程度。

《钢结构设计规范》规定初弯曲的矢高取柱长度的千分之一，而残余应力则根据柱的

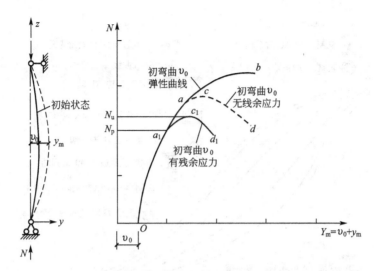

图 4-5 轴心受压构件的极限承载力

加工条件确定。图 4-5 的实线给出了初弯曲和残余应力同时存在时柱的承载能力曲线，柱的极限承载能力 N_u 可以用数值方法确定，平均应力 $\sigma_u = N_u/A$，用 φ 表示 σ_u 和 f_y 的比值，并考虑抗力分项系数 γ_R，故《钢结构设计规范》对轴心受压构件的整体稳定按下式计算：

$$\frac{N}{\varphi A} \leqslant f \tag{4-3}$$

式中　　N——轴心受压构件的压力设计值；

　　　　A——构件的毛截面面积；

　　　　φ——轴心受压构件的稳定系数；

　　　　f——钢材的抗压强度设计值。

4.3.2　轴心受压构件稳定系数 φ 的分类

理想轴心受压构件的稳定系数仅仅与构件长细比有关，但实际轴心受压构件的截面类型很多，由于构件初始缺陷、截面残余应力的分布及加工方式的不同等原因，长细比相同时，不同截面构件的承载力往往有很大差别。实际轴心受压构件的稳定系数在图 4-6 中所示的两条虚线之间，有时上限值可达下限值的 1.4 倍，经过数理统计分析认为，把诸多柱曲线划分为四类比较经济合理。图 4-6 中，a、b、c 和 d 四条曲线各自代表一类截面柱的 φ 值的平均值。

截面的分类根据残余应力的分布及其峰值与初弯曲的影响。a 类属于残余应力的影响较小且 i/ρ 值也较小的截面，如轧制圆钢和宽高比小于 0.8 且绕强轴屈曲的轧制工字钢；c 类属于残余应力影响较大且 i/ρ 值也较大的截面，如翼缘为剪切边的绕弱轴屈曲的焊接工字形截面。大量截面介于 a 与 c 两类之间，属于 b 类，约占钢结构中轴心受压构件的 75%。

高层钢结构中用特厚钢板制作的柱，翼缘板的厚度等于和大于 40mm 的焊接实腹式截面，因残余应力沿板的厚度有很大变化，残余应力的峰值可能达到屈服强度，而导致稳定承载力较低，绕强轴和弱轴分别属于 c 类截面和 d 类截面。

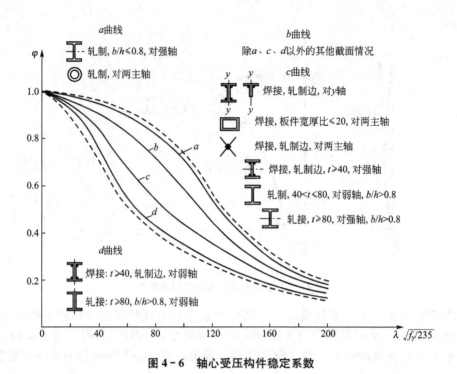

图 4-6 轴心受压构件稳定系数

《钢结构设计规范》中各种截面的分类见表 4-3 和表 4-4。单轴对称截面绕对称轴屈曲时属于弯扭屈曲问题，其屈曲应力较弯曲屈曲要小，《钢结构设计规范》规定这类问题需要通过换算长细比转换为弯曲屈曲。这样在表 4-3 中 T 型截面和 H 型截面划为一类。

a、b、c 和 d 类截面的轴心受压构件的稳定系数见附表 3-3～附表 3-6。

表 4-3 构件的截面分类(板厚 $t < 40mm$)

截面形式			对 x 轴	对 y 轴
$x - \bigoplus - x$ 轧制			a 类	a 类
$x - \vdash\dashv - x$ 轧制，$b/h \leqslant 0.8$			a 类	b 类
轧制，$b/h > 0.8$	焊接，翼缘为焰切边	焊接	b 类	c 类

（续）

截面形式		对 x 轴	对 y 轴
轧制	轧制等边角钢	b 类	b 类
轧制，焊接（板件宽厚比＞20）	轧制或焊接		
焊接	轧制截面和翼缘为焰切边的焊接截面		
格构式	焊接，板件边缘焰切		
焊接，翼缘为轧制或剪切边		b 类	c 类
焊接，板件边缘轧制或剪切	焊接，板件宽厚比≤20	c 类	c 类

表 4-4 轴心受压构件的截面分类（板厚 $t \geqslant 40\text{mm}$）

截面形式		对 x 轴	对 y 轴
轧制工字形或 H 形截面	$t<80\text{mm}$	b 类	c 类
	$t \geqslant 80\text{mm}$	c 类	d 类

（续）

截面形式		对 x 轴	对 y 轴
焊接工字形截面	翼缘为焰切边	b 类	b 类
	翼缘为轧制或剪切边	c 类	d 类
焊接箱形截面	板件宽厚比＞20	b 类	b 类
	板件宽厚比≤20	c 类	c 类

4.4 轴心受压构件整体稳定计算的构件长细比

构件长细比 λ 应按照下列规定确定。

（1）截面为双轴对称或极对称的构件。

$$\lambda_x = l_{0x}/i_x \quad \lambda_y = l_{0y}/i_y \tag{4-4}$$

式中　l_{0x}、l_{0y}——构件对主轴 x 和 y 的计算长度；

　　　　i_x、i_y——构件截面对主轴 x 和 y 的回转半径。

对于双轴对称十字形截面构件，为了防止扭转屈曲，尚应满足：λ_x 或 λ_y 不得小于 $5.07b/t$（其中 b/t 为悬伸板件宽厚比）。

（2）截面为单轴对称的构件，绕非对称的长细比 λ_x 仍按式（4-4）计算，但绕对称轴应取计及扭转效应的下列换算长细比代替 λ_y。

$$\lambda_{yz} = \frac{1}{\sqrt{2}}\Big[(\lambda_y^2 + \lambda_z^2) + \sqrt{(\lambda_y^2 + \lambda_z^2)^2 - 4(1 - e_0^2/i_0^2)\lambda_y^2\lambda_z^2}\Big]^{\frac{1}{2}} \tag{4-5}$$

$$\lambda_z^2 = i_0^2 A/(I_t/25.7 + I_\omega/l_\omega^2) \tag{4-6}$$

$$i_0^2 = e_0^2 + i_x^2 + i_y^2$$

式中　e_0——截面形心至剪心的距离；

　　　　i_0——截面对剪心的极回转半径；

　　　　λ_y——构件对对称轴的长细比；

　　　　λ_z——扭转屈曲的换算长细比；

　　　　I_t——毛截面抗扭惯性矩；

　　　　I_ω——毛截面扇性惯性矩，对 T 形截面（轧制、双板焊接、双角钢组合）、十字形截面和角形截面可近似取 $I_\omega = 0$；

　　　　A——毛截面面积；

　　　　l_ω——扭转屈曲的计算长度，对两端铰接、端部截面可自由翘曲或两端嵌固、端部截面翘曲完全受到约束的构件，取 $l_\omega = l_{0y}$。

（3）单角钢截面和双角钢组合 T 形截面绕对称轴的 λ_{yz} 可采用下列简化方法确定：
① 等边单角钢截面 [图 4-7(a)]。

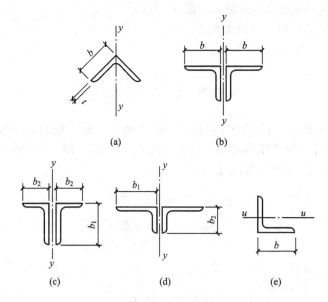

(a)　　　　(b)

(c)　　　　(d)　　　　(e)

图 4-7　单角钢截面和双角钢组合 T 形截面
b—等边角钢肢宽度；b_1—不等边角钢长肢宽度；b_2—不等边角钢短肢宽度

当 $b/t \leqslant 0.54 l_{0y}/b$ 时：

$$\lambda_{yz} = \lambda_y \left(1 + \frac{0.85 b^4}{l_{0y}^2 t^2} \right) \tag{4-7}$$

当 $b/t > 0.54 l_{0y}/b$ 时：

$$\lambda_{yz} = 4.78 \frac{b}{t} \left(1 + \frac{l_{0y}^2 t^2}{13.5 b^4} \right) \tag{4-8}$$

式中　b、t——角钢肢的宽度和厚度。
② 等边双角钢截面 [图 4-7(b)]。
当 $b/t \leqslant 0.58 l_{0y}/b$ 时：

$$\lambda_{yz} = \lambda_y \left(1 + \frac{0.475 b^4}{l_{0y}^2 t^2} \right) \tag{4-9}$$

当 $b/t > 0.58 l_{0y}/b$ 时：

$$\lambda_{yz} = 3.9 \frac{b}{t} \left(1 + \frac{l_{0y}^2 t^2}{18.6 b^4} \right) \tag{4-10}$$

③ 长肢相并的不等边双角钢截面 [图 4-7(c)]。
当 $b_2/t \leqslant 0.48 l_{0y}/b_2$ 时：

$$\lambda_{yz} = \lambda_y \left(1 + \frac{1.09 b_2^4}{l_{0y}^2 t^2} \right) \tag{4-11}$$

当 $b_2/t > 0.48 l_{0y}/b_2$ 时：

$$\lambda_{yz} = 5.1 \frac{b_2}{t} \left(1 + \frac{l_{0y}^2 t^2}{17.4 b_2^4}\right) \tag{4-12}$$

④ 短肢相并的不等边双角钢截面 [图 4-7(d)]。

当 $b_1/t \leqslant 0.56 l_{0y}/b_1$ 时，可近似取 $\lambda_{yz} = \lambda_y$。

当 $b_1/t > 0.56 l_{0y}/b_1$ 时：

$$\lambda_{yz} = 3.7 \frac{b_1}{t} \left(1 + \frac{l_{0y}^2 t^2}{52.7 b_1^4}\right) \tag{4-13}$$

（4）单轴对称的轴心压杆在绕非对称主轴以外的任一轴失稳时，应按照弯扭屈曲计算其稳定性。当计算等边单角钢构件绕平行轴 [图 4.7(e) 的 u 轴] 稳定时，可用下式计算其换算长细比 λ_{uz}，并按 b 类截面确定 φ 值。

当 $b/t \leqslant 0.69 l_{0u}/b$ 时：

$$\lambda_{uz} = \lambda_u \left(1 + \frac{0.25 b^4}{l_{0u}^2 t^2}\right) \tag{4-14}$$

当 $b/t > 0.69 l_{0u}/b$ 时：

$$\lambda_{uz} = 5.4 b/t \tag{4-15}$$

$$\lambda_u = l_{0u}/i_u$$

式中　l_{0u}——构件对 u 轴的计算长度；

　　　i_u——构件截面对 u 轴的回转半径。

（5）其他注意事项。

① 无任何对称轴且又非极对称的截面（单面连接的不等边单角钢除外）不宜用作轴心受压构件。

② 对单面连接的单角钢轴心受压构件，按《钢结构设计规范》（GB 50017—2003）中第 3.4.2 条考虑折减系数后，可不考虑弯扭效应。

③ 当槽形截面用于格构式构件的分肢，计算分肢绕对称轴（y 轴）的稳定性时，不必考虑扭转效应，直接用 λ_y 查出 φ_y 值。

4.5 轴心受压构件的局部稳定

对于板件的屈曲有两种考虑方法：一种是不允许板件的屈曲先于构件的整体屈曲，并以此来限制板件的宽厚比，《钢结构设计规范》对轴心压杆就是这样规定的；另一种是允许局部屈曲。因为局部屈曲并不一定导致构件整体失稳，这就可以把构件截面设计得更加开展，提高整体刚度，从而提高承载力和节省钢材。本节介绍的板件宽厚比限值是基于局部屈曲不先于整体屈曲的原则，即板件的临界应力和构件的临界应力相等的原则。

常用截面的板件尺寸如图 4-8 所示。

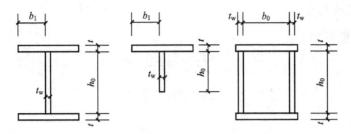

图 4-8 板件尺寸

1. 工字形截面的宽厚比

实际轴心受压构件是在弹塑性阶段屈曲的，翼缘与构件整体的等稳定条件是：

$$\frac{\sqrt{\eta}\times 0.425\pi^2 E}{12(1-\upsilon^2)}\left(\frac{t}{b_1}\right)^2=\varphi_{\min}f_y \tag{4-16}$$

由腹板与构件整体的等稳定的条件：

$$\frac{1.3\times 4\sqrt{\eta}\pi^2 E}{12(1-\upsilon^2)}\left(\frac{t_w}{h_0}\right)^2=\varphi_{\min}f_y \tag{4-17}$$

以 η 值和《钢结构设计规范》中 b 类截面的 φ 值代入式(4-16)、式(4-17)后，经过简化可以得到设计规范采用的高厚比公式：

翼缘 $$\frac{b_1}{t}\leqslant(10+0.1\lambda)\sqrt{\frac{235}{f_y}} \tag{4-18}$$

腹板 $$\frac{h_0}{t_w}\leqslant(25+0.5\lambda)\sqrt{\frac{235}{f_y}} \tag{4-19}$$

式中 λ——取构件中长细比的较大者，而当 $\lambda<30$ 时，取 $\lambda=30$；当 $\lambda>100$ 时，取 $\lambda=100$。

2. T 形截面的宽厚比

T 形截面的翼缘与工字形截面相同，按式(4-18)计算。

T 形截面的腹板屈曲与翼缘类似，但由于宽厚比大得多，翼缘对它有较大的嵌固作用，故宽厚比限值可以适当放宽。由于焊接截面的几何缺陷和残余应力比较大，应与热轧截面区别对待。

热轧 T 形 $$\frac{h_0}{t_w}\leqslant(15+0.2\lambda)\sqrt{\frac{235}{f_y}} \tag{4-20}$$

焊接 T 形 $$\frac{h_0}{t_w}\leqslant(13+0.17\lambda)\sqrt{\frac{235}{f_y}} \tag{4-21}$$

3. 双腹壁箱形截面的腹板高厚比

$$\frac{h_0}{t_w}\leqslant 40\sqrt{\frac{235}{f_y}} \tag{4-22}$$

不与构件的长细比发生联系，是偏于安全的。

4. 圆管外径的径厚比

圆管外径与壁厚之比：

$$\frac{D}{t} \leqslant \frac{23500}{f_y}$$

(4-23)

其中 f_y 以 N/mm² 计，对于 Q235 钢，D/t 不大于 100。

4.6 实腹式轴心受压构件设计

4.6.1 截面形式

实腹式轴心受压构件的截面形式有图 4-2 所示的型钢和组合截面两大类，一般采用双轴对称截面，以避免弯扭屈曲。其中，常用的截面形式有工字形、圆形和箱形。在普通的钢桁架中，也有采用两个角钢组成的 T 形截面。单角钢截面主要用于塔桅结构和轻型钢桁架中。

在选择截面形式时，首先要考虑用料经济，并尽可能使结构简单、制造省工，方便运输和便于装配。要达到用料经济，就必须使截面符合等稳定性和壁薄而宽敞的要求。所谓等稳定性，就是使轴心压杆在两个主轴方向的稳定系数近似相等，即 $\varphi_x \approx \varphi_y$；所谓壁薄而宽敞的截面，就是要在保证局部稳定的条件下，尽量使壁薄一些，使材料离形心轴远些，以增大截面的回转半径，提高稳定承载力。

热轧普通工字钢的制造最省工，但因两个主轴方向的回转半径相差较大，且腹板又相对较厚，用料很不经济。为了增大 i_y，可采用组合截面或热轧 H 型钢。

三块钢板焊成的组合工字形截面，其回转半径与轮廓尺寸近似关系是 $i_x = 0.43h$，$i_y = 0.24b$。若要使 $i_x = i_y$，就应满足 $0.43h = 0.24b$，即 $b \approx 2h$。这种实腹式截面构件的制造(电焊)及其和其他构件的连接等方面，都很难做到合理。因此，一般将三块钢板焊成的工字形截面的截面高度取为 $h \approx b$。虽然这种截面的 $i_x \approx 2i_y$，但构造简单，可采用自动电焊，且板厚也可根据局部稳定的要求用得较薄，故用料还是经济的。若在这种杆的中点沿 x 方向设一侧向支撑，使 $l_{0x} = 2l_{0y}$，也可达到等稳定性的要求 $\lambda_x = \lambda_y$。

热轧 H 型钢的宽度 b 和高度 h 一般比较接近，最大优点是制造省工，用料经济，便于连接。

用钢板焊成的十字形截面杆件虽然抗扭刚度不好，但具有两向等稳定性，在重型压杆，如在高层结构的底层柱中采用，较为经济。

圆钢管、方管，或由钢板及型钢组成的闭合截面，刚度较大，外形美观，且符合各向等稳定性和壁薄而宽敞的要求，用料最省，但缺点是管内不易油漆。若在管中灌入混凝土，形成所谓钢管混凝土(Concrete-filled Steel Tubular)压杆，计算时考虑钢和混凝土共同受力，可节省钢材，且能防止管内锈蚀和管壁局部屈曲。管截面多用在网架结构和大中型桁架结构中，节点采用实心球、空心球或相贯节点等形式。

在轻型结构中，冷弯薄壁型钢组成的压杆非常经济，冷弯薄壁方管常用于轻钢屋架中。

4.6.2　截面选择和验算

当轴心压杆的钢材牌号、计算长度 l_0、构件的计算压力 N 和截面形式确定以后，其截面选择和验算可按下列步骤进行。

(1) 先假定长细比 λ，然后根据截面分类表 4-3 或表 4-4 查附录 3 得稳定系数 φ，并计算所需的回转半径 $i = l_0/\lambda$。在假定 λ 时，可参考下列经验数据：当 $l_0 = 5\sim6\text{m}$，$N < 1500\text{kN}$ 时，$\lambda = 70\sim100$；当 $N = 1500\sim3500\text{kN}$ 时，$\lambda = 50\sim70$。

(2) 由式(4-3)计算所需的截面面积：$A \geqslant \dfrac{N}{\varphi f}$，根据 i 和 A 值选择型钢号(附录 6)。

由于 λ 是假定的，常不能一次选出合适的截面。如果假定的 λ 值过大，则所求的 A 值也大，而初选的 h 和 b 很小，以致腹板和翼缘过厚，这种截面显然不经济，这时可直接加大 b 和 h，适当减小 A 值。反之，若假定 λ 值过小，则 h 和 b 过大，A 值过小，以致板件不能满足局部稳定的要求，这时应减小 h 和 b，并酌量增大 A 值。通常经过一两次修改后，即可选出合理的截面。

(3) 计算所选截面的几何特征、验算最大长细比 $\lambda = l_0/i \leqslant [\lambda]$，最后按式(4-3)验算构件的整体稳定性。

(4) 当压杆截面孔洞削弱较大时，还应按式(4-1)验算净截面的强度。

(5) 对于内力较小的压杆，如果按整体稳定的要求选择截面尺寸，杆会过细长，刚度不足。这样，不但影响构件本身的承载能力，而且还可能影响与压杆有关的结构体系的可靠性。因此，对这种压杆，主要应控制长细比，要求 $\lambda \leqslant [\lambda]$，规范规定的容许长细比 $[\lambda]$ 值见表 4-2。

4.6.3　板件的连接焊缝

在轴心压杆中，由于偶然性弯曲所引起的剪力很小，故翼缘和腹板的连接焊缝可按构造要求，采用 $h_\text{f} = 4\sim8\text{mm}$。

【例 4-2】 如图 4-9 所示一管道支架，其支柱的设计压力为 $N = 1600\text{kN}$(设计值)，柱两端铰接，钢材为 Q235B，截面无孔削弱，试设计此支柱的截面：①用普通轧制工字钢；②用热轧 H 型钢；③焊接工字形截面，翼缘板为火焰切割边。

解： 支柱在两个方向的计算长度不相等，故取图中所示的截面朝向，将强轴顺 x 轴方向，弱轴顺 y 轴方向，这样柱轴在两个方向的计算长度分别为：$l_{0x} = 6000\text{mm}$，$l_{0y} = 3000\text{mm}$

(1) 普通轧制工字钢。

① 初选截面。

假定 $\lambda = 90$，对于热轧工字钢，查表 4-3 得：当绕轴 x 失稳时属于 a 类截面，当绕轴 y 失稳时属于 b 类截面。

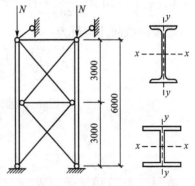

图 4-9　例 4-2 计算简图

$$\lambda \sqrt{\frac{f_y}{235}} = \lambda \sqrt{\frac{235}{235}} = 90，查附表 3-3 得 \varphi_x = 0.714；查附表 3-4 得 \varphi_y = 0.621$$

需要的截面几何量为：

$$A = \frac{N}{\varphi_{\min} f} = \frac{1600 \times 10^3}{0.621 \times 215} \approx 11984 \text{mm}^2 = 119.84 \text{cm}^2$$

$$i_x = \frac{l_{0x}}{\lambda} = \frac{6000}{90} \approx 66.7 \text{mm} = 6.67 \text{cm}$$

$$i_y = \frac{l_{0y}}{\lambda} = \frac{3000}{90} \approx 33.3 \text{mm} = 3.33 \text{cm}$$

由附表 6-5 中不可能选出同时满足 A、i_x、i_y 的型号，可适当照顾到 A、i_y 进行选择，试选 I56a ，$A = 135 \text{cm}^2$、$i_x = 22.0 \text{cm}$、$i_y = 3.18 \text{cm}$。

② 截面验算。

因截面无孔削弱，可不验算强度；又因轧制工字钢的翼缘和腹板均较厚，可不验算局部稳定，只需进行刚度和整体稳定验算。因其翼缘 $t = 21 \text{mm} > 16 \text{mm}$，查附表 2-1 得 $f = 205 \text{N/mm}^2$。

$$\lambda_x = \frac{l_{0x}}{i_x} = \frac{6000}{22.0 \times 10} \approx 27.27 < [\lambda] = 150；\quad \lambda_y = \frac{l_{0y}}{i_y} = \frac{3000}{3.18 \times 10} \approx 94.34 < [\lambda] = 150$$

刚度满足要求。

因 λ_y 远大于 λ_x，故由 $\lambda_y \sqrt{\frac{f_y}{235}} = 94.34 \times \sqrt{\frac{235}{235}} = 94.34$，查附表 3-4 得 $\varphi_y = 0.592$

$$\frac{N}{\varphi A} = \frac{1600 \times 10^3}{0.592 \times 135 \times 10^2} = 200.2 \text{N/mm}^2 < f = 205 \text{N/mm}^2$$

故整体稳定性满足要求。

（2）热轧 H 型钢。

① 初选截面。

由于热轧 H 型钢可以选用宽翼缘的形式，截面宽度较大，因而长细比的假设值可适当减小，假设 $\lambda = 60$，对宽翼缘 H 型钢因 $b/h > 0.8$，所以不论对 x 轴或 y 轴均属 b 类截面。

$$\lambda \sqrt{\frac{f_y}{235}} = 601 \times \sqrt{\frac{235}{235}} = 60，查附表 3-4 得 \varphi = 0.807。$$

需要的截面几何量为：

$$A = \frac{N}{\varphi f} = \frac{1600 \times 10^3}{0.807 \times 215} \approx 9222 \text{mm}^2 = 92.22 \text{cm}^2$$

$$i_x = \frac{l_{0x}}{\lambda} = \frac{6000}{60} = 100 \text{mm} = 10 \text{cm}$$

$$i_y = \frac{l_{0y}}{\lambda} = \frac{3000}{60} = 50 \text{mm} = 5 \text{cm}$$

查附表 6-9 中试选 HW250×250×9×14。

$$A = 92.18 \text{cm}^2、\quad i_x = 10.8 \text{cm}，\quad i_y = 6.29 \text{cm}$$

② 截面验算。

因截面无孔削弱，可不验算强度；又因轧制 H 钢的翼缘和腹板均较厚，可不验算局部稳定，只需进行刚度和整体稳定验算。因其翼缘 $t=14\text{mm}<16\text{mm}$，查附表 2-1 得 $f=215\text{N/mm}^2$。

$$\lambda_x=\frac{l_{0x}}{i_x}=\frac{6000}{10.8\times10}\approx55.56<[\lambda]=150;\quad \lambda_y=\frac{l_{0y}}{i_y}=\frac{3000}{6.29\times10}\approx47.69<[\lambda]=150$$

刚度满足要求。

因对 x 轴和 y 轴 φ 值均属 b 类，$\lambda_x>\lambda_y$，由 $\lambda_x=55.56$ 查附表 3-4 得 $\varphi_x=0.830$

$$\frac{N}{\varphi A}=\frac{1600\times10^3}{0.83\times92.18\times10^2}=209.12\text{N/mm}^2<f=215\text{N/mm}^2$$

故整体稳定性满足要求。

（3）焊接工字形截面。

① 初选截面。

假设 $\lambda=60$，组合截面一般 $b/h>0.8$ 不论对 x 轴或 y 轴均属 b 类截面。

$$\lambda\sqrt{\frac{f_y}{235}}=60\times\sqrt{\frac{235}{235}}=60，查附表 3-4 得 \varphi=0.807。$$

需要的截面几何量为：

$$A=\frac{N}{\varphi f}=\frac{1600\times10^3}{0.807\times215}\approx9222\text{mm}^2=92.22\text{cm}^2$$

$$i_x=\frac{l_{0x}}{\lambda}=\frac{6000}{60}=100\text{mm}=10\text{cm}$$

$$i_y=\frac{l_{0y}}{\lambda}=\frac{3000}{60}=50\text{mm}=5\text{cm}$$

按经验计算，工字形截面：$h=\frac{i_x}{0.43}=\frac{10}{0.43}=23.3\text{cm}$，$b=\frac{i_y}{0.24}=\frac{5}{0.24}=20.8\text{cm}$

根据 $h=23.3\text{cm}$，$b=20.8\text{cm}$ 和计算的 $A=92.22\text{cm}^2$，设计截面如图 4-10 所示。这一步，不同设计者的差别较大。估计的尺寸 h、b 只是一个参考，给出一个量的概念。设计者可根据钢材的规格与经验确定截面尺寸。

$$A=90\text{cm}^2,\quad I_x=\frac{1}{12}(25\times27.8^3-24.2\times25^3)=13250\text{cm}^4$$

$$I_y=\frac{1}{12}(2\times1.4\times25^3+25\times0.8^3)=3645\text{cm}^4$$

$$i_x=\sqrt{\frac{I_x}{A}}=\sqrt{\frac{13250}{90}}=12.13\text{cm};$$

$$i_y=\sqrt{\frac{I_y}{A}}=\sqrt{\frac{3645}{90}}=6.36\text{cm}$$

② 截面验算。

因截面无孔削弱，可不验算强度。

（a）刚度和整体稳定验算。

$$\lambda_x=\frac{l_{0x}}{i_x}=\frac{600}{12.13}=49.46<[\lambda]=150;$$

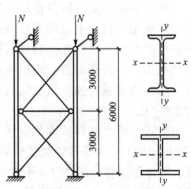

图 4-10 焊接工字形截面

$$\lambda_y = \frac{l_{0y}}{i_y} = \frac{300}{6.37} = 47.09 < [\lambda] = 150, \text{ 刚度满足要求。}$$

因对 x 轴和 y 轴 φ 值均属 b 类，$\lambda_x > \lambda_y$，由 $\lambda_x = 49.46$ 查附表 3-4 得 $\varphi_x = 0.859$

$$\frac{N}{\varphi A} = \frac{1600 \times 10^3}{0.859 \times 90 \times 10^2} = 207 \text{N/mm}^2 < f = 215 \text{N/mm}^2$$

故整体稳定性满足要求。

（b）局部整体稳定验算。

$$\frac{b_1}{t} = \frac{250-8}{2 \times 14} = 8.9 < (10 + 0.1 \times 49.56)\sqrt{\frac{235}{235}} = 14.59$$

$$\frac{h_0}{t_w} = \frac{250}{8} = 31.25 < (25 + 0.5 \times 49.56)\sqrt{\frac{235}{235}} = 49.75$$

故局部稳定性满足要求。

比较上面三种截面面积：

热轧工字型钢：$A = 135.38 \text{cm}^2$

热轧 H 型钢：$A = 92 \text{cm}^2$

组合工字钢：$A = 90 \text{cm}^2$

由上述计算结果可知，采用热轧普通工字钢截面比热轧 H 型钢截面面积约大 46%。尽管弱轴方向的计算长度仅为强轴方向计算长度的 1/2，但普通工字钢绕弱轴的回转半径太小，因而支柱的承载能力是由绕弱轴所控制的，对强轴则有较大富裕，所以经济性较差。对于热轧 H 型钢，由于其两个方向的长细比比较接近，用料较经济，所以在设计轴心实腹柱时，宜优先选用 H 型钢。焊接工字钢用钢量最少，但其制作工艺复杂。

4.7 格构式轴心受压构件设计

4.7.1 格构式轴心受压构件的截面形式

格构式轴心受压构件多用于较高大的管道支撑和独立柱，可以较好地节约材料。轴心受压格构构件一般采用双轴对称截面，见图 4-2(d)，由肢件和缀材组成。肢件一般用对称的轧制型钢或焊接组合截面组成，型钢多用槽形和工字形截面。缀材有两种：一种是缀板，一种是缀条。用缀板将肢件连接组成的构件为缀板柱，适用于荷载较小的立柱；用角钢将肢件连接组成的构件为缀条柱，适用于在缀材面有较大剪切力或宽度较大的格构柱。

贯穿于两个肢件截面的轴 $y-y$ 称为实轴，与肢件截面相平行的轴 $x-x$ 称为虚轴 [图 4-2(d)]。整个构件绕实轴的受力情况与实腹式轴心受压构件相似，主要有强度、刚度、整体稳定和局部稳定 4 个方面，其中最重要的是整体稳定。与实腹式轴心受压柱不同之处主要表现在格构式轴心受压构件绕虚轴方向的整体稳定、分肢稳定以及缀材的设计方面有所不同。

4.7.2　格构式轴心受压构件的整体稳定承载力

1. 对实轴的整体稳定承载力计算

格构式轴心受压柱对实轴的工作由两个并列的实腹式杆件承担，受力性能与实腹式轴心受压构件完全相同。其计算由对实轴的长细比 λ_y 查 φ_y，按 $N \leqslant \varphi_y f A$ 公式验算。

2. 对虚轴的整体稳定承载力计算

与实腹式轴心受压柱不同，格构式轴心受压构件绕虚轴弯曲屈曲时，由于两分肢间缀材联系刚度较弱，绕虚轴方向，除弯曲变形外，还将产生相当大的剪切变形，从而使失稳临界应力较原始失稳临界应力低。在格构式构件的设计中，对虚轴失稳的计算，常以加大长细比的办法来考虑剪切变形的影响，增大后的长细比记作 λ_{0x}，称为换算长细比。用 λ_{0x} 取代对 x 轴的长细比 λ_x，查附录 3 求出相应的 φ_x，就可以确定考虑缀材剪切变形影响的格构式轴心压杆对虚轴的整体稳定承载力，计算公式同实腹式轴心压杆：

$$\frac{N}{\varphi_x A} \leqslant f$$

对双肢组合构件换算长细比：

当缀件为缀板时：

$$\lambda_{0x} = \sqrt{\lambda_x^2 + \lambda_1^2} \tag{4-24}$$

当缀件为缀条时：

$$\lambda_{0x} = \sqrt{\lambda_x^2 + 27\frac{A}{A_{1x}}} \tag{4-25}$$

$$\lambda_1 = l_{01}/i_1$$

式中　λ_x——整个柱对 x 轴的长细比；

　　　λ_1——分肢长细比；

　　　i_1——分肢弱轴的回转半径；

　　　l_{01}——分肢计算长度，当焊接时，为相邻两缀板的净距离；当螺栓连接时，为相邻两缀板边缘螺栓的距离；

　　　A——柱毛截面面积；

　　　A_{1x}——柱截面中垂直于 x 轴的各斜缀条毛截面面积之和。

由三肢或四肢组合的格构式柱的换算长细比，参见《钢结构设计规范》（GB 50017—2003）第 5.1.3 条。

4.7.3　格构式轴心受压构件的分肢稳定性验算

格构式轴心受压构件的分肢承受压力，应进行分肢的稳定计算，见图 4-11。分肢如果失稳，柱子整体也将破坏，因而分肢稳定也必须保证。所以，对格构式构件除需作

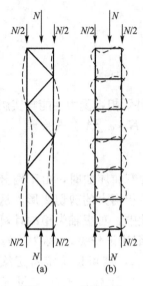

图 4-11　分肢失稳

为整体计算其强度、刚度和稳定外，还应计算各个分肢的强度、刚度和稳定，且应保证各分肢失稳不先于格构式构件整体失稳。

分肢失稳的临界应力应大于整个构件失稳的临界应力，《钢结构设计规范》采用控制分肢的长细比 λ_1 不应大于构件 λ_{max} 的规定来实现。考虑到制造装配偏差、初始弯曲等缺陷的影响，格构式轴心受压构件受力时呈弯曲变形，故各分肢内力不相等，其强度和稳定计算很复杂。为简化计算，《钢结构设计规范》规定分肢的长细比满足下列条件时可不计算分肢的强度、刚度和稳定：（1）格构式缀条轴心受压构件：$\lambda_1 \leqslant 0.7\lambda_{max}$。（2）格构式缀板轴心受压构件：当 $\lambda_1 \leqslant 0.5\lambda_{max}$ 时，且不应大于 40；当 $\lambda_{max} < 50$ 时，取 $\lambda_{max} = 50$，λ_{max} 为构件两个方向的长细比（对虚轴取换算长细比）的较大值。

4.7.4　格构式轴心受压构件的缀材计算和构造要求

1. 格构式轴心受压构件缀材截面剪力

在轴心压力作用下，理想轴心受压构件的截面上不会产生剪力，但实际构件有初弯曲、初偏心等缺陷，格构式轴心受压构件可能绕虚轴产生弯曲变形。因此，轴心力因弯曲变形的挠度而引起弯矩，从而产生了横向剪力，此剪力将由缀件体系承担。

图 4-12 所示的两端铰支轴心受压构件，绕虚轴弯曲时，假定最终的挠曲线为正弦曲线，跨中最大挠度为 $Y_m = \nu_0 + \nu_m$，则沿杆长任一点的挠度为：

$$y = Y_m \sin \frac{\pi z}{l}$$

任一点的弯矩为：

$$M = Ny = NY_m \sin \frac{\pi z}{l}$$

任一点的剪力为：

$$V = \frac{\mathrm{d}M}{\mathrm{d}y} = N \frac{\pi Y_m}{l} \cos \frac{\pi z}{l}$$

即剪力按余弦曲线分布 [图 4-12(c)]，最大值在杆件的两端，为：

$$V_{max} = \frac{N\pi}{l} Y_m \tag{4-26}$$

根据构件边缘纤维屈服准则即可导出最大剪力 V 和轴心压力 N 之间的关系。《钢结构设计规范》要求按式(4-27)计算轴心受压构件的剪力：

$$V = \frac{Af}{85} \sqrt{\frac{f_y}{235}} \tag{4-27}$$

剪力 V 值可认为沿构件全长不变 [图 4-12(d)]。对格构式轴心受压构件，剪力 V 应

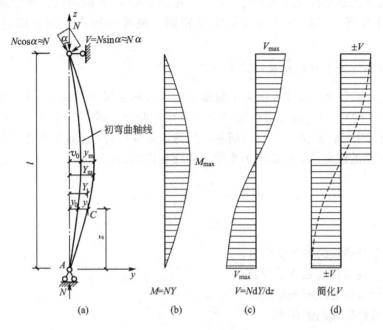

图4-12 剪力计算简图

由承受该剪力的缀材截面（包括用整体板连接的截面）分担。由于剪力的方向取决于杆的初弯曲，可以向左也可向右。因此缀条可能承受拉力也可承受压力。缀条截面应按轴心压杆设计。

2. 格构式轴心受压柱缀条计算

缀条的布置一般采用单系缀条，见图4-13(a)所示，也可采用交叉缀条，见图4-13(b)所示。格构式构件可看作一个竖放的由分肢为弦杆、缀条为腹杆组成的平行弦桁架体系。如前所述，由于剪力的方向不定，缀条可能受压也可能受拉，应按轴心压杆选择截面。一个斜缀条的内力为：

$$N_1 = \frac{V_1}{n\cos\theta} \qquad (4-28)$$

式中　V_1——分配到一个缀材截面上的剪力；

　　　n——承受剪力 V_1 的斜缀条数，单系缀条时，$n=1$；交叉缀条 $n=2$。

缀条一般采用单面连接的单角钢，由于构造原因，它实际上处于偏心受力状态。为了简化计算，对单面连接的单角钢杆件按轴心受力构件计算，但考虑偏心的影响，应对钢材强度设计值 f 乘以相应的折减系数。

缀条的轴线和分肢的轴线应尽可能交于一点，设有横缀条时，还可以加设节点板（图4-14）。有时为了保证必要的焊缝长度，节点处缀条轴线交汇点可稍向外移至分肢形心轴线以外，但不应超出分肢翼缘的外侧。为了减小斜缀条两端受力角焊缝的搭接长度，缀条与分肢可采用三面

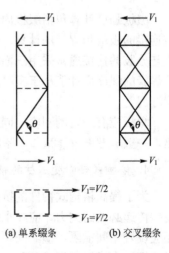

(a) 单系缀条　　(b) 交叉缀条

图4-13 缀条的内力图

围焊相连。缀条的最小尺寸不宜小于∟45×4 或∟56×36×4 的角钢。横缀条主要用于减小肢件的计算长度，其截面尺寸与斜缀条相同，也可按容许长细比确定，取较小的截面。

3. 格构式轴心受压构件缀板计算

格构式缀板轴心受压构件可视为由缀板与构件分肢组成的单跨多层框架（肢件为框架立柱，缀板为横梁）。假定该多层框架受力后发生弯曲变形时，反弯点均分布在各层分肢的中点和缀板的中点，如图 4-15(a)所示，反弯点处弯矩为零，仅有剪力。从柱中取出如图 4-15(b)所示的脱离体，根据内力平衡可得缀板内力为：

$$T = \frac{V_1 l_1}{a} \tag{4-29}$$

$$M = \frac{V_1 l_1}{2} \tag{4-30}$$

式中　T——单块缀板跨中所受剪力；

　　　M——和柱肢相连处所受弯矩；

　　　l_1——缀板中心线间的距离；

　　　a——肢件轴线间的距离。

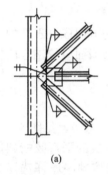
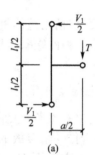
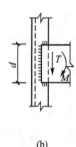

图 4-14　缀条与分肢的连接　　　　　图 4-15　缀板内力计算简图

缀板强度计算包括缀板内力最大的截面，即缀板与肢件连接处的强度计算和缀板与分肢连接的板端角焊缝的计算。缀板用角焊缝和柱肢相连，搭接长度一般为 20~30mm，缀板与分肢的连接通常采用三面围焊，当内力小时可只用缀板端部纵焊缝与分肢相连。由于角焊缝的强度设计值小于钢材的强度设计值，故只需按 T 和 M 验算缀板与肢件间的连接焊缝。

缀板应有一定的刚度。同一截面处两侧缀板线刚度之和不得小于一个分肢线刚度的 6 倍。一般取宽度 $d \geqslant 2a/3$，厚度 $t \geqslant a/40$，且不小于 6mm。端缀板宜适当加宽，取 $d=a$。

4. 格构式轴心受压柱的横隔设置

为了提高格构式构件的抗扭刚度，保证格构式柱在运输和吊装过程中截面几何形状不变并传递必要的内力，应在承受较大横向力处和每个运输单元的两端设置横隔，较长构件还应设置中间横隔，横隔间距应不超过构件截面较大宽度的 9 倍或 8m。横隔用钢板或交叉角钢配合横缀条焊成（图 4-16）。

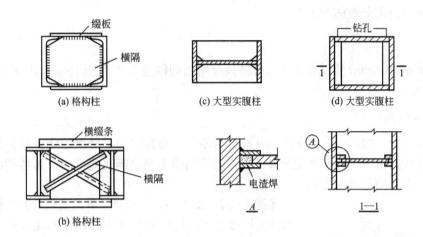

图 4-16 构件的横隔

4.7.5 格构式轴心受压构件的截面设计

1. 确定柱的截面形式

根据使用要求、材料供应、轴心压力大小和计算长度等条件确定柱截面形式和钢材型号。一般中、小型柱采用缀板柱，大型柱采用缀条柱。

2. 确定截面尺寸(对实轴计算)

首先，按实轴稳定要求试选分肢截面尺寸。假设构件实轴的长细比 λ_y 一般在 $60\sim100$ 范围内选用，根据 λ_y、钢号和截面类型，查得 φ_y，由公式 $A=N/(\varphi_y f)$ 确定所需的截面面积，再按公式 $i_y=l_{0x}/\lambda_y$，求得所需的绕实轴的回转半径 i_y，并按式 $b=i_y/\alpha_2$ 求得所需截面宽度 b 的近似值。

由 A 和 i_y 或 A 和 b 初选分肢型钢规格或截面尺寸，并进行实轴整体稳定和刚度验算，必要时还应进行强度验算和板件宽厚比验算。若验算结果不完全满足要求，应重新假定 λ_y 再试选截面，直至满足为止。一般由型钢表选用槽钢或工字钢。

3. 按虚轴与实轴等稳定性要求确定分肢间距(对虚轴计算)

按等稳定性要求 $\lambda_{0x}=\lambda_y$，求所需的 λ_x。

对缀条柱(双肢)：

$$\lambda_x=\sqrt{\lambda_y^2-27\frac{A}{A_1}} \tag{4-31}$$

对缀板柱(双肢)：

$$\lambda_x=\sqrt{\lambda_y^2-\lambda_1^2} \tag{4-32}$$

对缀条柱应预先确定斜缀条的截面 A_1；对缀板柱应先假定分肢长细比 λ_1。

由 λ_x，求得所需的虚轴回转半径 i_x：

$$i_x=\frac{l_{0x}}{\lambda_x}$$

由 i_x 求得所需分肢的间距 b：

$$b=\frac{i_x}{\alpha_2}$$

一般取 b 为 10mm 的整数倍，且分肢翼缘间的间隙应大于等于 $100\sim150$mm，以便进行构件表面油漆。

4. 验算截面

初选截面后，按式(4-2)和式(4-3)进行刚度、整体稳定和分肢稳定计算。如有孔洞削弱，还应按式(4-1)进行强度验算。如果验算结果不完全满足要求，应调整截面尺寸后重新验算，直到满足要求为止。

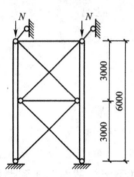

图 4-17 例题 4-3 图

【例 4-3】 图 4-17 所示为一管道支架，其支柱的轴心压力(包括自重)设计值 $N=1450$kN，柱两端铰接，钢材为 Q345，焊条为 E50 型，截面无孔洞削弱。将图中支柱分别设计成格构式轴心受压缀条柱和缀板柱。

解：(1) 缀条柱。

按实轴(y 轴)稳定条件确定分肢截面尺寸。假定 $\lambda_y=40$，按 Q345 钢 b 类截面查附表 4-4 得 $\varphi_y=0.863$，则需要的截面面积为：

$$A=\frac{N}{\varphi_y f}=\frac{1450\times10^3}{0.863\times310\times10^2}=54.20\text{cm}^2$$

查型钢表选用 2[18b，截面形式如图 4-18 所示。实际 $A=2\times29.3=58.6\text{cm}^2$，$i_y=6.84$cm，$i_x=1.95$cm，$z_0=1.84$cm，$I_1=111\text{cm}^4$。

验算整体稳定性

$$\lambda_y=\frac{l_{0x}}{i_y}=\frac{300}{6.84}=43.86<[\lambda]=150$$

满足要求。

查附表 3-4 得 $\varphi=0.841$(b 类截面)，则

$$\frac{N}{\varphi A}=\frac{1450\times10^3}{0.841\times58.6\times10^2}=294\text{N/mm}^2<f=310\text{N/mm}^2$$

满足要求。

按绕虚轴(x 轴)的稳定条件确定分肢间距 b。

柱子轴力不大，假设缀条取 L45×5，查得 $A_1=4.29$cm，则：

$$\lambda_x=\sqrt{\lambda_y^2-27\frac{A}{A_1}}=\sqrt{43.86^2-27\times\frac{58.6}{2\times4.29}}=41.70$$

$$i_x=\frac{l_{0x}}{\lambda_x}=\frac{600}{41.70}=14.39\text{cm}$$

采用图 4-18 的截面形式，$i_x\approx0.44b$，故 $b\approx$

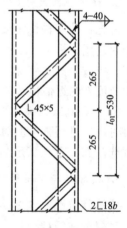
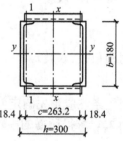

图 4-18 缀条柱图

$i_x/0.44=32.7\text{cm}$，取 $b=30\text{cm}$。两槽钢翼缘间净距为 $300-2\times70=160\text{mm}>100\text{mm}$，满足构造要求。

验算虚轴稳定(对 x 轴验算)：

$$I_x=2\Big[I_1+\frac{A}{2}\Big(\frac{b}{2}-z_0\Big)^2\Big]=2[111+29.3\times(15-1.84)^2]=10371\text{cm}^4$$

$$i_x=\sqrt{\frac{I_x}{A}}=\sqrt{\frac{10371}{58.6}}=13.30\text{cm}$$

$$\lambda_x=\frac{l_{0x}}{i_x}=\frac{600}{13.30}=45.11$$

$$\lambda_{0x}=\sqrt{\lambda_x^2+27\frac{A}{A_1}}=\sqrt{45.11^2+27\times\frac{58.6}{8.58}}=47.11<[\lambda]=150$$

查附表 3-4 得 $\varphi=0.823$(b 类截面)，则

$$\frac{N}{\varphi A}=\frac{1450\times10^3}{0.823\times58.6\times10^2}=301\text{N/mm}^2<f=310\text{N/mm}^2$$

整体稳定满足要求。

缀条柱分肢稳定：

$$\lambda_1=\frac{l_{01}}{i_1}=\frac{2\times26.5}{1.95}=27.18<0.7\lambda_{max}=0.7\times46.47=32.53$$

满足要求，所以无需进行分肢刚度、强度和整体稳定的验算。分肢采用型钢，也无需进行局部稳定验算。至此可认为所选截面满足要求。

柱的剪力：

$$V=\frac{Af}{85}\sqrt{\frac{f_y}{235}}=\frac{58.6\times10^2\times315}{85}\times\sqrt{\frac{345}{235}}=26313\text{N}，\quad V_1=\frac{V}{2}=\frac{26313}{2}=13157\text{N}$$

斜缀条内力：

$$N_1=\frac{V_1}{\cos\theta}=\frac{13157}{\cos45°}=18605\text{N}$$

$$\lambda_1=\frac{l_{01}}{i_{min}}=\frac{37.22}{0.88}=42.30<[\lambda]=150$$

查附表 3-4 得 $\varphi=0.851$(b 类截面)，强度设计值折减系数 η

$$\eta=0.6+0.0015\lambda=0.6+0.0015\times42.30=0.664$$

斜缀条的稳定

$$\frac{N_1}{\varphi A_1}=\frac{18605}{0.851\times4.29\times10^2}=50.96\text{N/mm}^2<\eta f=0.664\times310=206\text{N/mm}^2，满足要求。$$

缀条无孔洞削弱，不必验算强度。缀条的连接角焊缝采用两面侧焊，按要求取 $h_f=4\text{mm}$；单面连接的单角钢按轴心受力计算连接时，$\eta=0.85$。则肢背焊缝所需长度

$$l_{w1}=\frac{k_1N_1}{0.7h_f\eta f_f^w}=\frac{0.7\times18605}{0.7\times0.4\times0.85\times200\times10^2}+0.8=3.5\text{cm}$$

$$l_{w2} = \frac{k_2 N_1}{0.7 h_f \eta f_f^w} = \frac{0.3 \times 18605}{0.7 \times 0.4 \times 0.85 \times 200 \times 10^2} + 0.8 = 2.1 \text{cm}$$

肢尖与肢背焊缝长度均取 4cm。

缀条柱横隔。柱截面最大宽度为 30cm，要求横隔间距不大于最大宽度的 9 倍或 8m。柱高 6m 上下两端有柱头柱脚，中间三分点处设两道钢板横隔，与斜缀条节点配合设置（图 4-16）。

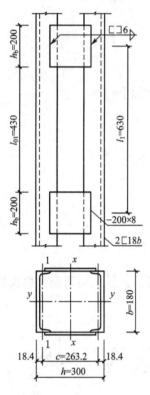

图 4-19　缀板柱图

（2）缀板柱。

对缀条柱按实轴的整体稳定条件确定分肢截面尺寸。同缀条柱选用 2［18b（图 4-19），则 $\lambda_y = 43.86$。

按绕虚轴的稳定条件确定分肢间距。取 $\lambda_1 = 22$，基本满足 $\lambda_1 \leq 0.5\lambda_{max} = 0.5 \times 43.86 = 21.93$，且不大于 40 的分肢稳定要求。按要求原则 $\lambda_{0x} = \lambda_y$，得：

$$\lambda_x = \sqrt{\lambda_y^2 - \lambda_1^2} = \sqrt{43.86^2 - 22^2} = 37.94$$

$$i_x = \frac{l_{0x}}{\lambda_x} = \frac{600}{37.94} = 15.82 \text{cm}$$

$$b \approx \frac{i_x}{0.44} = 35.93 \text{cm}, \quad 取 \ b = 32 \text{cm}$$

两槽钢翼缘间净距为 $320 - 2 \times 70 = 180$mm > 100mm，满足构造要求。

验算虚轴稳定（对 x 验算），缀板净距

$$l_{0x} = \lambda_1 i_1 = 22 \times 1.95 = 42.9 \text{cm}, \quad 取 \ l_{0x} = 43 \text{cm}$$

$$I_x = 2 \times \left[I_1 + \frac{A}{2}\left(\frac{b}{2} - z_0\right)^2 \right]$$
$$= 2 \times [111 + 29.3 \times (16 - 1.84)^2] = 11972 \text{cm}^4$$

$$i_x = \sqrt{\frac{I_x}{A}} = \sqrt{\frac{11972}{58.6}} = 14.29 \text{cm}$$

$$\lambda_x = \frac{l_{0x}}{i_x} = \frac{600}{14.29} = 41.99$$

$$\lambda_{0x} = \sqrt{\lambda_x^2 + \lambda_1^2} = \sqrt{41.99^2 + 22^2} = 47.43 < [\lambda] = 150$$

查附表 4-4 得 $\varphi = 0.26$（b 类截面），则

$$\frac{N}{\varphi A} = \frac{1450 \times 10^3}{0.826 \times 58.6 \times 10^2} = 300 \text{N/mm}^2 < f = 310 \text{N/mm}^2$$

整体稳定满足要求。因无孔洞削弱，强度满足要求。

$\lambda_{max} = 47.43$，$\lambda_1 = 22 < 0.5\lambda_{max} = 23.72$ 和 40，满足规范规定，所以无需进行分肢刚度、强度和整体稳定的验算。分肢采用型钢，也无需进行局部稳定验算。至此可认为所选截面满足要求。

缀板设计。初选缀板尺寸：纵向高度 $h_0 \geq \frac{2}{3}c = \frac{2}{3} \times 28.32 = 18.88$cm，厚度 $t_b \geq \frac{c}{40} =$

$\frac{28.32}{40}=0.71\text{cm}$，取 $h_{\text{b}} \times t_{\text{b}} = 200\text{mm} \times 8\text{mm}$。相邻缀板净距 $l_{01} = 43\text{cm}$，相邻缀板中心距 $l_1 = l_{01} + h_{\text{b}} = 43 + 20 = 63\text{cm}$。

缀板线刚度之和与分肢线刚度比值为：

$$\frac{\sum I_{\text{b}}/c}{I_1/l_1} = \frac{2 \times (0.8 \times 20^3/12)/28.32}{111/63} = 21.38 > 6$$

缀板的刚度满足要求。

柱的剪力为 $V = 26313\text{N}$，每个缀板面剪力 $V_1 = 13157\text{N}$。

弯矩：

$$M_{\text{b1}} = \frac{V_1 l_1}{2} = 13157 \times \frac{63}{2} = 414446\text{N} \cdot \text{cm}$$

剪力：

$$V_{\text{b1}} = \frac{V_1 l_1}{c} = 13157 \times \frac{63}{28.32} = 29269\text{N}$$

$$\sigma = \frac{6M_{\text{b1}}}{t_{\text{b}}h_{\text{b}}^2} = \frac{6 \times 414446 \times 10}{0.8 \times 10 \times (20 \times 10)^2} = 77\text{N/mm}^2 < f = 310\text{N/mm}^2$$

$$\tau = \frac{1.5V_{\text{b1}}}{t_{\text{b}}h_{\text{b}}} = \frac{1.5 \times 29269}{0.8 \times 20 \times 10^2} = 27\text{N/mm}^2 < f_{\text{v}} = 180\text{N/mm}^2$$

缀板的强度满足要求。

缀板焊缝计算。采用三面围焊。计算时可偏安全地仅考虑端部纵向焊缝，按构造要求取焊脚尺寸 $h_{\text{f}} = 6\text{mm}$，$l_{\text{w}} = 200\text{mm}$。则：

$$A_{\text{f}} = 0.7 \times 0.6 \times 20 = 8.4\text{cm}^2$$

$$W_{\text{f}} = \frac{1}{6} \times 0.7 \times 0.6 \times 20^2 = 28\text{cm}^3$$

在弯矩和剪力共同作用下焊缝的应力为：

$$\sqrt{\left(\frac{\sigma_{\text{f}}}{\beta_{\text{f}}}\right)^2 + \tau_{\text{f}}^2} = \sqrt{\left(\frac{414446 \times 10}{1.22 \times 28 \times 10^3}\right)^2 + \left(\frac{29269}{8.4 \times 10^2}\right)^2} = 126\text{N/mm}^2 < f_{\text{f}}^{\text{w}} = 200\text{N/mm}^2$$

焊缝强度满足要求。

4.8 柱头和柱脚的构造设计

柱子的作用是把上部结构（如梁）传来的荷载通过它传给下部的基础。柱的上端为了安放梁，应设计一个柱头，柱头的作用是承受和传递梁及其以上结构的荷载。柱的下端为了能把荷载可靠地传给基础，应设计一个柱脚，柱脚的作用是承受柱身的荷载并将其传递给基础，如图4-20所示。柱头与柱脚的设计要具有足够的刚度和强度，并且要结构合理、传力明确，同时构造简单、便于施工、性能可靠、节省钢材。轴心受压柱与梁的连接和柱脚与基础的连接可为刚接也可为铰接，一般轴心受压构件采用铰接，而框架柱则常用刚接形式。

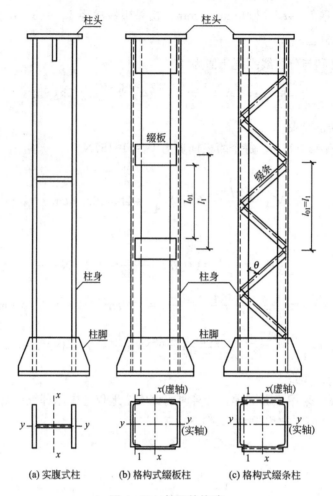

图 4-20　柱子的构造

4.8.1　柱头的构造设计

梁可支承于柱顶也可支承于柱侧面。

1. 梁支承于柱顶的构造形式

梁支承于柱顶的构造多为铰接形式，如图 4-21 所示。柱顶设置一厚度不小于 16mm 的钢顶板，顶板与柱焊接，并用加劲肋加强。由梁传给柱子的压力一般要通过此顶板使压力尽可能均匀地分布到柱上。当柱为实腹式时，应将梁端支承加劲肋对准柱的翼缘，以使梁的支座反力直接传给柱的翼缘 [4-21(a)]。两相邻梁间应留 10～20mm 的安装空隙，经调整定位后，用连接板和构造螺栓固定。该种连接形式传力明确、构造简单，缺点是当相邻支座反力不等时，柱将偏心受压，柱的截面对弱轴的稳定性较差，有偏心作用是很不利的。为保证柱为轴心受压，可采用梁端设突缘支承加劲板的构造措施。

突缘支承加劲板的底部应刨平并应在轴线附近与柱顶顶紧 [图 4-21(b)]。为提高柱顶的抗弯刚度，应加设一块垫板，并在轴线处增设加劲肋。两梁间应留 10mm 的空隙，安装时尚应嵌入填板并用构造螺栓固定。对于格构式柱，为了保证传力均匀，在柱顶设置缀板把两肢连接起来，分肢之间顶板下面应设加劲肋 [图 4 - 21(c)]。

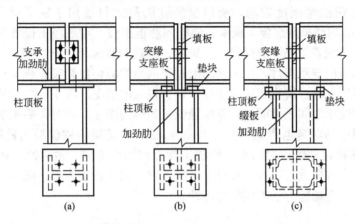

图 4 - 21　梁铰接于柱顶

2. 梁支承于柱侧面的构造形式

梁连接在柱的侧面有利于提高梁格系统在其水平面内的刚度。图 4 - 22(a)、(b)是梁连接于柱侧面的铰接构造。梁反力由梁端加劲肋传给下部的承托，承托可以采用 T 形牛腿 [图 4 - 22(a)]，也可用厚钢板制成 [图 4 - 22 (b)]，这种方案适用于承受较大的压力，但制作与安装的精度要求较高。在柱的翼缘或腹部外侧焊接一厚钢板承托，梁的突缘加劲板与承托的接触面应刨平顶紧，保证能有效传递梁端反力。承托与柱用三面角焊缝连接，考虑到支座反力偏心的不利影响，焊缝计算可把支座反力加大 25% 计入其影响。为便于安装，梁端与柱板之间应留 5mm 空隙，并嵌入填板用构造螺栓固定。

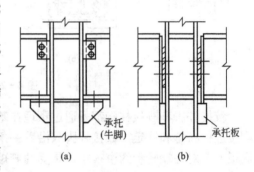

图 4 - 22　梁铰接于柱侧的构造

4.8.2　柱脚的构造设计

轴心受压构件柱脚的构造设计要达到把柱身的压力均匀地传给基础，并和基础牢固地连接起来。在整个柱中，柱脚是比较费工也比较费钢材的部分，所以设计时应使其构造简单，尽可能符合结构的计算简图，并便于安装固定。

1. 柱脚的形式和构造

柱脚(Column Base)按其和基础的固定方式可以分为两种：一种是铰接柱脚，如图 4 - 23 所示；另一种是刚性柱脚。

铰接柱脚主要用来承受轴心压力，与基础的连接一般采用铰接。由于基础材料(混凝土)的强度远比钢材低，所以必须在柱底增设底板以增加与基础的承压面积，而底板由锚栓固定于混凝土上。图4-23(a)所示的柱脚只由底板组成,柱子下端直接与底板连接。柱子压力由焊缝传给底板,由底板扩散并传给基础。由于底板在各方向均为悬臂,在基础反力作用下,底板抗弯刚度较弱,所以这种柱脚形式只适用于柱子轴力较小的情况。图4-23(b)~(d)的柱脚由底板、靴梁、隔板和肋板组成,在底板上设置了靴梁、隔板和肋板,把底板分隔成若干个小的区格。而靴梁、隔板和肋板相当于这些小区格板块的边界支座,改变了底板的支承条件,柱子轴力通过竖向角焊缝传给靴梁,靴梁再通过水平角焊缝传给底板,所以这种柱脚形式适用于柱子轴力较大的情况。图4-23(b)中,靴梁焊在柱翼缘的两侧,在靴梁之间设置隔板,以增强靴梁的侧向刚度;同时,底板被进一步分成更小的区格,底板中的弯矩也因此而减小。图4-23(c)是格构柱仅采用靴梁的柱脚形式。图4-23(d)是在靴梁外侧设置肋板,使柱子轴力向两个方向扩散,通常在柱的一个方向采用靴梁,另一个方向设置肋板,底板宜做成正方形或接近正方形。此外,在设计柱脚中的连接焊缝时,要考虑施焊的方便与可能性。

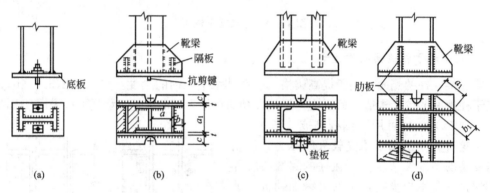

图4-23 铰接柱脚

铰接柱脚和刚接柱脚都是通过预埋在基础中的锚栓来固定的,锚栓按柱脚是铰接还是刚接进行布置和固定。铰接柱脚只沿着一条轴心设置两个连接于底板的锚栓,锚栓固定在底板上,对柱端转动约束很小,承受的弯矩也很小,接近于铰接。底板上的锚栓孔的直径应比锚栓直径大0.5~1.0倍,并做出U形缺口,以便柱的安装和调整。最后固定时,应用孔径比锚栓直径大1~2mm的锚栓垫板套住并与底板焊固。在铰接柱脚中,锚栓不需计算,一般按构造确定。

柱脚的剪力主要依靠底板与基础之间的摩擦力来传递。当仅靠摩擦力不足以承受水平剪力时,应在柱脚底板下设置抗剪键,如图4-23(b)所示,抗剪键可用方钢、短T形钢等组成,也可将柱脚底板与基础上的预埋件用焊接连接。

2. 轴心受压柱的柱脚计算

1) 底板的计算

底板的计算主要包括对底板的面积和底板厚度两方面的计算。

底板的平面尺寸决定于基础材料的抗压能力,基础对底板的压应力可近似认为是均匀分布的,这样,所需要的底板净面积A_n(底板宽乘长,减去锚栓孔面积)应按下式确定:

$$A_n = L \times B - A_0 \geqslant \frac{N}{f_c} \tag{4-33}$$

式中 L——底板的长度；

B——底板的宽度；

A_0——锚栓孔的面积；

N——柱的轴心压力；

f_c——基础混凝土的抗压强度设计值，按《混凝土结构设计规范》取值。

根据构造要求定出底板的宽度：

$$B = a_1 + 2t + 2c$$

式中 a_1——柱截面已选定的宽度或高度；

t——靴梁厚度，通常取 $10 \sim 20mm$；

c——底板悬臂部分的宽度，通常取锚栓直径的 $3 \sim 4$ 倍，锚栓常用直径为 $20 \sim 24mm$。

底板的长度 L 为 A/B，底板的平面尺寸 L 和 B 应取整数。根据柱脚的构造形式，可以取 L 与 B 大致相同。

底板的厚度由板的抗弯强度决定。底板可视为一支承在靴梁、隔板和柱端的平板，它承受基础传来的均匀反力。靴梁、肋板、隔板和柱的端面可视为底板的支承边，并将底板分隔成不同的区格，其中有四边支承、三边支承、相邻邻边支承和一般支承等区格。在均匀分布的基础反力作用下，计算各区格板单位宽度上的最大弯矩，

对于四边支承区格

$$M_4 = \alpha q a^2 \tag{4-34}$$

式中 α——系数，根据长边 b 与短边 a 之比按表 $4-5$ 取用；

q——作用于底板单位面积上的压应力，$q = N/A_n$；

a——四边支承区格的短边长度。

表 $4-5$ α 值

b/a	1.0	1.1	1.2	1.3	1.4	1.5	1.6	1.7	1.8	1.9	2.0	3.0	$\geqslant 4.0$
α	0.048	0.055	0.063	0.069	0.075	0.081	0.086	0.091	0.095	0.099	0.101	0.119	0.125

对于三边支承区格和两相邻边支承区格

$$M_3 = \beta q a_1^2 \tag{4-35}$$

式中 β——系数，根据 b_1/a_1 值由表 $4-6$ 查得。对三边支承区格 b_1 为垂直于自由边的宽度；对两相邻边支承区格，b_1 为内角顶点至对角线的垂直距离 [图 $4-23$(b)、(d)]。

a_1——对三边支承区格为自由边长度；对两相邻边支承区格为对角线长度 [图 $4-23$ (b)、(d)]。

表 $4-6$ β 值

B_1/a_1	0.3	0.4	0.5	0.6	0.7	0.8	0.9	1.0	1.1	$\geqslant 1.2$
β	0.026	0.042	0.056	0.072	0.085	0.092	0.104	0.111	0.120	0.125

当三边支承区格的 $b_1/a_1 < 0.3$ 时，可按悬臂长度为 b_1 的悬臂板计算。

对于一边支承区格(即悬臂板)

$$M_1 = \frac{1}{2}qc^2 \tag{4-36}$$

式中　c——悬臂长度。

这几个部分板承受的弯矩一般不相同,取区格中的最大弯矩 M_{max} 来确定板的厚度,即 $t \geqslant \sqrt{6M_{max}/f}$。设计时要注意到靴梁和隔板的布置尽可能使各区格板中的弯矩相差不要太大,以免所需的底板过厚。在这种情况下,应调整底板尺寸和重新划分区格。

底板的厚度通常为 $20\sim40$mm,最薄的一般不得小于 14mm,以保证底板具有必要的刚度,从而满足基础反力是均布的假设。

2)靴梁的计算

在柱脚制造时,柱身往往要做得稍短一些,在柱身与底板之间仅采用构造焊缝相连。在焊缝计算时,假定柱端与底板之间的连接焊缝不受力,柱端对底板只起划分底板区格支承边的作用。柱压力 N 是由柱身通过竖向焊缝传给相连靴梁,再传给底板。焊缝计算包括柱身与靴梁之间竖向焊缝承受柱压力 N 作用的计算以及靴梁与底板之间水平连接焊缝承受柱压力 N 作用的计算。同时要求每条竖向焊缝的计算长度不应大于 $60h_f$。

靴梁的高度由其与柱边连接所需的焊缝长度决定,此连接焊缝承受柱身传来的压力。靴梁的厚度比柱翼缘厚度略小。

靴梁按支承于柱边的双悬臂梁计算,根据所承受的最大弯矩和最大剪力值,验算靴梁的抗弯和抗剪强度。

3)隔板与肋板的计算

为了支承底板和侧向支承靴梁,隔板应具有一定刚度,因此隔板的厚度不得小于其宽度 b 的 $1/50$,且厚度不小于 10mm,一般比靴梁略薄些,高度略小些。

隔板可视为支承于靴梁上的简支梁,荷载可按承受如图 $4-23$(b)所示中阴影面积的底板反力计算,按此荷载所产生的内力验算隔板与靴梁的连接焊缝以及隔板本身的强度。注意隔板内侧的焊缝不易施焊,计算时不能考虑受力。

肋板按悬臂梁计算,承受的荷载为图 $4-23$(d)所示的阴影部分的底板反力。肋板与靴梁间的连接焊缝以及肋板本身的强度均按其承受的弯矩和剪力来计算。

【例 $4-4$】　设计如图 $4-24$ 所示的焊接 H 型钢(截面为 HW$250\times250\times9\times14$)截面柱的柱脚。轴心压力的设计值为 1650kN,柱脚钢材为 Q235 钢,焊条 E43 型。

解:(1)确定底板尺寸。

混凝土取 C15,$f_c = 7.5$N/mm²,锚栓采用 $d = 20$mm,则其孔面积约为 5000mm²。所需底板面积:

$$A = B \times L = \frac{N}{f_c} + A_0 = \frac{1650 \times 10^3}{7.5} + 5000$$
$$= 22.5 \times 10^4 \, \text{mm}^2$$

其中,底板宽度:$B = 250 + 2 \times 10 + 2 \times 70 = 410$mm;

底板长度 $L = A/B = 22.5 \times 10^4/410 = 548$mm。

采用 $B \times L = 410 \times 560$。

(2)确定底板厚度。

基础对底板的压应力:

$$q=\frac{N}{A_n}=\frac{N}{B\times L-A_0}=\frac{1650\times10^3}{410\times560-5000}=7.35\text{N/mm}^2$$

底板的区格有 3 种,现分别计算其单位宽度的弯矩。

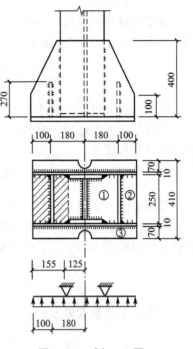

四边支承板(区格①),$b/a=250/180=1.39$,查表 4 - 5 得 $\alpha=0.0744$,则

$$M_4=\alpha qa^2=0.0744\times7.35\times180^2=17718\text{N}\cdot\text{mm}$$

三边支承板(区格②),$b_1/a_1=100/250=0.4$,查表 4 - 6 得 $\beta=0.042$,则

$$M_3=\beta qa_1^2=0.042\times7.35\times250^2=19293\text{N}\cdot\text{mm}$$

悬臂部分(区格③)

$$M_1=\frac{1}{2}qc^2=\frac{1}{2}\times7.35\times70^2=18007\text{N}\cdot\text{mm}$$

这 3 种区格的弯矩值相差不大,不必调整底板平面尺寸和隔板位置。最大弯矩 $M_{max}=19293\text{N}\cdot\text{mm}$。底板厚度 $t\geqslant\sqrt{6M_{max}/f}=\sqrt{6\times19293/205}=23.8\text{mm}$,取 $t=24\text{mm}$。

图 4 - 24 例 4 - 4 图

(3) 隔板计算。

将隔板视为两端支于靴梁的简支梁,取厚度为 $t=8\text{mm}$。其线荷载为:

$$q_1=\left(100+\frac{180}{2}\right)\times7.35=1397\text{N/mm}$$

隔板与底板的连接(仅考虑外侧一条焊缝)为正面角焊缝,$\beta_f=1.22$。取 $h_f=12\text{mm}$,焊缝长度为 l_w。焊缝强度计算:

$$\sigma_f=\frac{q_1\times l_w}{0.7\times1.22\times h_f\times l_w}=\frac{1397}{1.22\times0.7\times12}=136\text{N/mm}^2<f_f^w=160\text{N/mm}^2$$

隔板与靴梁的连接(外侧一条焊缝)为侧面角焊缝,所受隔板的支座反力为:

$$R=\frac{1}{2}\times1397\times250=174625\text{N}$$

设 $h_f=8\text{mm}$,求焊缝长度(即隔板高度):

$$l_w=\frac{R}{0.7h_ff_f^w}=\frac{174625}{0.7\times8\times160}=195\text{mm}$$

取隔板高 270mm,设隔板厚度 $t=8\text{mm}>b/50=250/50=5\text{mm}$。

验算隔板抗剪和抗弯强度:

$$V_{max}=R=17.5\times10^4\text{N}$$

$$\tau=1.5\frac{V_{max}}{ht}=1.5\times\frac{17.5\times10^4}{270\times8}=121\text{N/mm}^2<f_v=125\text{N/mm}^2$$

$$M_{max}=\frac{1}{8}\times1397\times250^2=10.9\times10^6\text{N}\cdot\text{mm}$$

$$\sigma=\frac{M_{max}}{W}=\frac{6\times10.9\times10^6}{8\times270^2}=112\text{N/mm}^2<f=215\text{N/mm}^2$$

（4）靴梁计算。

靴梁与柱身的连接(4 条焊缝)按承受柱的压力 $N=1650KN$ 计算，此焊缝为侧面角焊缝，设 $h_f=10mm$，求焊缝长度：

$$l_w=\frac{N}{4\times0.7h_ff_f^w}=\frac{1650\times10^3}{4\times0.7\times10\times160}=368mm$$

取靴梁高即焊缝长度 400mm。

靴梁与底板的连接焊缝传递全部柱的压力，设焊缝的焊脚尺寸为 $h_f=10mm$。所需的焊缝总计算长度为：

$$\sum l_w=\frac{N}{1.22\times0.7h_ff_f^w}=\frac{1650\times10^3}{1.22\times0.7\times10\times160}=1206mm$$

显然焊缝的实际计算总长度已超过此值。

靴梁作为支承于柱边的双悬臂简支梁，悬伸部分长度 $l=155mm$，取其厚度 $t=10mm$，验算其抗剪和抗弯强度。其中底板传给靴梁的荷载：

$$q_2=\frac{Bq}{2}=\frac{410\times7.35}{2}=1507N/mm$$

靴梁支座处最大剪力：

$$V_{max}=q_2l=1507\times155=2.3\times10^5N$$

靴梁支座处最大弯矩：

$$M_{max}=\frac{1}{2}q_2l^2=\frac{1}{2}\times1507\times155^2=18.1\times10^5N\cdot mm$$

靴梁强度：

$$\tau=1.5\frac{V_{max}}{ht}=1.5\times\frac{2.3\times10^5}{10\times400}=86N/mm^2<f_v=125N/mm^2$$

$$\sigma=\frac{M_{max}}{W}=\frac{6\times18.1\times10^5}{10\times400^2}=67.9N/mm^2<f=215N/mm^2$$

本 章 小 结

本章阐述了轴心受压构件的设计原理和基本方法。

轴心受力构件分为轴心受拉构件和轴心受压构件，通过本章学习可以加深对轴心受力构件的强度和刚度的理解，通过对轴心受压构件的整体稳定和局部稳定的学习，可以加深对轴心受压构件稳定性的认识。

轴心受拉构件的设计与验算包括强度（承载能力极限状态）和刚度（正常使用极限状态）两部分。

轴心受压构件的设计与验算包括强度、稳定（承载能力极限状态）和刚度（正常使用极限状态）三部分。其中稳定又分为整体稳定和局部稳定。

轴心受压构件的截面设计分为实腹式轴心受压构件截面设计和格构式轴心受压构件截面设计。

习 题

1. 用 Q235 钢和 Q345 钢分别制造一轴心受压构件，其截面和长细比相同，在弹性范围内屈曲时，试比较前者的临界力和后者的临界力的大小。

2. 哪些因素影响轴心受压构件的稳定系数 φ？

3. 轴心受压构件的验算内容有哪些？

4. 实腹式轴心受压构件和格构式轴心受压构件的设计步骤有何异同？

5. 格构式轴心受压构件的稳定计算中，对应采用的长细比有什么规定？为什么？

6. 图 4-25 所示两种截面，板件均为焰切边缘，面积相等，钢材均为 Q235。当用作长度为 10m 的两端铰接的轴心受压柱时，试计算设计承载力各是多少，并验算局部稳定是否满足要求。

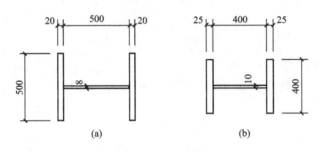

图 4-25 习题 6 图

7. 某桁架杆件采用双角钢截面，节点板厚 8mm，钢材为 Q235。承受轴心压力设计值 $P=12.3\text{kN}$，杆件的计算长度为 $l_{0x}=l_{0y}=4.2\text{m}$。试按容许长细比 $[\lambda]=200$ 选用杆件的最小截面，并验算所选截面。

8. 如图 4-26 所示格构式轴心受压构件，由 2[32a 组成，柱高 8m，两端铰接。钢材为 Q235B。

(1) 若该柱为缀条柱，缀条为 L45×5，水平线夹角为 45°，该柱能承受多大外荷载？单肢稳定是否满足要求？

(2) 若该柱为缀板柱，缀板中心距为 600mm，该柱能承受多大外荷载？单肢稳定是否满足要求？

9. 某轴心受压柱承受轴向压力设计值 $N=5000\text{kN}$，柱两端铰接，$l_{0x}=l_{0y}=8\text{m}$。钢材为 Q235，截面无削弱。试设计此柱的截面：

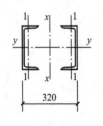

图 4-26 习题 8 图

(1) 采用普通轧制工字钢；

(2) 采用热轧 H 型钢；

(3) 采用焊接工字形截面，翼缘板为焰切边。

10. 两等边角钢组成的 T 形截面，两角钢间距为 10mm，构件计算长度 $l_{0x}=l_{0y}=3\text{m}$，承受轴心压力设计值为 360kN，钢材采用 Q235A，选择截面。

11. 一车间工作平台柱高 26m，按两端铰接的轴心受压柱考虑。如果柱采用 I16，试

计算:

（1）钢材采用 Q235 时，设计承载力为多少？

（2）改用 Q234 钢时，设计承载力是否显著提高？

（3）如果轴心压力设计值为 330kN，I16 能否满足要求？如不满足，从构造上采取什么措施可满足要求？

第5章
受弯构件

主要讲述钢结构受弯构件设计的基本理论和方法。通过本章学习，应达到以下目标。

(1) 了解受弯构件的形式和应用；理解梁构件受弯时强度破坏实质；掌握受弯构件强度与刚度设计验算的基本内容。

(2) 理解钢梁整体失稳本质，受弯构件临界承载力概念及影响梁稳定承载力的因素；掌握《规范》规定的受弯构件整体稳定设计验算方法。

(3) 理解钢梁局部稳定与局部失稳临界承载力的概念；理解影响钢梁局部失稳临界承载力的因素；掌握针对钢梁局部失稳的相关构造措施。

(4) 理解考虑腹板屈曲后强度的钢梁设计特点，掌握钢梁腹板屈曲后承载力计算方法。

(5) 掌握型钢梁与组合梁的设计过程。

(6) 熟悉梁的拼接、主次梁连接和支座构造。

教学要求

知识要点	能力要求	相关知识
强度与刚度	(1) 理解梁强度破坏实质 (2) 熟悉强度计算中的几个强度概念 (3) 掌握《规范》规定的强度强度设计验算方法	(1) 受弯构件梁柱极限状态 (2) 截面塑性发展系数 (3) 抗弯强度、抗剪强度、局部承压强度、复杂应力作用下的强度
整体稳定	(1) 熟悉影响钢梁整体稳定承载力的因素 (2) 掌握《规范》规定的整体稳定设计验算方法	(1) 受弯构件整体失稳；整体稳定临界承载力 (2) 受弯构件整体稳定系数 (3) 整体稳定《规范》计算方法
局部稳定	(1) 熟悉局部失稳概念与影响局部稳定承载力的因素 (2) 掌握针对钢梁局部失稳的相关构造措施	(1) 受弯构件局部失稳 (2) 腹板加劲肋设计
钢梁腹板屈曲后承载力	(1) 理解腹板屈曲后钢梁的工作性能与设计特点 (2) 掌握钢梁腹板屈曲后承载能力计算方法	(1) 腹板屈曲后的抗弯承载力、抗剪承载力 (2) 钢梁腹板屈曲后承载能力的《规范》计算方法
钢梁的拼接与连接	(1) 熟悉钢梁拼接的类型与构造 (2) 熟悉钢梁连接的类型与构造	(1) 钢梁的拼接 (2) 钢梁的连接

基本概念

强度、刚度、截面塑性发展系数、整体稳定、整体稳定系数、局部稳定、屈曲后强度、长细比、高(宽)厚比

 引例

某重型工业厂房内有一个操作平台,平台楼盖采用主次梁结构布置,平台梁顶标高为 6.0m,次梁跨度为 6.0m,间距为 3.0m,主梁跨度为 18m,工艺要求平台下部净空尺寸不得小于 4.0m。这样工业平台设计难点在于梁的跨度与荷载都比较大,这样大跨度的楼面梁该如何设计? 显然选择钢梁比混凝土梁具有明显优势,选定为钢梁之后钢梁的截面又该如何确定? 对于这种钢结构的受弯构件,其截面设计有什么要求? 具体该如何进行这类型构件的设计? 本章将详细讲述其设计验算方法。

5.1 受弯构件的种类和截面形式

主要用以承受弯矩作用或弯矩与剪力共同作用的平面构件称为受弯构件(Flexural Member),是钢结构工程中应用非常广泛的一类基本构件。其截面形式有实腹式和空腹式两大类,实腹式受弯构件工程上通常称为梁(Beam),空腹式受弯构件又分为蜂窝梁(Cellular Beam)与桁架(Truss)两种形式。

5.1.1 实腹式受弯构件

实腹式受弯构件按制作方法可以分为型钢梁和组合梁两大类。型钢梁又可以分为热轧型钢梁和冷成型薄壁型钢梁两大类。热轧型钢梁常做成普通槽钢、工字钢或 T 型钢、H 型钢 [图 5-1(a)、(b)、(c)、(d)],其中以 H 型钢的截面分布最合理,其翼缘内外边缘平行,与其他构件连接方便,应优先采用。对承受荷载较小和跨度不大的梁,可用带有卷边的冷成型薄壁 Z 型钢或 C 型钢 [图 5-1(e)、(f)] 制作,可以显著降低钢材用量,但要特别注意防腐。型钢梁加工方便、制作成本低,应优先选用。

当型钢规格不能满足承载能力或刚度的要求时,可采用由钢板、型钢等制作的组合梁。组合梁截面的组合比较灵活,可使材料在截面上的分布更为合理。最常采用的是由三块钢板焊接的工字形截面组合梁 [图 5-1(g)],其构件简单,制造方便,经济性好。对于荷载较大而高度受到限制的梁,可考虑采用双腹板的箱形截面梁 [图 5-1(h)],其具有较高的抗扭刚度。

组合梁还有一种特殊形式的钢梁,为了充分利用钢材的强度,在组合梁中对受力较大的翼缘板采用强度等级较高的钢材,而对受力较小的腹板则采用强度较低的钢材,工程上称这种组合梁为异钢种钢板梁(Hybrid Girder) [图 5-1(i)]。

混凝土和钢材分别宜用于受压和受拉,采用钢与混凝土组合梁(Steel - concrete Composite Beams) [图 5-1(k)],可以充分发挥两种材料的优势,经济效果较好。在我国的《钢结构设计规范》(GB 50017—2003)中,已对这种梁的设计作了相关规定。

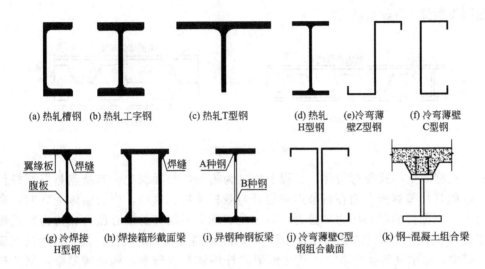

(a) 热轧槽钢　(b) 热轧工字钢　(c) 热轧T型钢　(d) 热轧　(e) 冷弯薄　(f) 冷弯薄壁
　　　　　　　　　　　　　　　　　　　　　　　　　H型钢　壁Z型钢　C型钢

(g) 冷焊接　　(h) 焊接箱形截面梁　(i) 异钢种钢板梁　(j) 冷弯薄壁C型　(k) 钢-混凝土组合梁
H型钢　　　　　　　　　　　　　　　　　　　　　钢组合截面

图5-1　钢梁的截面类型

　　根据梁截面沿长度方向有无变化,梁可以分为等截面梁和变截面梁。等截面梁构件简单、制作方便。对于跨度较大的梁,为了合理使用和节省钢材,常根据弯矩沿跨长的变化而改变它的截面尺寸,做成变截面梁。

　　根据梁支撑情况的不同,梁可以分为简支梁、悬臂梁和连续梁等。钢梁多采用简支梁,不仅制造简单、安装方便,而且可以避免支座沉陷所产生的内力。

　　钢梁在荷载作用下,可能在一个主轴平面内受弯,也可能在两个主轴平面内受弯,前者称为单向受弯构件,后者称为双向受弯构件,屋面与墙面檩条及吊车梁是钢结构工程中最常见的双向受弯构件(图5-2)。

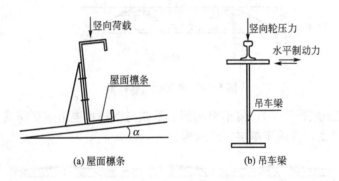

(a) 屋面檩条　　　　　　　　(b) 吊车梁

图5-2　双向受弯构件

5.1.2　空腹式受弯构件

　　第一类型的空腹式受弯构件为蜂窝梁,通常是将工字钢或H型钢的腹板沿如图5-3(a)所示折线切开,再焊成如图5-3(b)所示的空腹梁。它自重较轻,截面惯性矩大,经济性好,与其他构件连接方便,同时蜂窝孔便于管线设施穿过,还能起到调整空间韵律变化的作用,在国内外都得到了比较广泛的研究和应用,对引例中讲述的15m跨楼面梁,采用这种截面类型就具有较明显优势。

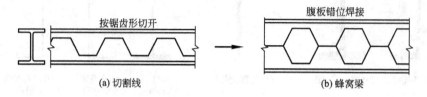

图5-3 蜂窝梁

另一类型的空腹式受弯构件，工程上称之为桁架，与梁相比，其特点是以弦杆代替翼缘、以腹杆代替腹板，而在各节点将腹杆与弦杆连接。这样，桁架整体受弯时，弯矩表现为上、下弦杆的轴心压力和拉力，剪力则表现为各腹杆的轴心压力或拉力。钢桁架可以根据不同使用要求制成所需的外形，对跨度和高度较大的构件，其钢材用量比实腹梁有所减少，而刚度却有所增加。只是桁架的杆件和节点较多，构造较复杂，制造较为费工。

根据钢桁架的所受的约束状况不同，它可以分为以下5种类型。

（1）简支梁式（图5-4），受力明确，杆件内力不受支座沉陷的影响，施工方便，使用广泛。图5-4(a)～(b)是两种常见的屋架形式。

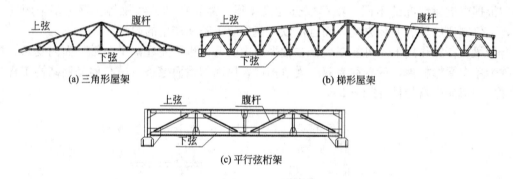

(a) 三角形屋架　　　　　　　　　　　　(b) 梯形屋架

(c) 平行弦桁架

图5-4 简支梁式钢桁架

（2）刚架横梁式（图5-5），将桁架端部上下弦与钢柱相连组成单跨或多跨刚架，可提高结构整体水平刚度，常用于单层厂房结构。

图5-5 刚架横梁式钢桁架

（3）连续式 ［图5-6(a)］，跨越较大距离的桥架，常用多跨连续的桁架，可增加刚度并节约材料。

（4）伸臂式 ［图5-6(b)］，既有连续式节约材料的优点，又有静定桁架不受支座沉陷影响的优点，只是铰接处构造较复杂。

（5）悬臂式，用于无线电发射塔、输电线路塔、气象塔等，主要承受水平风荷载引起的弯矩。

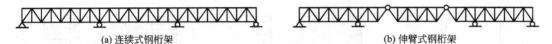

| (a) 连续式钢桁架 | (b) 伸臂式钢桁架 |

图 5 - 6 刚架横梁式钢桁架

桁架的杆件主要为轴心拉杆和轴心压杆，设计方法已在第 4 章叙述；在特殊情况下，也可能出现压-弯杆件，设计方法见第 6 章。下面主要叙述实腹式受弯构件（梁）的工作性能和设计方法。

5.2 受弯构件的强度和刚度

同任何其他结构构件一样，受弯构件应该满足承载能力极限状态与正常使用极限状态的要求，承载能力极限状态在钢梁的设计中包括强度、整体稳定和局部稳定三个方面。设计时，要求在荷载设计值作用下，梁的弯曲正应力、剪应力、局部压应力和折算应力均不超过规范规定的相应强度设计值；整根梁不会侧向弯扭屈曲；组成梁的板件不会出现波状的局部屈曲。正常使用极限状态在钢梁的设计中主要考虑梁的刚度。设计时要求梁有足够的抗弯刚度，即在荷载标准值作用下，梁的最大扰度不大于规范规定的容许扰度。

5.2.1 受弯构件的强度

受弯构件在横向荷载作用下，截面上将产生弯矩和剪力。受弯构件的强度最主要的是抗弯强度，其次是抗剪强度，除此之外，在一些规定情形下，钢梁还应保证其局部承压应力和在复杂应力状态下的折算应力不超过《钢结构设计规范》(GB 50017—2003)规定的相应强度设计值。

1. 梁的抗弯强度

梁受弯时的应力-应变曲线与受拉时相似，屈服点也差不多，因此，在梁的强度计算中，仍然使用钢材是理想弹塑性体的假定。

当截面弯矩 M_x 由零逐渐加大时，截面中的应变始终符合平截面假定 [图 5 - 7(a)]，截面上、下边缘的应变最大，用 ε_{max} 表示。截面上的正应力发展过程可分为三个阶段。

1) 弹性工作阶段

当作用于梁上的弯矩 M_x 较小时，截面上最大应变 $\varepsilon_{max} \leqslant f_y/E$，梁全截面处于弹性工作阶段，应力与应变成正比，此时截面上的应力为直线分布。弹性工作的极限情况是 $\varepsilon_{max} = f_y/E$ [图 5 - 7(b)]，相应的弯矩为梁弹性工作阶段的最大弯矩，其值为：

$$M_{xe} = f_y W_{nx} \tag{5 - 1}$$

式中 W_{nx}——梁净截面对 x 轴的弯曲模量。

2) 弹塑性工作阶段

当弯矩 M_x 继续增加，最大应变 $\varepsilon_{max} < f_y/E$ 时，截面上、下各有一个高为 a 的区域，其应变 $\varepsilon_{max} \geqslant f_y/E$。由于钢材为理想的弹塑性体，所以这个区域的正应力恒等于

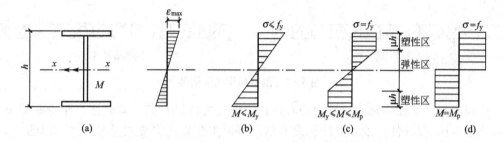

图 5-7　钢梁受弯时各阶段正应力的分布情况

f_y，为塑性区。然而，应变 $\varepsilon_{\max} \geqslant f_y/E$ 的中间部分区域仍保持为弹性，应力和应变成正比 ［图 5-7(c)］。

3）塑性工作阶段

当弯矩 M_x 再继续增加，梁截面的塑性区便不断向内发展，弹性核心不断减小。当弹性核心几乎完全消失 ［图 5-7(d)］ 时，弯矩 M_x 不再增加，而变形却继续发展，形成"塑性铰"，梁的承载能力达到极限。其最大弯矩为：

$$M_{xp} = f_y(S_{1nx} + S_{2nx}) = f_y W_{pnx} \tag{5-2}$$

式中　　S_{1nx}、S_{2nx}——中和轴以上、以下净截面对中和轴 x 的面积矩；

　　$W_{pnx} = (S_{1nx} + S_{2nx})$——净截面对 x 轴的塑性模量。

M_p 与 M_e 的比值为：

$$\gamma_F = M_p/M_e = W_{pn}/W_n \tag{5-3}$$

γ_F 值仅与截面的几何形状有关，而与材料的性质无关，称 γ_F 为截面形状系数。矩形截面 $\gamma_F = 1.5$；圆形截面 $\gamma_F = 1.7$；圆管截面 $\gamma_F = 1.27$；工字型截面对 x 轴 $\gamma_F = 1.10 \sim 1.17$，对 y 轴 $\gamma_F = 1.5$。一般截面的 γ_F 值如图 5-8 所示。

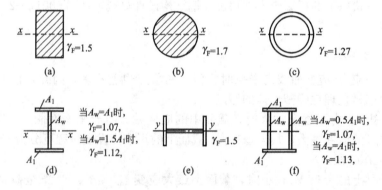

图 5-8　截面形状系数

通过上面的叙述可知，以梁截面的边缘屈服弯矩 M_{xe} 为最小，全塑性弯矩 M_{xp} 为最大，弹塑性弯矩则介乎两者之间。若记弹塑性弯矩 M_x 为 $f_y \gamma W$，则得：

$$W < \gamma W < \gamma_F W \quad \text{或} \quad 1.0 < \gamma < \gamma_F$$

γ 称为截面塑性发展系数，截面上塑性发展深度 μh 愈大，γ 也愈大；当全截面发展塑性时，$\gamma = \gamma_F$。

2. 抗弯强度计算

在计算梁的抗弯强度时，考虑截面塑性发展比不考虑显然要节省钢材。但若按截面形成塑性铰来设计，可能会使梁的挠度过大，受压翼缘过早失去局部稳定。因此，《钢结构设计规范》(GB 50017—2003)对承受静力荷载或间接承受动力荷载的简支梁，只是有限制地利用塑性发展，取塑性发展深度 $\mu \leqslant 0.125h$ [图 5-7(c)]。

这样，《钢结构设计规范》(GB 50017—2003)规定梁的抗弯强度按如下计算：

在弯矩 M_x 作用下：

$$\frac{M_x}{\gamma_x W_{nx}} \leqslant f \tag{5-4}$$

在弯矩 M_x 和 M_y 作用下：

$$\frac{M_x}{\gamma_x W_{nx}} + \frac{M_y}{\gamma_y W_{ny}} \leqslant f \tag{5-5}$$

式中　M_x、M_y——绕 x 轴和 y 轴的弯矩(对工字形截面，x 轴为强轴，y 轴为弱轴)。

　　　W_{nx}、W_{ny}——对 x 轴和 y 轴的净截面模量。

　　　γ_x、γ_y——截面塑性发展系数：对工字形截面，$\gamma_x = 1.05$，$\gamma_y = 1.20$；对箱形截面，$\gamma_x = \gamma_y = 1.05$；对其他截面，可按表 5-1 采用。

　　　f——钢材的抗弯强度设计值。

表 5-1　截面塑性发展系数 γ_x、γ_y

截面形式	γ_x	γ_y
		1.2
	1.05	1.05
	$\gamma_x = 1.05$	1.2
	$\gamma_x = 1.2$	1.05
	1.2	1.2
	1.15	1.15

（续）

截面形式		γ_x	γ_y
		1.0	1.05
			1.0

我国规范中还规定在下列两种情况下应取 $\gamma_x=\gamma_y=1.05$：一是当需计算疲劳时，二是当工字形截面受压翼缘板的自由外伸宽度与其厚度之比大于 $13\sqrt{235/f_y}$ 而不超过 $15\sqrt{235/f_y}$ 时（f_y 为钢材的屈服点，以 N/mm² 计）。之所以做这样的规定，其一是考虑到在塑性变形状态下对梁抵抗疲劳的性能目前还研究得不是很充分，为了可靠暂时做此规定；其二考虑到翼缘板的局部稳定要求，容许截面部分发展塑性变形，对翼缘板的宽厚比要求将较不考虑塑性变形时为严，因而当超过 $13\sqrt{235/f_y}$ 时规定按弹性工作阶段计算。

我国规范中还规定对不直接承受动力荷载的固端梁、连续梁等超静定梁，可采用塑性设计，容许截面上的应力状态进入塑性阶段，如图 5-7(d) 所示。此时该截面处形成了可以转动的塑性铰，此后，在超静定梁内即可产生内力重分布，直到梁段形成机构，梁即进入承载能力极限状态。在直接承受动力荷载时，以及在静定梁的设计中，我国规范规定不采用塑性设计。限于篇幅，本章今后涉及的梁的内容，都不是指塑性设计。

关于截面塑性发展系数，前已介绍我国规范中对其的取值规定，规定的主要考虑是限制截面上塑性变形发展的深度，使 $\mu h\leqslant h/8$ ［图 5-7(c)］，以免使梁产生过大的塑性变形而影响使用。表 5-1 中的规定实际上可归纳为如下 3 条：

（1）对截面为平翼缘板的一侧，取 $\gamma=1.05$；

（2）对无翼缘板的一侧，取 $\gamma=1.2$；

（3）对圆管边缘，取 $\gamma=1.15$。

例如图 5-9 中的几个截面，不必查表 5-1，利用上述(1)和(2)两条，就很易得到其 γ 值，见图中数字。

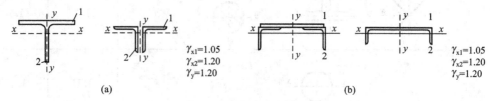

图 5-9　截面塑性发展系数示例

3. 梁的抗剪强度

一般情况下，梁既承受弯矩，同时又承受剪力。工字形和槽形截面梁腹板上的剪应力分布如图 5-10 所示，根据开口薄壁构件理论，截面上任一点在剪力 V 作用下的剪应力计算公式为：

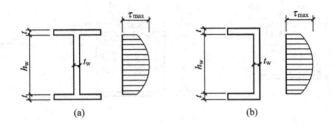

图 5-10 腹板剪应力

$$\tau = VS / I_x t_w \tag{5-6}$$

式中　V——计算截面沿腹板平面作用的剪力；

　　　S——计算剪应力处以上（或以下）毛截面对中和轴的面积矩；

　　　I_x——毛截面惯性矩；

　　　t_w——腹板厚度。

截面上的最大剪应力发生在腹板中和轴处。因此，在主平面受弯的实腹构件，其抗剪强度应按下式计算：

$$\tau = \frac{VS_x}{I_x t_w} \leqslant f_v \tag{5-7}$$

式中　S_x——中和轴以上毛截面对中和轴的面积矩；

　　　f_v——钢材的抗剪强度设计值。

当梁的抗剪强度不足时，最有效的办法是增大腹板的面积，但腹板高度 h_w 一般由梁的刚度条件和构造要求确定，故设计时常采用加大腹板厚度 t_w 的办法来增大梁的抗剪强度。

通常对于强度验算，一般都应采用净截面。而我国设计规范中规定式(5-7)中的 S_x 和 I_x 都用毛截面计算，这是因为两者都采用了毛截面影响计算结果不大的一种简化规定，目的是避免计算净截面的 S_x 和 I_x。一般情况下，梁的抗剪强度通常不是确定梁截面积的主要因素，因而采用近似公式计算梁腹板上的剪应力并不会影响梁的可靠性。

4. 局部承压强度

上面叙述了受弯构件的抗弯强度和抗剪强度，这两者在受弯构件的计算中通常都需进行验算。当梁的翼缘受有沿腹板平面作用的固定集中荷载（包括支座反力）且该荷载处又未设置支承加劲肋时〔图 5-11(a)〕，或受有移动的集中荷载（如吊车的轮压）时〔图 5-11(b)〕，应验算腹板计算高度边缘的局部承压强度。

在集中荷载作用下，梁翼缘板（在吊车梁中还应包括吊车轨道）类似于支承在腹板上的弹性地基梁，腹板边缘压应力分布如图 5-11(c)所示。为了简化计算，假定集中荷载从作用处以 1∶2.5(h_y 范围内)和 1∶1(h_R 范围内)向两侧扩散，均匀分布于腹板边缘，按这假定计算出的均布压应力 σ_c 与理论的局部压应力最大值接近。从而梁腹板计算高度 h_0 边缘处的局部压应力按下式验算：

$$\sigma_c = \frac{\psi F}{l_z t_w} \leqslant f \qquad (5-8)$$

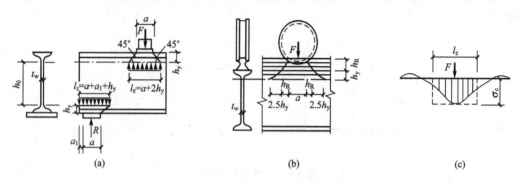

图 5-11　集中荷载作用下的梁

式中　F——集中荷载，对动力荷载应考虑动力系数。

ψ——集中荷载增大系数：对重级工作制吊车轮压，$\psi = 1.35$；对其他荷载，$\psi = 1.0$；

l_z——集中荷载在腹板计算高度边缘的应力分布长度。按照压力扩散原则，有跨中集中荷载，$l_z = a + 5h_y + 2h_R$；梁端支反力，$l_z = a + 2.5h_y + a_1$。

a——集中荷载沿梁跨度方向的支承长度，对吊车轮压可取为 50mm。

h_y——从梁承载的边缘到腹板计算高度边缘的距离。

h_R——轨道的高度，计算处无轨道时 $h_R = 0$。

a_1——梁端到支座板外边缘的距离，按实际取值，但不得大于 $2.5h_y$。

腹板的计算高度 h_0：对轧制型钢梁为腹板在与上、下翼缘相交处两内弧起点间的距离；对焊接组合梁，为腹板高度；对铆接（或高强度螺栓连接）组合梁，为上、下翼缘与腹板连接的铆钉（或高强度螺栓）线间的最近距离（图 5-11）。

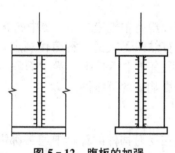

图 5-12　腹板的加强

当计算不能满足时，在固定集中荷载处（包括支座处），应对腹板用支承加劲肋予以加强（图 5-12），并对支承加劲肋进行计算；对移动集中荷载，则只能修改梁截面，加大腹板厚度。

5. 折算应力

在连续板梁的支座处或简支板梁翼缘截面改变处，腹板计算高度边缘常同时受到较大的正应力、剪应力和局部压应力，或同时受到较大的正应力和剪应力（图 5-11），使该点处在复杂应力状态。为此应按下式验算该点的折算应力：

$$\sqrt{\sigma^2 + \sigma_c^2 - \sigma\sigma_c + 3\tau^2} \leqslant \beta_1 f \qquad (5-9)$$

式中　σ、τ、σ_c——腹板计算高度同一点上同时产生的正应力、剪应力和局部压应力。σ 和 σ_c 以拉应力为正值，压应力为负值。考虑到需验算折算应力的部位只是梁的局部区域，设计强度予以提高，故式（5-9）中引入了大于 1

的强度设计值增大系数 β_1。当 σ 与 σ_c 异号时，其塑性变形能力高于 σ 与 σ_c 同号时，故规定 β_1 为：当 σ 与 σ_c 异号时，取 $\beta_1=1.2$；当 σ 与 σ_c 同号或 $\sigma_c=0$ 时，取 $\beta_1=1.1$。

5.2.2 受弯构件的刚度

梁的刚度计算属于正常使用极限状态问题，用荷载作用下的挠度 υ 的大小来度量，υ 可按工程力学的方法计算。梁的刚度不足，就不能保证正常使用。如楼盖梁的挠度超过正常使用的某一限值时，一方面给人们一种不舒服和不安全的感觉，另一方面可能使其上部的楼面及下部的抹灰开裂，影响结构的使用功能；吊车梁挠度过大，会加剧吊车运行时的冲击和振动，甚至使吊车运行困难等。因此，需对钢梁进行刚度验算，《钢结构设计规范》(GB 50017—2003)规定的刚度验算条件为：

$$\upsilon \leqslant [\upsilon] \tag{5-10}$$

式中　υ——由荷载标准值(不考虑荷载分项系数和动力系数)产生的最大挠度；

　　　$[\upsilon]$——梁的容许挠度值，对某些常用的受弯构件，规范根据实践经验规定的容许挠度值 $[\upsilon]$ 见附表 5-1。

5.3 受弯构件的整体稳定

5.3.1 概述

为了提高梁的抗弯强度，节省钢材，钢梁截面一般做成高而窄的形式，受荷方向刚度大，侧向刚度较小。如果梁的侧向支承较弱(比如仅在支座处有侧向支承)，梁的弯曲就会随荷载大小变化而呈现两种截然不同的平衡状态。

如图 5-13 所示的工字形截面梁，荷载作用在其最大刚度平面内。当截面弯矩 M_x 较小时，梁的弯曲平衡状态是稳定的。虽然外界各种因素会使梁产生微小的侧向弯曲和扭转变形，但外界影响消失后，梁仍能恢复原来的弯曲平衡状态。然而，当截面弯矩增大到某一数值(M_{cr})后，梁在向下弯曲的同时，将突然发生侧向弯曲和扭转变形而破坏，这种现象称之为梁的侧向弯扭屈曲(Overall Flexural - torsional Buckling)或整体失稳(Integral Instability)。梁维持其稳定平衡状态所承担的最大荷载或最大弯矩 M_{cr}，称为临界荷载(Critical Load)或临界弯矩(Critical Moment)。对于跨中无侧

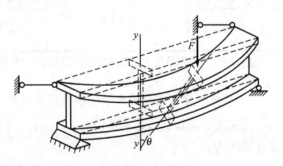

图 5-13　梁的整体失稳

向支承的中等或较大跨度的梁，其丧失整体稳定性时的临界弯矩往往低于按其抗弯强度确定的截面承载能力。因此，这些梁的截面大小也就往往由整体稳定性所控制。

5.3.2 梁在弹性阶段的临界弯矩

1. 双轴对称工字型截面简支梁在纯弯曲时的临界弯矩

当简支梁为双轴对称截面时，在不同荷载作用下，用弹性稳定理论，通过在梁失稳后的位置上建立平衡微分方程，求出梁整体失稳的临界弯矩计算式为：

$$M_{cr} = \frac{\pi^2 EI_y}{l^2} \sqrt{\frac{I_\omega}{I_y} \left(1 + \frac{l^2 GI_t}{\pi^2 EI_\omega} \right)} \qquad (5-11)$$

式中　$\pi^2 EI_y / l^2$——绕 y 轴屈曲的轴心受压构件欧拉公式。

由式(5-11)可见，影响纯弯曲下双轴对称工字形简支梁临界弯矩大小的因素包含了 EI_y、GI_t 和 EI_ω 三种刚度以及梁的侧向无支跨度 l。

对式(5-11)进行整理后可表示为：

$$M_{cr} = \frac{\pi}{l} \sqrt{EI_y GI_t} \sqrt{1 + \frac{\pi^2}{l^2} \frac{EI_\omega}{GI}} \qquad (5-12)$$

令：$\psi = \frac{E}{l^2 GI_t} I_\omega = \frac{E}{l^2 GI_t} \left(\frac{I_y h^2}{4} \right) = \left(\frac{h}{2l} \right)^2 \frac{EI_y}{GI_t}$，$k = \pi \sqrt{1 + \pi^2 \psi}$

则式(5-11)可表示为：

$$M_{cr} = \frac{k}{l} \sqrt{EI_y GI_t} \qquad (5-13)$$

式中　k——梁整体稳定屈曲系数，与作用于梁上的荷载类型有关，不同荷载类型 k 值列表于表 5-2；l 为钢梁无支跨度。

表 5-2　双轴对称工字型截面简支梁的整体稳定屈曲系数 k 值

荷载作用位置	荷载类型		
	M ⌣ M	q	P
截面行心上	$\pi \sqrt{1 + \pi^2 \psi}$	$1.13\pi \sqrt{1 + 10\psi}$	$1.35\pi \sqrt{1 + 10.2\psi}$
上、下翼缘上		$1.13\pi(\sqrt{1 + 11.9\psi} \mp 1.44\sqrt{\psi})$	$1.13\pi(\sqrt{1 + 12.9\psi} \mp 1.74\sqrt{\psi})$

注：表中"－"号用于荷载作用于上翼缘，"＋"号用于荷载作用于下翼缘。

2. 单轴对称工字型截面梁受横向荷载时的临界弯矩

当简支梁为单轴对称截面时(图 5-14)，在不同荷载作用下，用能量法求得的临界弯矩计算式为：

$$M_{cr} = C_1 \frac{\pi^2 EI_y}{l_0^2} \left[C_{2a} + C_3 \beta_y + \sqrt{(C_{2a} + C_3 \beta_y)^2 + \frac{I_\omega}{I_y} \left(1 + \frac{GI_t l^2}{\pi^2 EI_\omega} \right)} \right] \qquad (5-14)$$

式中　C_1、C_2、C_3——荷载类型系数，值见表 5-3。

　　　　β_y——截面特征系数，当截面为双轴对称时，$\beta_y = 0$；当截面为单轴对称时

$$\beta_y = \frac{1}{2I_x}\int_A y(x^2+y^2)\mathrm{d}A - y_0.$$

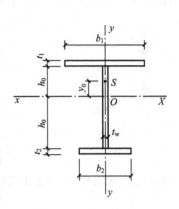

图 5-14 单轴对称截面

y_0——剪力中心的纵坐标，$y_0 = -(I_1h_1 - I_2h_2)/I_y$。

I_1、I_2——受压翼缘、受拉翼缘对 y 轴的惯性矩。

a——荷载在截面上的作用点与剪力中心之间的距离，当荷载作用点在剪力中心以下时，取正值，反之取负值。

$l_0 = \mu l_1$ 为梁的侧向计算长度，l_1 为钢梁无支跨度，μ 为侧向计算长度系数，见表 5-3。

由式(5-14)可见弯矩沿梁长分布越均匀，M_{cr} 越小；荷载在截面上的作用点位置越低，M_{cr} 越大；较大翼缘受压(拉)时 $\beta_y > 0 (< 0)$，M_{cr} 提高(减小)。

表 5-3 两端简支钢梁侧向扭转屈曲临界弯矩分析式(5-14)相关系数

项次	荷载类型	梁端对 y 轴转动约束情况	μ	C_1	C_2	C_3
1	跨中作用一个集中荷载	没约束	1.0	1.35	0.55	0.41
		完全约束	0.5	1.07	0.42	
2	满跨均布荷载	没约束	1.0	1.13	0.45	0.53
		完全约束	0.5	0.97	0.29	
3	纯弯曲	没约束	1.0	1.0	0	1.0
		完全约束	0.5	1.0	0	1.0

3. 影响钢梁整体稳定的主要因素

根据分析式(5-13)、式(5-14)以及表 5-3 中梁整体稳定屈曲系数取值情况，不难发现，影响钢梁临界弯矩大小的主要因素有：

(1) 梁侧向无支承长度或受压翼缘侧向支承点的间距 l。l 愈小，则整体稳定性能愈好，临界弯矩值愈高。

(2) 梁截面的尺寸，包括各种惯性矩。惯性矩 I_y、I_t 和 I_ω 愈大，则梁的整体稳定性能就好，特别是梁的受压翼缘宽度 b_1 的加大，还可使式(5-14)中的 β_y 加大，因而可大大提高梁的整体稳定性能。

(3) 梁端支座对截面的约束。支座如能提供对截面 y 轴的转动约束，梁的整体稳定性能可大大提高。由表 5-3 可知，当对 y 轴为固定端时，$\mu = 0.5$，亦即可使梁的临界弯矩提高近 3 倍。支座如能提供对 x 轴的转动约束，对临界弯矩的提高也有作用。

(4) 荷载性质。假设梁的两端为简支，荷载均作用在截面的剪切中心处〔此时式(5-14)中的 $a = 0$〕，梁截面形状为双轴对称工字形且尺寸一定，由式(5-14)可见此时临界弯矩 M_{cr} 的大小就只取决于系数 C_1。表 5-3 显示：三种典型荷载情形下，纯弯曲(弯矩图为矩形)C_1 为最小，跨度中点的一个集中荷载(弯矩图形为一等腰三角形)的 C_1 为最大，满跨均布荷载(弯矩图形为一抛物线)的 C_1 居中。

（5）沿梁截面高度方向的荷载作用点位置。作用点位置不同，临界弯矩也因之而异。荷载作用于梁的上翼缘时，式（5-14）中 a 值为负，临界弯矩将降低；荷载作用于下翼缘时，a 值为正，临界弯矩将提高。由图 5-15 也可以看出，当荷载作用在梁的上翼缘时，荷载对梁截面的转动有加大作用，因而会降低梁的稳定性能；反之则会提高梁的稳定性能。

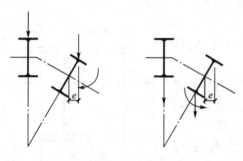

图 5-15　荷载作用点位置不同对梁稳定的影响

（6）钢梁的初始缺陷影响。上述分析均未考虑工程中实际钢梁存在的初始缺陷，事实上，钢梁的残余应力、初弯曲、加载存在的初偏心也会降低弯扭失稳的稳定承载力。

5.3.3 《钢结构设计规范》关于梁整体稳定性计算的规定

1. 钢梁整体稳定性计算

若要保证梁不丧失整体稳定性，应使梁所承受的弯矩 M_x 小于临界弯矩 M_{cr} 除以抗力分项系数 γ_R，即：$M_x \leqslant M_{cr}/\gamma_R$。

写成应力表达式为：

$$\sigma = \frac{M_x}{W_x} \leqslant \frac{M_{cr}}{W_x} \frac{1}{\gamma_R} = \frac{\sigma_{cr}}{\gamma_R} = \frac{\sigma_{cr}}{f_y} \frac{f_y}{\gamma_R} = \varphi_b f \tag{5-15}$$

式中　φ_b——梁的整体稳定系数，表达式为：

$$\varphi_b = \sigma_{cr}/f \tag{5-16}$$

式（5-15）也可写为：

$$\frac{M_x}{\varphi_b W_x} \leqslant f \tag{5-17}$$

当为双向受弯时，梁整体稳定性计算式为：

$$\frac{M_x}{\varphi_b W_x} + \frac{M_y}{\gamma_y W_y} \leqslant f \tag{5-18}$$

式（5-17）和式（5-18）为《钢结构设计规范》（GB 50017—2003）采用的钢梁整体稳定性计算公式。

若采用式（5-14）来求临界弯矩，再用式（5-16）求 φ_b，计算较烦琐。《钢结构设计规范》（GB 50017—2003）通过简化处理后给出的等截面焊接工字形和轧制 H 型钢简支梁 φ_b 的计算式为：

$$\varphi_b = \beta_b \frac{4320}{\lambda_y^2} \times \frac{Ah}{W_x} \left[\sqrt{1 + \left(\frac{\lambda_y t_1}{4.4h} \right)^2} + \eta_b \right] \frac{235}{f_y} \tag{5-19}$$

$$\alpha_b = I_1/(I_1 + I_2)$$

式中　β_b——等效临界弯矩系数，其值见附表 4-1。

λ_y——梁在侧向支承点间对 y 轴的长细比，回转半径按毛截面计算。

h、t_1——梁截面全高和受压翼缘厚度。

η_b——截面不对称影响系数。双轴对称的工字形截面：$\eta_b=0$；加强受压翼缘的工形截面：$\eta_b=0.8(2\alpha_b-1)$；加强受拉翼缘的工字形截面 $\eta_b=2\alpha_b-1$。

I_1、I_2——受压和受拉翼缘对 y 轴的惯性矩。

由式(5-19)可见，对加强受压翼缘的工字形截面，η_b 为正值，将使 φ_b 加大；而加强受拉翼缘的工字形截面，η_b 为负值，将使 φ_b 减小。可见，采用加强受压翼缘的工字形截面更有利于提高梁的整体稳定性。

式(5-19)是按照弹性工作阶段导出的，当考虑残余应力影响时，可取比例极限 $f_p=0.6f_y$。因此，当用式(5-19)算得的稳定系数 $\varphi_b>0.6$ 时，梁已进入弹塑性工作阶段，根据理论与试验研究，应按式(5-20)算出与 φ_b 相应的 φ_b' 值，来代替梁整体稳定计算式中的 φ_b 值。

$$\varphi_b'=1.07-0.282/\varphi_b\leqslant1 \qquad (5-20)$$

对于轧制普通工字型简支梁的整体稳定系数 φ_b，可由附表4-2直接查得。当查得的 φ_b 值大于 0.6 时，同样应以式(5-20)求出的 φ_b' 值代替 φ_b 值。

双轴对称工字形等截面(含 H 型钢)悬臂梁的 φ_b 可按式(5-19)计算，但 β_b 应按附表4-3查得，$\lambda y=l_1/i_y$(l_1 为悬臂梁的悬伸长度)。当求得的 $\varphi_b>0.6$ 时，应按式(5-20)算得相应的 φ_b' 值代替 φ_b 值。

热轧槽钢简支梁的 φ_b 值的计算式为：

$$\varphi_b=\frac{570bt}{l_1h}\times\frac{235}{f_y} \qquad (5-21)$$

式中 h、b、t——截面总高、翼缘宽度和平均厚度。

当 $\varphi_b>0.6$ 时，也应按式(5-20)求出 φ_b' 代替 φ_b。

2. 不需要验算整体稳定性的情形

《钢结构设计规范》(GB 50017—2003)规定符合下列情况之一的钢梁可不计算其整体稳定性：

(1) 有铺板(各种钢筋混凝土板和钢板)密铺在梁的受压翼缘上并与其牢固相接，能阻止梁受压翼缘的侧向位移时。

(2) 工字形截面简支梁受压翼缘的自由长度 l_1 与其宽度 b_1 之比不超过表5-4所规定的数值时。对跨中无侧向支承点的梁，l_1 为其跨度；对跨中有侧向支承点的梁，l_1 为受压翼缘侧向支承点间的距离(梁的支座处视为侧向支承点)。如图5-16所示，梁受压翼缘的跨中侧向连有支承，可以作为其侧向不动支承点，则 l_1 为梁的跨度的1/3。

表5-4 H型钢或工字形截面简支梁不需计算整体稳定性的最大 l_1/b_1 值

钢号	跨中无侧向支撑点的梁		跨中受压翼缘有侧向支撑点的梁无论荷载作用于何处
	荷载作用在于上翼缘	荷载作用于下翼缘	
Q235	13.0	20.0	16.0
Q345	10.5	16.5	13.0
Q390	10.0	15.5	12.5
Q420	9.5	15.0	12.0

（3）对于箱形截面梁（图 5 - 17），只要截面尺寸满足 $h/b_0 \leqslant 6$，$l_1/b_1 \leqslant 95\sqrt{235/f_y}$，梁就不会丧失整体稳定。

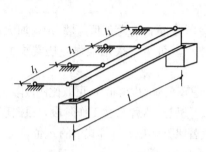

图 5 - 16　侧向有支承点的梁

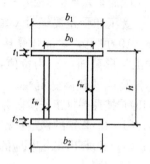

图 5 - 17　箱形截面梁

3. 梁整体稳定系数 φ_b 的近似计算

受均布弯矩作用的梁，当 $\lambda_y \leqslant 120\sqrt{235/f_y}$ 时，其整体稳定性系数 φ_b 可按下列近似公式计算。

1）工字形截面

（1）截面双轴对称时：

$$\varphi_b = 1.07 - \frac{\lambda_y^2}{44000} \times \frac{f_y}{235} \tag{5 - 22}$$

（2）截面单轴对称时：

$$\varphi_b = 1.07 - \frac{W_{1x}}{(2\alpha_b + 0.1)Ah} \times \frac{\lambda_y^2}{44000} \times \frac{f_y}{235} \tag{5 - 23}$$

式中　W_{1x}——截面最大受压纤维的毛截面抵抗扭。

2）T 形截面（弯矩作用在对称轴平面，绕 x 轴）

（1）弯矩使翼缘受压时：

① 双角钢组成的 T 形截面：

$$\varphi_b = 1 - 0.0017\lambda_y\sqrt{f_y/235} \tag{5 - 24}$$

② 部分 T 形钢和两块钢板组合的 T 形截面：

$$\varphi_b = 1 - 0.0022\lambda_y\sqrt{f_y/235} \tag{5 - 25}$$

（2）弯矩使翼缘受拉且腹板高厚比 $\leqslant 18\sqrt{235/f_y}$ 时：

$$\varphi_b = 1 - 0.0005\lambda_y\sqrt{f_y/235} \tag{5 - 26}$$

式（5 - 22）～式（5 - 26）中的 φ_b 值已考虑了非弹性屈曲问题。因此，当算得的 $\varphi_b > 0.6$ 时，不需要再换算成 φ_b' 值。当算得的 $\varphi_b > 1.0$ 时，取 $\varphi_b = 1.0$。

实际工程中能满足上述 φ_b 近似计算公式条件的梁很少见，因此，它们很少用于梁的整体稳定性计算。这些近似公式主要用于压弯构件在弯矩作用平面外的整体稳定计算，可使计算简化。

当梁的整体稳定性计算不满足要求时，可采取增加侧向支承或加大梁的尺寸（以增加受压翼缘宽度最有效）等办法予以解决。无论梁是否需要计算整体稳定性，梁的支座处均应采取构造措施阻止端面发生扭转。

【例 5-1】 某焊接工字形截面简支梁，跨度 $l=12\text{m}$，跨度中间无侧向支承。跨度中点上翼缘处承受一集中静力荷载标准值 P_k，其中：永久荷载占 20%，可变荷载占 80%。钢材采用 Q235B 钢。已选定两个截面如图 5-18 所示：图(a)为双轴对称截面，图(b)为单轴对称截面。两者的总截面积和梁高均相等。求此两截面的梁各能承受的集中荷载标准值 P_k（梁自重略去不计），设 P_k 由梁的整体稳定性和抗弯强度控制。

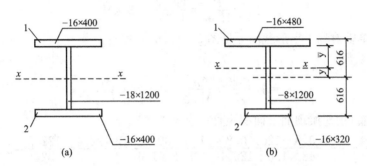

图 5-18 同面积与梁高的两个截面焊接工字形梁截面

解：（1）当为双轴对称工字形截面 [图 5-17(a)] 时，梁所能承受的集中荷载大小将由其整体稳定性条件来控制。

整体稳定性系数

$$\varphi_b=\beta_b\frac{4320}{\lambda_y^2}\cdot\frac{Ah}{W_x}\sqrt{1+\left(\frac{\lambda_y t_1}{4.4h}\right)^2}$$

截面惯性矩

$$I_x=\frac{1}{12}\times0.8\times120^3+2\times40\times1.6\times60.8^2=588370\text{cm}^4$$

$$I_y=2\times\frac{1}{12}\times1.6\times40^3=17067\text{cm}^4$$

截面模量 $\qquad W_x=\frac{2I_x}{h}=\frac{2\times588370}{123.2}=9551\text{cm}^3$

截面积 $\qquad A=2\times40\times1.6+120\times0.8=224\text{cm}^2$

回转半径 $\qquad i_y=\sqrt{\frac{I_y}{A}}=\sqrt{\frac{17067}{224}}=8.73\text{cm}$

侧向长细比 $\qquad \lambda_y=\frac{l_1}{i_y}=\frac{1200}{8.73}=137.5$

参数 $\qquad \xi=\frac{l_1 t_1}{b_1 h}=\frac{1200\times1.6}{40\times123.2}=0.390<2.0$

查附表 4-1 得梁整体稳定等效弯矩系数

$$\beta_b=0.73+0.18\xi=0.73+0.18\times0.390=0.800$$

故 $\qquad \varphi_b=0.800\times\dfrac{4320}{137.5^2}\times\dfrac{224\times123.2}{9551}\sqrt{1+\left(\dfrac{137.5\times1.6}{4.4\times123.2}\right)^2}$

$$=0.8\times0.713=0.570<0.60$$

此截面梁能承受的弯矩设计值为

$$M_x=\varphi_b=fW_x=0.57\times215\times9551\times10^3\times10^{-6}=1170.5\text{kN}\cdot\text{m}$$

集中荷载设计值为

$$P = \frac{4M_x}{l} = \frac{4 \times 1170.5}{12} = 390.2\text{kN}$$

因

$$P = 1.2(0.2P_k) + 1.4(0.8P_k) = 1.36P_k$$

故此梁能承受的跨中集中荷载标准值为

$$P_k = \frac{P}{1.36} = \frac{390.2}{1.36} = 287\text{kN}$$

（2）当为单轴对称工字形截面 [见图 5-17(b)] 时。

整体稳定系数

$$\varphi_b = \beta b \frac{4320}{\lambda_y^2} \cdot \frac{Ah}{W_x} \left[\sqrt{1 + \left(\frac{\lambda_y t_1}{4.4h} \right)^2} + \eta_b \right]$$

形成轴位置（由对梁顶面求面积矩直接求 y_1）

$$y_1 = \frac{48 \times 1.6 \times 0.8 + 120 \times 0.8 \times 61.6 + 32 \times 1.6 \times 122.4}{48 \times 1.6 + 120 \times 0.8 + 32 \times 1.6} = \frac{12242}{224} = 54.65\text{cm}$$

惯性矩

$$I_x = 48 \times 1.6 \times 53.85^2 + \frac{1}{3} \times 0.8 \times 53.05^3 + \frac{1}{3} \times 0.8 \times 66.95^3 + 32 \times 1.6 \times 67.75^2$$

$$= 577555\text{cm}^4$$

$$I_y = I_1 + I_2 = \frac{1}{12} \times 1.6 \times 48^3 + \frac{1}{12} \times 1.6 \times 32^3 = 14746 + 4369 = 19115\text{cm}^4$$

梁截面对受压翼缘的截面模量

$$W_{1x} = \frac{I_x}{y_1} = \frac{577555}{54.65} = 10568\text{cm}^3$$

截面积

$$A = 224\text{cm}^2$$

回转半径

$$i_y = \sqrt{\frac{I_y}{A}} = \sqrt{\frac{19115}{224}} = 9.24\text{cm}$$

侧向长细长

$$\lambda_y = \frac{1200}{9.24} = 129.9$$

参数

$$\xi \frac{l_1 t_1}{b_1 h} = \frac{1200 \times 1.6}{48 \times 123.2} = 0.325 < 2.0$$

$$a_b = \frac{I_1}{I_1 + I_2} = \frac{14746}{19115} = 0.771 < 0.8$$

查附表 4-1 得

$$\beta_b = 0.73 + 0.18\xi = 0.73 + 0.18 \times 0.325 = 0.789$$

截面不对称影响系数

$$\eta_b = 0.8(2a_b - 1) = 0.8(2 \times 0.771 - 1) = 0.434$$

故

$$\varphi_b = 0.789 \times \frac{4320}{129.9^2} \times \frac{224 \times 123.2}{10568} \left[\sqrt{1 + \left(\frac{129.9 \times 1.6}{4.4 \times 123.2} \right)^2} + 0.434 \right]$$

$$= 0.794 > 0.60$$

应换算成

$$\varphi_b' = 1.07 - \frac{0.282}{0.794} = 0.715$$

按整体稳定性条件此梁能承受的弯矩设计值为

$$M_x = \varphi_b' f W_{1x} = 0.715 \times 215 \times 10568 \times 10^3 \times 10^{-6} = 1625 \text{kN} \cdot \text{m}$$

对加强受压翼缘的单轴对称工字形截面，还需计算按受拉翼缘抗弯强度梁所能承受的弯矩设计值

$$\gamma_x = 1.0 \left(\text{因} \frac{b_1 - t_w}{2t_1} = \frac{480 - 8}{2 \times 16} = 14.75 > 13 \right)$$

$$W_{2x} = \frac{I_x}{h - y_1} = \frac{577555}{123.2 - 54.65} = 8425 \text{cm}^3$$

$$M_x = \gamma_x f W_{2x} = 1.0 \times 215 \times 8425 \times 10^3 \times 10^{-6} = 18114 \text{kN} \cdot \text{m} > 1625 \text{kN} \cdot \text{m}$$

因此，本题梁所能承受的集中荷载由梁的整体稳定性条件所控制。

能承受的集中荷载设计值为

$$P = \frac{4M_x}{l} = \frac{4 \times 1625}{12} = 541.7 \text{kN}$$

能承受的集中荷载标准值为

$$P_k = \frac{P}{1.36} = \frac{541.7}{1.36} = 398 \text{kN}$$

比较上述计算结果，两梁截面积和截面高度均相同，加强受压翼缘的单轴对称截面梁所能承受的集中荷载标准值比双轴对称截面梁大 38.7%，但 I_x 约降低 2%（即挠度值将比双轴对称截面梁增加约 2%）。

5.4 受弯构件的局部稳定和加劲肋设计

5.4.1 受弯构件的局部稳定

在进行钢梁的截面设计时，考虑强度，腹板宜既高又薄；考虑整体稳定，翼缘宜既宽又薄。与轴心受压构件类似，在荷载作用下，受压翼缘和腹板有可能发生波形屈曲（图 5 - 19），称为梁丧失局部稳定（Local Stability）性。梁丧失局部稳定性后，会恶化构件的受力性能，使梁的强度承载力和整体稳定性降低。

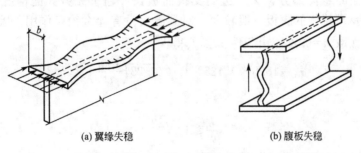

(a) 翼缘失稳　　　　　　　　　(b) 腹板失稳

图 5 - 19　梁的局部失稳

热轧型钢由于轧制条件，其板件宽厚比较小，都能满足局部稳定要求，不需要计算。对冷弯薄壁型钢梁的受压或受弯板件，宽厚比不超过规定的限值时，认为板件全部有效；当超过此限制时，则只考虑一部分宽度有效（称为有效宽度），应按现行《冷弯薄壁型钢结构技术规范》(GB 50018—2002)计算。

本节主要叙述一般钢结构组合梁中翼缘和腹板的局部稳定。

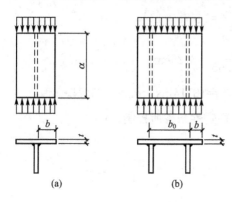

图 5-20　钢梁受压翼缘板

1. 梁受压翼缘的局部稳定

梁的受压翼缘板主要受均布压应力作用（图 5-20）。为了充分发挥材料强度，翼缘的合理设计是采用一定厚度的钢板，让其临界应力 σ_{cr} 不低于钢材的屈服点 f_y，从而使翼缘不丧失稳定。一般采用限制宽厚比的办法来保证梁受压翼缘板的稳定性。

根据弹性稳定理论，单向均匀受压板的临界应力可用下式表达：

$$\sigma_{cr} = k\chi \frac{\pi^2 E}{12(1-\nu^2)}\left(\frac{t}{b}\right)^2 \qquad (5-27)$$

式中　t——板的厚度；

b——板的宽度；

ν——钢材的泊松比；

k——屈曲系数；

χ——弹性嵌固系数。

将 $E=206\times10^3\,\text{N/mm}^2$ 和 $\nu=0.3$ 代入得：

$$\sigma_{cr} = 18.6k\chi\left(\frac{100t}{b}\right)^2 \qquad (5-28)$$

对不需要验算疲劳的梁，按规定用式(5-4)和式(5-5)计算其抗弯强度时，已考虑塑性部分伸入截面，因而整个翼缘板已进入塑性，但在和压应力相垂直的方向，材料仍然是弹性的。这种情况属正交异性板，其临界应力的精确计算比较复杂。一般可在式(5-27)中用 $\sqrt{\eta}E$ 代替 $E(\eta\leqslant1$，为切线模量 E_t 与弹性模量 E 之比)来考虑这种弹塑性的影响。同理得：

$$\sigma_{cr} = 18.6k\chi\sqrt{\eta}\left(\frac{100t}{b}\right)^2 \qquad (5-29)$$

受压翼缘板的悬伸部分，为三边简支板而板长 a 趋于无穷大的情况，其屈曲系数 $k=0.425$。支承翼缘板的腹板一般较薄，对翼缘板没有什么约束作用，因此取弹性约束系数 $\chi=1.0$。如取 $\eta=0.25$，由条件 $\sigma_{cr}\geqslant f_y$ 得：

$$\sigma_{cr} = 18.6\times0.425\times1.0\sqrt{0.25}\left(\frac{100t}{b}\right)^2\geqslant f_y \qquad (5-30)$$

则：

$$\frac{b}{t}\leqslant13\sqrt{\frac{235}{f_y}} \qquad (5-31)$$

当梁在绕强轴的弯矩 M_x 作用下的强度按弹性设计（即取 $\gamma_x=1.0$）时，b/t 值可放宽为：

$$\frac{b}{t} \leqslant 15\sqrt{\frac{235}{f_y}} \tag{5-32}$$

箱形梁翼缘板（图 5-17）在两腹板之间的部分，相当于四边简支单向均匀受压板，其 $k=4.0$。在式（5-29）中，令 $\chi=1.0$，$\eta=0.25$，由 $\sigma_{cr} \geqslant f_y$ 得：

$$\frac{b_0}{t} \leqslant 40\sqrt{\frac{235}{f_y}} \tag{5-33}$$

2. 腹板的局部稳定

梁腹板的受力状态较为复杂，如承受均布荷载作用的简支梁，在靠近支座的腹板区段以承受剪应力 τ 为主，跨中的腹板区段则以承受弯曲应力 σ 为主。当梁承受较大集中荷载时，腹板还承受局部承压应力 σ_c 作用。在梁腹板的某些板段，可能受 σ、τ 和 σ_c 共同作用。因此，应按不同受力状态来分析板段的临界应力。

（1）腹板纯弯曲状态下的临界应力。

纯弯曲状态下的四边支承板屈曲状态如图 5-21(a) 所示。在弹性阶段，板的临界应力采用式（5-27）进行计算，但 χ 和屈曲系数 k 取值不同。《钢结构设计规范》（GB 50017—2003）对钢梁受压翼缘扭转受到约束和未受到约束分别取 $\chi=1.66$ 和 $\chi=1.23$。纯弯曲状态的四边简支板屈曲系数值 k 如图 5-21(b) 所示。把 χ 值、$k_{min}=23.9$、$E=2.06 \times 10^5 \, \text{N/mm}^2$ 和 $\upsilon=0.3$ 代入式（5-27）可得到临界应力 σ_{cr} 为：

受压翼缘扭转受到约束时

$$\sigma_{cr} = 737(100t_w/h_0)^2 \tag{5-34a}$$

受压翼缘扭转未受到约束时

$$\sigma_{cr} = 547(100t_w/h_0)^2 \tag{5-34b}$$

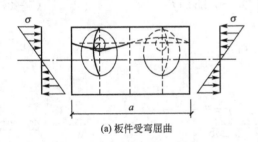

(a) 板件受弯屈曲

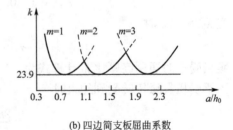

(b) 四边简支板屈曲系数

图 5-21　板的纯弯曲状态屈曲

由式（5-34）可知，腹板高度 h_0 对 σ_{cr} 的影响很大，而板段长度 a 对 σ_{cr} 影响不大。故设计时常采用设纵向加劲肋的办法改变板段高度来提高腹板纯弯曲状态下的稳定性能，如图 5-22(b) 所示。

为了使各种牌号钢筋可用同一公式，引入腹板受弯时通用高厚比 λ_b，则：

$$\lambda_b = \sqrt{f_y/\sigma_{cr}} \tag{5-35}$$

临界应力 σ_{cr} 可表示为：

$$\sigma_{cr} = f_y/\lambda_b^2 \tag{5-36}$$

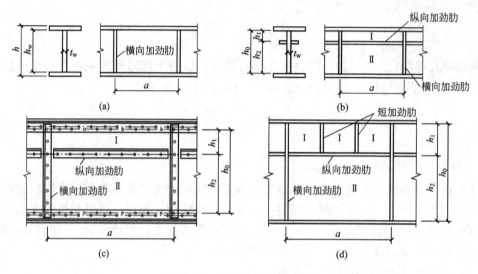

图 5 - 22 腹板加劲肋的布置

钢梁整体稳定计算时弹性界限为 $0.6f_y$，由式(5-35)可得弹性范围为 $\lambda_b > 1.29$。考虑腹板局部屈曲受残余应力的影响没有整体屈曲时受残余应力的影响大，《钢结构设计规范》(GB 50017—2003)把弹性范围扩大为 $\lambda_b \geqslant 1.25$。由式(5-35)可得塑性范围 $\lambda_b = 1.0$。考虑存在残余应力和几何缺陷，把塑性范围缩小到 $\lambda_b \leqslant 0.85$。$0.85 < \lambda_b \leqslant 1.25$ 为弹塑性范围，临界应力与 λ_b 的关系采用直线过渡。腹板纯弯时的临界应力 σ_{cr} 计算公式为：

当 $\lambda_b \leqslant 0.85$ 时

$$\sigma_{cr} = f \tag{5-37a}$$

当 $0.85 < \lambda_b \leqslant 1.25$ 时

$$\sigma_{cr} = [1 - 0.75(\lambda_b - 0.85)]f \tag{5-37b}$$

当 $\lambda_b > 1.25$ 时

$$\sigma_{cr} = 1.1f/\lambda_b^2 \tag{5-37c}$$

腹板受弯时通用高厚比 λ_b 计算式为：

当梁受压翼缘扭转受到约束时

$$\lambda_b = \frac{2h_c/t_w}{177}\sqrt{\frac{f_y}{235}} \tag{5-38a}$$

当梁受压翼缘扭转未受到约束时

$$\lambda_b = \frac{2h_c/t_w}{153}\sqrt{\frac{f_y}{235}} \tag{5-38b}$$

式中　h_c——梁腹板受压区高度，双面对称截面 $h_c = h_0/2$。

保证腹板在边缘屈服前不发生屈曲的条件为 $\sigma_{cr} \geqslant f_y$，依此腹板应满足：

当梁受压翼缘扭转受到约束时

$$\frac{h_0}{t_w} \leqslant 177\sqrt{\frac{235}{f_y}} \tag{5-39a}$$

当梁受压翼缘扭转未受到约束时

$$\frac{h_0}{t_w} \leqslant 153\sqrt{\frac{235}{f_y}} \qquad (5-39\text{b})$$

（2）腹板在纯剪力状态下的临界应力。

纯剪力状态下的四边支承板如图 5-23 所示。腹板在弹性阶段的临界应力 τ_{cr} 仍可采用式(5-27)的形式来表示为：

$$\tau_{cr} = \frac{\chi k \pi^2 E}{12(1-v^2)}\left(\frac{t_w}{h_0}\right)^2 \qquad (5-40)$$

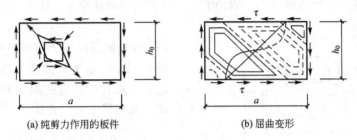

（a）纯剪力作用的板件　　　　　（b）屈曲变形

图 5-23　板件纯剪状态屈曲

屈曲系数 k 计算式为：

$a/h_0 \leqslant 1$ 时

$$k = 4.0 + 5.34(h_0/a)^2 \qquad (5-41\text{a})$$

$a/h_0 > 1$

$$k = 5.34 + 4.0(h_0/a)^2 \qquad (5-41\text{b})$$

腹板受剪时通用高厚比 λ_s 为：

$$\lambda_s = \sqrt{f_{v_y}/\tau_{cr}} \qquad (5-42)$$

通常取剪切比例极限与剪切屈服强度 f_{v_y} 之比为 0.8，引入几何缺陷影响系数 0.9，则弹性范围起始于 $\lambda_s=1.2$。取 $\chi=1.24$，与弯曲状态类似，《钢结构设计规范》(GB 50017—2003)给出的临界应力 τ_{cr} 的计算式为：

当 $\lambda_s \leqslant 0.8$ 时

$$\tau_{cr} = f_v \qquad (5-43\text{a})$$

当 $0.8 < \lambda_s \leqslant 1.2$ 时

$$\tau_{cr} = [1-0.59(\lambda_s-0.8)]f_v \qquad (5-43\text{b})$$

当 $\lambda_s > 1.2$ 时

$$\tau_{cr} = 1.1f_v/\lambda_s^2 \qquad (5-43\text{c})$$

腹板受剪时通用高厚比 λ_s 计算式为：

$a/h_0 \leqslant 1$ 时

$$\lambda_s = \frac{h_0/t_w}{41\sqrt{4+5.34(h_0/a)^2}}\sqrt{\frac{f_y}{235}} \qquad (5-44\text{a})$$

$a/h_0 > 1$ 时

$$\lambda_s = \frac{h_0/t_w}{41\sqrt{5.34+4(h_0/a)^2}}\sqrt{\frac{f_y}{235}} \qquad (5-44\text{b})$$

由式(5-44)可见，减小 a 值可提高 τ_{cr}。设计时常采用设横向加劲肋（图5-21a）的办法，减小 a 值，提高 τ_{cr} 值。

当不设横向加劲肋时，可近似按 $a/h_0 \rightarrow \infty$ 代入式(5-41b)，可得 $k=5.43$，取 $\tau_{cr}=f_{v_y}$，则 $\lambda_s \leqslant 0.8$，由式(5-40)可得腹板在纯剪状态下不设横向加劲肋时，腹板不丧失稳定性应满足的条件：

$$\frac{h_0}{t_w} \leqslant 75.8 \sqrt{\frac{235}{f_y}} \tag{5-45}$$

考虑钢梁腹板中平均剪应力一般小于 f_{v_y}，《钢结构设计规范》（GB 50017—2003）把限值取为 $80\sqrt{235/f_y}$。

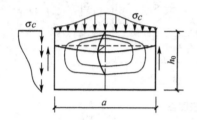

图5-24 板件在局部压应力作用下的屈曲

（3）在局部承压应力作用下的临界应力。

图5-24所示为局部压力作用下腹板的屈曲状态。屈曲时，在板的纵向和横向都出现一个半波，其临界应力 $\sigma_{c,cr}$ 为：

$$\sigma_{c,cr} = \frac{\chi k \pi^2 E}{12(1-v^2)} \left(\frac{t_w}{h_0}\right)^2 \tag{5-46}$$

对于四边简支板，理论分析得出的屈曲系数 k 可以近似表示为：

当 $0.5 \leqslant \dfrac{a}{h_0} \leqslant 1.5$ 时

$$k = \left(4.5\frac{h_0}{a} + 7.4\right)\frac{h_0}{a} \tag{5-47a}$$

当 $1.5 \leqslant \dfrac{a}{h_0} \leqslant 2.0$ 时

$$k = \left(11 - 0.9\frac{h_0}{a}\right)\frac{h_0}{a} \tag{5-47b}$$

《钢结构设计规范》（GB 50017—2003）取嵌固系数：

$$\chi = 1.81 - 0.255\frac{h_0}{a} \tag{5-48}$$

与前同理，腹板在局部承压应力作用下临界应力计算式为：

当 $\lambda_c \leqslant 0.9$ 时

$$\sigma_{c,cr} = f \tag{5-49a}$$

当 $0.9 < \lambda_c \leqslant 1.2$ 时

$$\sigma_{c,cr} = [1 - 0.79(\lambda_c - 0.9)]f \tag{5-49b}$$

当 $\lambda_c > 1.2$ 时

$$\sigma_{c,cr} = 1.1f/\lambda_c^2 \tag{5-49c}$$

式中 λ_c——腹板受局部承压应力作用时通用高厚比，计算式为：

当 $0.5 < a/h_0 \leqslant 1.5$ 时

$$\lambda_c = \frac{h_0/t_w}{28\sqrt{10.9 + 13.4(1.83 - a/h_0)^3}}\sqrt{\frac{f_y}{235}} \tag{5-50a}$$

当 $1.5 < a/h_0 \leqslant 2.5$ 时

$$\lambda_c = \frac{h_0/t_w}{28\sqrt{18.9-5a/h_0}}\sqrt{\frac{f_y}{235}} \tag{5-50b}$$

对于 $\sigma_c \neq 0$ 的梁,《钢结构设计规范》(GB 50017—2003)要求 $a/h_0 \leqslant 2.0$。当 $a > h_0 = 2.0$ 时,局部压应力作用下的腹板在强度破坏之前不发生失稳的条件为 $\sigma_{c,cr} \geqslant f_y$,可得腹板应满足的条件为:

$$\frac{h_0}{t_w} \leqslant 75.2\sqrt{\frac{235}{f_y}} \tag{5-51}$$

与纯剪状态同理,《钢结构设计规范》(GB 50017—2003)把限值取为 $80\sqrt{235/f_y}$。

(4) 在几种应力共同作用下腹板屈曲的临界条件。

在几种应力共同作用下腹板发生屈曲时,常以相关方程的形式来表示其临界条件,其表达式如下。

① 弯曲应力和剪应力共同作用下,如图 5-25(a)所示,计算式为:

$$\left(\frac{\sigma}{\sigma_{cr}}\right)^2 + \left(\frac{\tau}{\tau_{cr}}\right)^2 = 1 \tag{5-52}$$

② 弯曲应力、剪应力和顶部局部承压应力共同作用下,如图 5-25(b)所示,计算式为:

$$\left(\frac{\sigma}{\sigma_{cr}} + \frac{\sigma_c}{\sigma_{c,cr}}\right)^2 + \left(\frac{\tau}{\tau_{cr}}\right)^2 = 1 \tag{5-53}$$

③ 双向均匀压应力和剪应力共同作用下,如图 5-25(c)所示,计算式为:

$$\frac{\sigma}{\sigma_{cr}} + \frac{\sigma_c}{\sigma_{c,cr}} + \left(\frac{\tau}{\tau_{cr}}\right)^2 = 1 \tag{5-54}$$

以上各式中,σ、σ_c 和 τ 分别为板段边缘上受到的弯曲应力、局部压应力和剪应力;σ_{cr}、$\sigma_{c,cr}$ 和 τ_{cr} 分别为纯弯曲、局部承压应力单独作用和纯剪时板的临界应力。

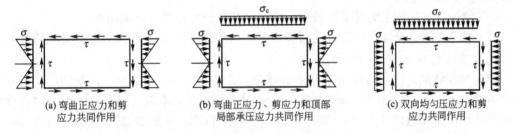

(a) 弯曲正应力和剪 应力共同作用　　(b) 弯曲正应力、剪应力和顶部 局部承压应力共同作用　　(c) 双向均匀压应力和剪 应力共同作用

图 5-25　腹板承受几种应力的共同作用

5.4.2　腹板的局部稳定计算

前面分析了钢梁腹板在不同应力状态下的腹板屈曲临界应力,我国《钢结构设计规范》(GB 50017—2003)对于钢梁腹板的局部稳定的计算根据钢梁受力性质的不同,采用不同的处理方式:对于承受静力荷载或间接承受动力荷载的组合梁,规范允许腹板在构件整体失稳之前屈曲,考虑其屈曲后强度进行设计验算;对于直接承受动力荷载的吊车梁和类似构件以及按塑性设计的梁和不考虑其屈曲后强度的组合梁,以腹板的屈曲为承载能力的极限状态。下面介绍不利用腹板屈曲后强度时,腹板加劲肋的设计方法。

1. 加劲肋的种类与作用

通过对腹板临界应力的分析可知，增加腹板厚度或是设计腹板加劲肋是提高腹板稳定性的有效措施，从经济效果上讲，后者是最佳的处理方式。

常用的加劲肋形式有横向加劲肋、纵向加劲肋和短加劲肋三种，如图 5-22 所示。横向加劲肋主要用于防止有剪应力和局部应力作用可能引起的腹板失稳，纵向加劲肋主要用于防止由弯曲应力可能引起的腹板失稳，短加劲肋主要防止由局部压应力可能引起的腹板失稳。当集中荷载作用处设有支承加劲肋时，将不再考虑集中荷载对腹板产生的局部压应力作用，即取 $\sigma_c = 0$。

2. 梁腹板加劲肋的设置原则与构造要求

依据《钢结构设计规范》(GB 50017—2003)的规定，对不考虑腹板屈曲后强度的组合钢梁，应按以下原则布置腹板加劲肋，并计算各板段的稳定性。

(1) 当 $h_0/t_w \leqslant 80\sqrt{235/f_y}$ 时，对有局部压应力的梁，应按构造配置横向加劲肋 [图 5-22(a)]，但对 $\sigma_c = 0$ 的梁，可不配置加劲肋。

(2) 当 $h_0/t_w > 80\sqrt{235/f_y}$ 时，应按计算配置横向加劲肋 [图 5-22(a)]。

(3) 当 $h_0/t_w > 170\sqrt{235/f_y}$(受压翼缘扭转受到约束，如连有刚性铺板、制动板或焊有钢轨时)或 $h_0/t_w > 150\sqrt{235/f_y}$(受压翼缘扭转未受到约束时)或按计算需要时，应在弯矩较大区格的受压区增加配置纵向加劲肋 [图 5-22(b)、(c)]。局部压应力很大的梁，必要时尚宜在受压区配置短加劲肋 [图 5-22(d)]。

任何情况下，h_0/t_w 均不应超过 $250\sqrt{235/f_y}$。

以上叙述中，h_0 称为腹板计算高度，对焊接梁 h_0 等于腹板高度 h_w；对铆接梁为腹板与上、下翼缘连接铆钉的最近距离 [图 5-22(c)]。对单轴对称梁，第(3)款中的 h_0 应取腹板受压区高度 h_c 的 2 倍。

(4) 梁的支座处和上翼缘受有较大固定集中荷载处宜设置支承加劲肋。

(5) 对于按塑性设计方法设计的超静定梁，为了保证塑性变形的充分发展，其腹板的高厚比应满足 $h_0/t_w \leqslant 72\sqrt{235/f_y}$。

横向加劲肋的间距 a 应满足下列构造要求：$a \geqslant 0.5h_0$。一般情况下，$a \leqslant 2h_0$；无局部压力的梁，当 $h_0/t_w \leqslant 100$ 时，$a \leqslant 2.5h_0$；同时还设纵向加劲肋时，$a \leqslant 2h_2$。纵向加劲肋至腹板计算高度受压边缘的距离 h_1 应在 $h_0/2.5 \sim h_0/2$ 范围内。短加劲肋的间距 $a \geqslant 0.75h_1$。

当不满足上述不需配置加劲肋的条件时，需先按照上述要求进行加劲肋的布置。横向加劲肋宜设置在固定集中荷载作用处，通常间距相等，且应满足构造要求。然后对各区格进行验算、调整，直至满足《钢结构设计规范》(GB 50017—2003)的要求，且经济合理为止。

3. 设置腹板加劲肋时梁腹板的局部稳定计算

《钢结构设计规范》(GB 50017—2003)采用了考虑弹塑性特性的多种应力共同作用时的临界条件，按下列要求计算腹板稳定性。

(1) 仅配置横向加劲肋的腹板 [图 5-22(a)]，其各区格的局部稳定应满足的要求为：

$$\left(\frac{\sigma}{\sigma_{cr}}\right)^2 + \left(\frac{\tau}{\tau_{cr}}\right)^2 + \frac{\sigma_c}{\sigma_{c,cr}} \leqslant 1 \qquad (5-55)$$

式中 σ——所计算腹板区格内，由平均弯矩产生的腹板计算高度边缘的弯曲压应力；

τ——所计算腹板区格内，由平均剪应力产生的腹板平均剪应力，$\tau = V/(h_0 t_w)$；

σ_c——腹板计算高度边缘的局部压应力，$\sigma_c = F/(t_w l_z)$；

σ_{cr}、τ_{cr}、$\sigma_{c,cr}$——各种应力单独作用下的临界应力，分别按式(5-37)、式(5-43)和式(5-49)计算。

(2) 同时用横向加劲肋和纵向加劲肋加强的腹板 [图5-22(b)]，其局部稳定性应满足的要求为：

① 受压翼缘与纵向加劲肋之间的区格：

$$\frac{\sigma}{\sigma_{cr1}} + \left(\frac{\tau}{\tau_{cr1}}\right)^2 + \left(\frac{\sigma_c}{\sigma_{c,cr1}}\right)^2 \leqslant 1 \qquad (5-56)$$

其中，σ_{cr1}、σ_c 和 τ_{cr1} 分别按下列方法计算。

σ_{cr1} 按式(5-37)计算，但式中的 λ_b 改用下列 λ_{b1} 代替。

当梁受压翼缘扭转受到约束时

$$\lambda_{b1} = \frac{h1}{75t_w}\sqrt{\frac{f_y}{235}} \qquad (5-57a)$$

当梁受压翼缘扭转未受到约束时

$$\lambda_{b1} = \frac{h_1}{64t_w}\sqrt{\frac{f_y}{235}} \qquad (5-57b)$$

式中 h_1——纵向加劲肋至腹板计算高度受压边缘的距离。

τ_{cr1} 按式(5-43)计算，将式(5-47)中的 h_0 改为 h_1。$\sigma_{c,cr1}$ 按式(5-49)计算，但式中的 λ_b 改用下列 λ_{c1} 代替。

当梁受压翼缘扭转受到约束时

$$\lambda_{c1} = \frac{h_1}{56t_w}\sqrt{\frac{f_y}{235}} \qquad (5-58a)$$

当梁受压翼缘扭转未受到约束时

$$\lambda_{c1} = \frac{h_1}{40t_w}\sqrt{\frac{f_y}{235}} \qquad (5-58b)$$

② 受拉翼缘与纵向加劲肋之间的区隔：

$$\left(\frac{\sigma_2}{\sigma_{cr2}}\right)^2 + \left(\frac{\tau}{\tau_{cr2}}\right)^2 + \frac{\sigma_{c2}}{\sigma_{c,cr2}} \leqslant 1 \qquad (5-59)$$

式中 σ_2——所计算区格内由平均弯矩产生的腹板在纵向加劲肋处的弯曲压应力；

σ_{c2}——腹板在纵向加劲肋处得横向压应力，取为 $0.3\sigma_c$。

σ_{cr2} 按式(5-37)计算，但式中的 λ_b 用 λ_{b2} 代替，λ_{b2} 的计算式为：

$$\lambda_{b2} = \frac{h_2}{194t_w}\sqrt{\frac{f_y}{235}} \qquad (5-60)$$

τ_{cr2} 按式(5-43)计算，但应将式中的 h_0 改为 h_2($h_2 = h_0 - h_1$)。

$\sigma_{c,cr2}$ 按式(5-49)计算，但式中的 h_0 改为 h_2。当 $a/h_2 > 2$ 时，取 $a/h_2 = 2$。

(3) 在受压翼与纵向加劲肋之间设有短劲肋的区格 [图5-22(d)]，其局部稳定性性按式(5-56)计算，其中 σ_{cr1} 按式(5-37)计算，但式中的 λ_b 采用式(5-57)计算；τ_{cr1} 按式(5-43)计算，但计算时应将 h_0 和 a 改为 h_1 和 a_1（短加劲肋的间距）；$\sigma_{c,cr1}$ 按式(5-49)计算，但式中的 λ_c 改用下列 λ_{c1} 代替。

当梁受压翼缘扭转受到约束时

$$\lambda_{c1}=\frac{a_1}{87t_w}\sqrt{\frac{f_y}{235}} \tag{5-61a}$$

当梁受压翼缘扭转未受到约束时

$$\lambda_{c1}=\frac{a_1}{73t_w}\sqrt{\frac{f_y}{235}} \tag{5-61b}$$

对于 $a_1/h_1>1.2$ 的区格，式(5-61)右侧应乘以 $1/\sqrt{0.4+0.5a_1/h_1}$。

4. 腹板中间加劲肋设计

腹板中间加劲肋指专为加强腹板局部稳定性而设置的纵、横向加劲肋。中间加劲肋一般在腹板两侧成对配置，除重级工作制吊车梁外，也可单侧配置。加劲肋大多采用钢板制作，也可用型钢做成，如图5-26所示。加劲肋必须具有足够的抗弯刚度，以保证腹板屈曲时在该处基本无出平面的位移。加劲肋截面设计时应满足下列要求：

(1) 在腹板两侧成对配置的钢板横向加劲肋［图5-26(a)］，其截面尺寸应符合下列公式要求：

外伸宽度

$$b_s\geqslant\frac{h_0}{30}+40 \tag{5-62}$$

厚度

$$t_s\geqslant\frac{b_s}{15} \tag{5-63}$$

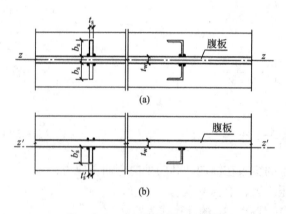

图 5-26 腹板中间横向加劲肋

(2) 仅在腹板一侧配置的钢板横向加劲肋［图5-26(b)］，其外伸宽度应大于按式(5-62)算得的数值的1.2倍，厚度应满足式(5-63)的要求。采用 $b'_s=1.2b_s$，为的是使与两侧配置时有基本相同的刚度。在腹板两侧成对配置的加劲肋，其惯性矩应按梁腹板的中心 $z—z$ 轴进行计算。在腹板单侧配置的加劲肋，其惯性矩应按与加劲肋相连的腹板表面轴线［图5-26(b)］中的 $z'—z'$ 轴线进行计算（以下将讲述的对纵向加劲肋截面惯性矩的要求，其计算均同此规定）。

(3) 在同时用横向加劲肋和纵向加劲肋加强的腹板中，应在其相交处将纵向加劲肋断开，横向加劲肋保持连续。横向加劲肋的截面尺寸除应满足上述要求外，其绕 z 轴（图5-25）的惯性矩还应满足：

$$I_z\geqslant3h_0t_w^3 \tag{5-64}$$

纵向加劲肋的截面绕 y 轴的惯性矩应满足下列要求：

当 $\dfrac{a}{h_0} \leqslant 0.85$ 时 $\qquad I_y \geqslant 1.5 h_0 t_w^3$ (5-65)

当 $\dfrac{a}{h_0} > 0.85$ 时 $\qquad I_y \geqslant \left(2.5 - 0.45 \dfrac{a}{h_0}\right)\left(\dfrac{a}{h_0}\right)^2 h_0 t_w^3$ (5-66)

（4）当配置有短加劲肋时，其短加劲肋的外伸宽度应取为横向加劲肋外伸宽度的 0.7～1.0 倍，厚度不应小于短加劲肋外伸宽度的 1/15。

（5）用型钢做成的加劲肋，其截面相应的惯性矩不得小于上述对于钢板加劲肋惯性矩的要求。

为了减少焊接应力，避免焊缝的过分集中，横向加劲肋的端部应切去宽约 $b_s/3$（但 $\leqslant$ 40mm），高约 $b_s/2$（但 $\leqslant$ 60mm）的斜角（图 5-27），以使梁的翼缘焊缝连续通过。在纵向加劲肋与横向加劲肋相交处，应将纵向加劲肋两端切去相应的斜角，使横向加劲肋与腹板连接的焊接连续通过。

吊车梁横向加劲肋的宽度应 $\geqslant$ 90mm。支座处的横向加劲肋应在腹板两侧成对设置，并与梁上下翼缘刨平顶紧。中间横向加劲肋的上端应与上翼腹板两侧成对设置，而中、轻级工作制吊车梁则可单侧设置或两侧错开设置。焊接吊车梁的下端一般在距受拉翼缘 10～50mm 处断开（图 5-27），其与腹板的连接焊缝不应在肋下端起落弧，以改善梁的抗疲劳性能。

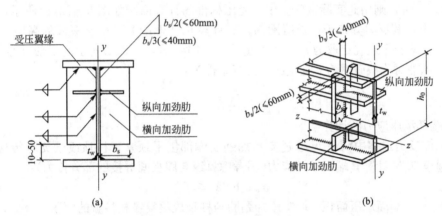

图 5-27 梁腹板加劲肋

5. 支承加劲肋的设计

在组合梁承受较大的固定集中荷载 R 处（包括梁的支座处），常需设置支承加劲肋以传递此集中荷载至梁的腹板。支承加劲肋必须同时具有加强腹板局部稳定性的中间横向加劲肋的作用，因此，对横向加劲肋的截面要求满足式（5-62）、式（5-63）的规定。此外，支承加劲肋必须在腹板两侧成对配置，不应单侧配置。图 5-28 所示为支承加劲肋的设置。

支承加劲肋截面的计算主要包含两个内容：①按承受集中荷载或支座反力的轴心受压构件计算其在腹板平面外的稳定性；②按所承受集中荷载或支座反力进行加劲肋端部承压截面或连接的计算：如端部为刨平顶紧时，应计算其端部承压应力并在施工图纸上注明刨平顶紧的部位；如端部为焊接时，应计算其焊缝应力。此外，还需计算加劲肋与腹板的角焊缝连接，但通常算得的焊脚尺寸很小，往往由构造要求 h_{fmin} 控制。

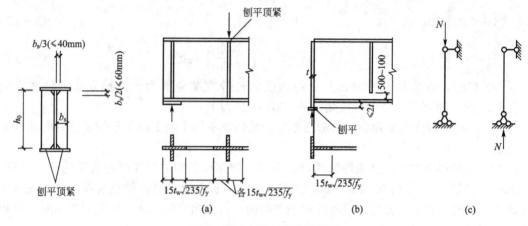

图 5 - 28　支承加劲肋的设置

1）按轴心受压构件计算腹板平面外的稳定性

当支承加劲肋在腹板平面外屈曲时，必带动部分腹板一起屈曲，因而支承加劲肋的截面除加劲肋本身截面外还可计入与其相邻的部分腹板的截面。我国设计规范规定，取加劲肋每侧 $15t_w\sqrt{235/f_y}$ 范围内的腹板，如图 5 - 28 所示，当加劲肋一侧的腹板实际宽度小于 $15t_w\sqrt{235/f_y}$ 时，则用此实际宽度。中心受压构件的计算简图如图 5 - 28(c) 所示，在集中力 R 作用下，其反力分布于杆长范围内，其计算长度理论上可小于腹板的高度 h_0，我国设计规范中偏安全地规定取为 h_0。求稳定系数 φ 时，图 5 - 28(a) 所示的双轴对称截面为 b 类截面，单轴对称截面属为 c 类截面。验算条件为：

$$\frac{N}{\varphi A_s}\leqslant f$$

2）端部承压应力的计算

当支座反力或集中荷载 N 通过支承加劲肋端部刨平顶紧于柱顶或梁翼缘传递时，通常按传递全部 N 计算其端面承压应力（不考虑翼缘与腹板间焊接的部分传力）：

$$\sigma_{ce}=F/A_{ce}\leqslant f_{ce} \tag{5-67}$$

式中　A_{ce}——端面承压面积，取支承加劲肋与柱顶成梁翼缘相接触的面积；

　　　f_{ce}——钢材端面承压强度设计值，由钢材抗拉强度标准值 f_u 除以抗力分项系数 γ_R 而得。

当集中荷载较小时，支承加劲肋和翼缘间也可不刨平顶紧，而靠焊缝传力。

3）支承加劲肋与钢梁的角焊缝连接

该连接按下式进行计算：

$$\frac{N}{0.7h_f\sum l_w}\leqslant f_f^w \tag{5-68}$$

焊脚尺寸 h_f 应满足构造要求：$h_f\geqslant h_{fmin}=1.5\sqrt{t}$，$t$ 为加劲肋厚度与腹板厚度两者中的较大值。在确定每条焊缝长度 l_w 时，要扣除加劲肋端部的切角长度。因焊缝所受内力可看作沿焊缝全长均布，故不必考虑 l_w 是否大于限值 $60h_f$。

【例 5 - 2】　钢梁的受力如图 5 - 29(a) 所示（设计值），梁截面尺寸和加劲肋布置如图 5 - 29(d) 和 (e) 所示，在离支座 1.5m 处梁翼缘的宽度改变一次（280mm 变为 140mm），钢材为 Q235 钢。试进行梁腹板稳定性计算和加劲肋的设计。

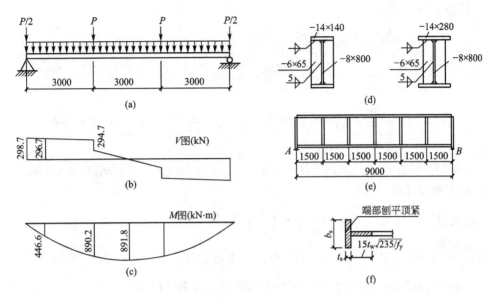

图 5-29 例 5-2 图

解：（1）梁的内力和截面特性的计算。

经计算，梁所受的弯矩 M 和剪力 V 如图 5-29(b)和(c)所示。

支座附近截面的惯性矩：$I_{x1}=9.91\times10^8\,\text{mm}^4$

跨中附近截面的惯性矩：$I_{x2}=1.64\times10^9\,\text{mm}^4$

（2）加劲肋的布置。

$$\frac{h_0}{t_w}=\frac{800}{8}=100>80\sqrt{235/f_y} \quad 需设横向加劲肋$$

$$\frac{h_0}{t_w}=100<150\sqrt{235/f_y} \quad 不需设纵向加劲肋$$

因为 1/3 跨处有集中荷载，所以该处应设置支承加劲肋，又横向加劲肋的最大间距为 $2.5h_0=2.5\times800=2000\text{mm}$，故最后取横向加劲肋的间距为 1500mm，布置如图 5-29(e) 所示。

（3）区格①的局部稳定验算。

① 区格所受应力：

区格两边的弯矩：

$$M_1=0, \quad M_2=298.7\times15-\frac{1}{2}\times1.32\times1.5^2=446.6\text{kN}\cdot\text{m}$$

区格所受正应力：

$$\sigma=\frac{M_1+M_2}{2}\cdot\frac{y_1}{I_x}=\frac{1}{2}(0+446.6\times10^6)\times\frac{400}{9.91\times10^8}=90.2\text{N/mm}^2$$

区格两边的剪力：

$$V_1=298.7\text{kN}, \quad V_2=298.7-1.32\times1.5=296.7\text{kN}$$

区格所受剪应力：

$$\tau=\frac{V_1+V_2}{2}\cdot\frac{1}{h_w t_w}=\frac{1}{2}\frac{(298.7+296.7)\times10^3}{800\times8}=46.5\text{N/mm}^2$$

② 区格的临界应力。

$$\lambda_b = \frac{h_0/t_w}{153}\sqrt{\frac{f_y}{235}} = \frac{100}{153} = 0.653 < 0.85 \qquad \sigma_{cr} = f = 215\text{N/mm}^2$$

$$\frac{a}{h_0} = \frac{1500}{800} = 1.875 > 1.0$$

$$\lambda_s = \frac{h_0/t_w}{41\sqrt{5.34+4(h_0/a)^2}}\sqrt{\frac{f_y}{235}} = \frac{100}{41\sqrt{5.34+4(800/1500)^2}} = 0.958$$

因为 $0.8 < 0.958 < 1.0$，所以

$$\tau_{cr} = [1-0.59(\lambda_s-0.8)]f_v = [1-0.59(0.958-0.8)] \times 125 = 113.3\text{N/mm}^2$$

③ 局部稳定计算。

验算条件为：

$$\left(\frac{\sigma}{\sigma_{cr}}\right)^2 + \left(\frac{\tau}{\tau_{cr}}\right)^2 + \frac{\sigma_c}{\sigma_{c,cr}} \leqslant 1.0$$

即 $\left(\dfrac{90.2}{215}\right)^2 + \left(\dfrac{46.5}{113.3}\right)^2 + 0 = 0.352 < 1.0$，满足要求。

（4）其他区格的局部稳定验算与区格①的类似，详细过程略。

（5）横向加劲肋的截面尺寸和连接焊缝。

$$b_s \geqslant \frac{h_0}{30} + 40 = \frac{800}{30} + 40 = 66.7\text{mm}, \quad \text{采用 } b_s = 65\text{mm} \approx 66.7\text{mm}$$

$$t_s \geqslant \frac{b_s}{15} = \frac{65}{15} = 4.33\text{mm}, \quad \text{采用 } t_s = 6\text{mm}$$

这里选用 $b_s = 65\text{mm}$，主要是使加劲肋外边缘不超过翼缘板的边缘，见图 5-29（d）。加劲肋与腹板的角焊缝连接，按构造要求确定：

$$h_f \geqslant 1.5\sqrt{t} = 1.5\sqrt{8} = 4.24\text{mm}, \quad \text{采用 } h_f = 5\text{mm}。$$

（6）支座处支承加劲肋的设计。

采用突缘式支承加劲肋，如图 5-29（e）所示。

① 按端面承压强度试选加劲肋厚度。

已知 $f_{ce} = 325\text{N/mm}^2$，支座反力为：$N = \dfrac{3}{2} \times 292.8 + \dfrac{1}{2} \times 1.32 \times 9 = 445.1\text{kN}$

$b_s = 14\text{mm}$（与翼缘板等宽），则需要：$t_s \geqslant \dfrac{N}{b_s \cdot f_{ce}} = \dfrac{445.1 \times 10^3}{140 \times 325} = 9.78\text{mm}$

考虑到支座支承加劲肋是主要传力构件，为保证梁在支座处有较强的刚度，取加劲肋厚度与梁翼缘板厚度大致相同，采用 $t_w = 12\text{mm}$。加劲肋端面刨平顶紧，突缘伸出板梁下翼缘底面的长度为 20mm，小于构造要求 $2t_s = 24\text{mm}$。

② 按轴心受压构件验算加劲肋在腹板平面外的稳定。

支承加劲肋的截面积，见图 5-29（f），

$$A_s = b_s t_s + 15 t_w^2 \sqrt{\frac{235}{f_y}} = 140 \times 12 + 15 \times 8^2 \times 1 = 2.64 \times 10^3\text{mm}^2$$

$$I_z = \frac{1}{12} t_s b_s^3 = \frac{1}{12} \times 12 \times 140^3 = 2.74 \times 10^6\text{mm}^4$$

$$i_z = \sqrt{\frac{I_z}{A_z}} = \sqrt{\frac{2.74 \times 10^6}{2.64 \times 10^4}} = 32.2\text{mm}$$

$$\lambda_z = \frac{h_0}{i_z} = \frac{800}{32.2} = 24.8$$

查附表 3-5(适用于 Q235 钢，c 类截面)得轴心受压稳定 $\varphi = 0.935$

$$\frac{N}{\varphi A_s} = \frac{445.1 \times 10^3}{0.935 \times 2.64 \times 10^3} = 180.3 \text{N/mm}^2 < f = 215 \text{N/mm}^2, \quad \text{满足要求。}$$

③ 加劲肋与腹板的角焊缝连接计算。

$$\sum l_w = 2(h_0 - 2h_f) \approx 2(800 - 10) = 1580 \text{mm}$$

$$f_f^w = 160 \text{N/mm}^2$$

则需要：$h_f \geqslant \dfrac{N}{0.7 \sum l_w \cdot f_f^w} = \dfrac{445.1 \times 10^3}{0.7 \times 1580 \times 160} = 2.5 \text{mm}$

构造要求：$h_{fmin} = 1.5\sqrt{t_s} = 1.5\sqrt{12} = 5.2 \text{mm}$，采用 $h_f = 6 \text{mm}$。

5.5 考虑腹板屈曲后强度的组合梁设计

前面讲过，我国《钢结构设计规范》(GB 50017—2003)在处理钢梁腹板稳定问题时针对钢梁受荷性质的不同，采取了不同的处理方法：对于直接承受动力荷载的吊车梁或类似构件，通过控制腹板的高厚比、设置腹板加劲肋等方式保证腹板的局部稳定；对承受静力荷载或间接承受动力荷载的组合梁，其腹板可以考虑屈曲后强度(Post Buckling Strength)，可仅在支座处和固定集中荷载处设置支承加劲肋，即使其高厚比超过 $170\sqrt{235/f_y}$，也可以只设置横向加劲肋。本节介绍我国规范规定的实用计算方法。

5.5.1 腹板屈曲后的抗剪承载力 V_u

对于有较强侧向支撑的板，凸曲后板的中面会产生薄膜效应，从而会产生薄膜应力。如果在板的一个方向有外力作用而凸曲时，在另一个方向的薄膜应力会对它产生支持作用，从而增强板的抗弯刚度，进而提高板的强度，这种屈曲后的强度提高称为屈曲后强度。

简支梁的腹板设计有横向加劲肋时，加劲肋与翼缘即为腹板的侧向支撑板。腹板一旦受剪产生屈曲，腹板沿一个斜方向因受斜向压力而呈波浪鼓曲，不能继续承受斜向压力，但在另一方向则因薄膜张力作用而可继续受拉，腹板张力场中拉力的水平分力和竖向分力需由翼缘板和加劲肋承受，此时板梁的作用犹如一桁架，翼缘板相当于桁架的上、下弦杆，横向加劲肋相当于其竖腹杆，而腹板的张力场则相当于桁架的斜腹杆，如图 5-30所示。

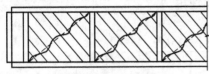
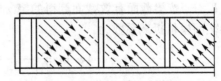

(a) 屈曲后形成的波浪变形   (b) 张力场状态的桁架机制

图 5-30 梁受剪屈曲后形成的桁架机制

腹板屈曲后的抗剪承载力应为屈曲剪力与张力场剪力之和。根据理论和试验研究，抗剪承载力设计值 V_u 可用下列公式计算：

当 $\lambda_s \leqslant 0.8$ 时

$$V_u = h_0 t_w f_v \tag{5-69a}$$

当 $0.8 < \lambda_s \leqslant 1.2$ 时

$$V_u = h_0 t_w f_v [1 - 0.5(\lambda_s - 0.8)] \tag{5-69b}$$

当 $\lambda_s > 1.2$ 时

$$V_u = h_0 t_w f_v / \lambda_s^{1.2} \tag{5-69c}$$

式中 λ_s——用于抗剪计算的腹板通用高厚比。

$$\lambda_s = \sqrt{\frac{f_y}{\tau_{cr}}} = \frac{h_0 / t_w}{41\sqrt{\beta}}\sqrt{\frac{f_y}{235}} \tag{5-70}$$

当 $a/h_0 \leqslant 1.0$ 时，$\beta = 4 + 5.34(h_0/a)^2$；当 $a/h_0 > 1.0$ 时，$\beta = 5.34 + 4(h_0/a)^2$。如果只设置支承加劲肋而使 a/h_0 甚大时，则可取 $\beta = 5.34$。

5.5.2 腹板屈曲后的抗弯承载力 M_u

腹板屈曲后考虑张力场的作用，抗剪承载力有所提高，但由于弯矩作用下腹板受压区屈曲后使梁的抗弯承载力有所下降（不过下降很少），我国规范采用了近似计算公式来计算梁的抗弯承载力。

采用有效截面的概念，假定腹板受压区有效高度为 ρh_c，等分在 h_c 的两端，中部则扣去 $(1-\rho)h_c$ 的高度，梁的中和轴也有下降。现假定腹板受拉区与受压区同样扣去此高度 [图 5-31(d)]，这样中和轴可不变动，计算较为简便。

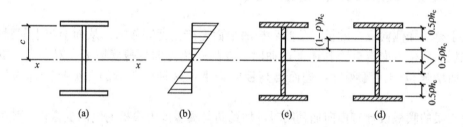

图 5-31 梁截面模量折减系数的计算

腹板截面如图 5-31(d)所示时，梁截面惯性矩为（忽略孔洞绕本身轴惯性矩）：

$$I_{xe} = I_x - 2(1-\rho)h_c t_w \left(\frac{h_c}{2}\right)^2 = I_x - \frac{1}{2}(1-\rho)h_c^3 t_w$$

式中 I_x——按梁截面有效截面算得的绕 x 轴的惯性矩。

梁截面模量折减系数为：

$$\alpha_e = \frac{W_{xe}}{W_x} = \frac{I_{xe}}{I_x} = 1 - \frac{(1-\rho)h_c^3 t_w}{2I_x} \tag{5-71}$$

式(5-71)是按双轴对称截面塑性发展系数 $\gamma_x = 1.0$ 得出的偏安全的近似公式，也可用于 $\gamma_x = 1.05$ 和单轴对称截面。

梁的抗弯承载力设计值为：

$$M_{eu} = \gamma_x \alpha_e W_x f \tag{5-72}$$

式(5-71)中的有效高度系数 ρ，与计算局部稳定中临界应力 σ_{cr} 一样以通用高厚比 $\lambda_b = \sqrt{f_y/\sigma_{cr}}$ 作为参数，也分为三个阶段，分界点也与计算 σ_{cr} 相同。

当 $\lambda_b \leqslant 0.85$ 时

$$\rho = 1.0 \tag{5-73a}$$

当 $0.85 < \lambda_b \leqslant 1.25$ 时

$$\rho = 1 - 0.82(\lambda_b - 0.85) \tag{5-73b}$$

当 $\lambda_b > 1.25$ 时

$$\rho = (1 - 0.2/\lambda_b)/\lambda_b \tag{5-73c}$$

通用高厚比仍按局部稳定计算中式(5-43)计算。

当 $\rho = 1.0$ 时，$\alpha_e = 1$ 截面全部有效。

任何情况下，以上公式中的截面数据 W_x、I_x 以及 h_e 均按截面全部有效计算。

5.5.3 考虑腹板屈曲后强度的梁的计算式

在横向加劲肋之间的腹板各区段，通常承受弯矩和剪力的共同作用。我国规范采用的剪力 V 和弯矩 M 的计算式为：

当 $M/M_f \leqslant 1.0$ 时

$$V \leqslant V_u \tag{5-74a}$$

当 $V/V_u \leqslant 0.5$ 时

$$M \leqslant M_{eu} \tag{5-74b}$$

其他情况，

$$\left(\frac{V}{0.5V_u} - 1\right)^2 + \frac{M - M_f}{M_{eu} - M_f} \leqslant 1.0 \tag{5-75}$$

式中　M、V——所计算区格内同一截面处梁的弯矩和剪力设计值 [式(5-75)是梁的强度计算公式，不能像计算腹板稳定那样取为区格内的弯矩平均值和剪力平均值]；

$\quad\quad M_{eu}$、V_u——M 或 V 单独作用时由式(5-44)和式(5-41)计算的承载力设计值；

$\quad\quad M_f$——梁两翼缘所承担的弯矩设计值；对双轴对称截面梁，$M_f = A_f h_f f$（此处 A_f 为一个翼缘截面积；h_f 为上、下翼缘轴线间距离）；对单轴对称截面梁，$M_f = \left(A_{f1}\dfrac{h_1^2}{h_2} + A_{f2}h_2\right)f$（此处 A_{f1}、h_1 为一个翼缘截面面积及其形心至梁中和轴距离；A_{f2}、h_2 为另一个翼缘的相应值）。

5.5.4 考虑腹板屈曲后强度的梁的加劲肋设计特点

(1) 横向加劲肋不允许单侧设置，其截面尺寸应满足式(5-62)与式(5-63)的要求。

(2) 考虑腹板屈曲后强度的中间横向加劲肋，受到斜向张力场的竖向分力的作用，《钢结构设计规范》考虑张力场张力的水平分力的影响，将中间横向加劲肋所受轴心压力加大，此竖向分力 N_s 可用下式来表达：

$$N_s = V_u - h_0 t_w \tau_{cr} \tag{5-76}$$

其中，V_u 按式(5-69)计算；τ_{cr} 按式(5-43)计算；h_w 为腹板高度。

若中间横向加劲肋还承受集中荷载 F，则应按 $N = N_s + F$ 计算其在腹板平面外的稳定。

（3）当 $\lambda_s > 0.8$ 时，梁支座加劲肋，除承受梁支座反力 R 外，还承受张力场斜拉力的水平分力 H_t：

$$H_t = (V_u - h_w t_w \tau_{cr}) \sqrt{1 + \left(\frac{a}{h_0}\right)^2} \tag{5-77}$$

H_t 的作用点可取为距上翼缘 $h_0/4$ 处 [图5-32(a)]。为了增加抗弯能力，还应在梁外延的端部加设封头板。可采用下列方法之一进行计算：①将封头板与支座加劲肋之间视为竖向压弯构件，简支于梁上下翼缘，计算其强度和稳定；②将支座加劲肋按承受支座反力 R 的轴心压杆计算，封头板截面积则不小于 $A_c = 3h_0 H_t / (16ef)$，其中，e 为支座加劲肋与封头板的距离；f 为钢材强度设计值。

梁端构造还有另一方案：即缩小支座加劲肋和第一道中间加劲肋的距离 a_1 [图5-32(b)]，使 a_1 范围内的 $\tau_{cr} \geqslant f_v$（即 $\lambda_s \leqslant 0.8$），此种情况的支座加劲肋就不会受到 H_t 的作用。

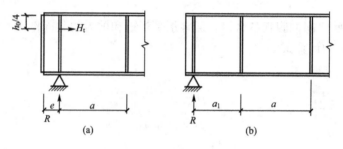

图5-32 梁端构造

5.6 型钢梁的设计

5.6.1 单向弯曲型钢梁

单向弯曲型钢梁的设计比较简单，其截面选择步骤如下：

（1）计算梁的最大弯矩和剪力（型钢梁腹板较厚，除剪力很大的短梁，或梁的支承截面受到较大的削弱等情况以外，一般可不验算抗剪）；

（2）由式(5-4)求所需的净截面模量：$W_{nx} \geqslant M_{max} / (\gamma_x f)$。当弯矩最大截面有孔洞，如螺栓孔时，所需的毛截面模量 W_x 一般比 W_{nx} 增加 $10\% \sim 15\%$，由 W_x 查附录6型钢表，选出适当规格的型钢。

（3）分别按式(5-4)、式(5-10)、式(5-17)验算抗弯强度、刚度和整体稳定性。

由于型钢截面的翼缘和腹板厚度较大，不必验算局部稳定；端部无大的削弱时，也不必验算剪应力。而局部压应力也只在有较大集中荷载或支座反力处才验算。

【例 5－3】　某重型工业厂房室内要增设一工作平台，平台梁格布置如图 5－33 所示，梁上空铺预制钢筋混凝土平台板和水泥砂浆面层，其重量（标准值）为 $2kN/m^2$，活荷载标准值为 $20kN/m^2$（静荷载），试按下述两种情形选择次梁截面（钢材 Q345B）：①平台板与次梁焊接；②平台板与次梁不焊接。

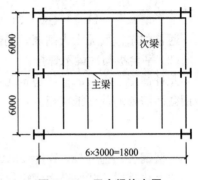

图 5－33　平台梁格布置

解：（1）平台板与次梁焊接。

该情形下钢梁整体稳定有保证，无需验算，故只需按强度和刚度选择截面。

① 最大弯矩设计值。

次梁承受荷载：

	标准值	设计值
平台板恒载：	$2 \times 3 = 6kN/m^2$	$6 \times 1.2 = 7.5kN/m^2$
平台板荷载：	$20 \times 3 = 60kN/m^2$	$60 \times 1.4 = 84kN/m^2$
总计：	$66kN/m^2$	$91.2kN/m^2$

次梁最大弯矩：$M_{max} = \dfrac{1}{8}ql^2 = \dfrac{1}{8} \times 91.2 \times 6^2 = 410.4kN \cdot m$

② 选择次梁截面。

按抗弯强度计算型钢所需的截面抵抗矩：

$$W_{xreq} = \frac{M_{max}}{\gamma_x f} = \frac{410.4 \times 10^6}{1.05 \times 310} = 1260.83cm^3$$

采用工字钢，查型钢表，选 I45a，$W_x = 1430cm^3$，$I_x = 32240cm^4$

自重：$g_0 = 80.42 \times 9.8 = 0.79kN/m$

③ 验算截面。

加上自重后的截面最大弯矩设计值：

$$M_{max} = 410.4 + \frac{1}{8} \times 1.2 \times 0.79 \times 6^2 = 414.7kN \cdot m$$

抗弯强度：

$$\frac{M_{max}}{\gamma_x W_{nx}} = \frac{414.7 \times 10^6}{1.05 \times 1430 \times 10^3} = 276.2kN/m^2 < f = 310kN/m^2, \quad 满足要求。$$

刚度：

$$q_k = 66 + 0.79 = 66.79kN/m$$

$$v_{max} = \frac{5}{384}\frac{q_k l^4}{EI_x} = \frac{5}{384} \times \frac{66.79 \times 10^3 \times 6 \times 6000^3}{206 \times 10^3 \times 32240 \times 10^4}$$

$$= 16.98mm < \frac{1}{250} = \frac{6000}{250} = 24mm, \quad 满足要求。$$

局部承压强度：

若次梁叠接于主梁上，则应验算支座处即腹板下边缘的局部承压强度。

支座反力：$R = \dfrac{1}{2} \times (91.2 + 1.2 \times 0.79) \times 6 = 276.4kN$

设支承长度 $a = 80mm$，查表得：$h_y = r + t = 13.5 + 18 = 31.5mm$，$t_w = 11.5mm$

$$\sigma_c = \frac{\psi R}{t_w l_z} = \frac{1 \times 276.4 \times 10^3}{11.5 \times (80 + 31.5)} = 215.6 \text{N/mm}^2 < f = 310 \text{N/mm}^2,\ \text{满足要求}.$$

通常如果截面无太大削弱，局部承压都能满足要求。

（2）平台板与次梁不焊接。

此种情形下次梁的整体稳定无可靠保证，需按整体稳定选择截面，查表得 $\varphi_b = 0.59$，型钢截面需要的截面抵抗矩为：

$$W_{x\text{req}} = \frac{M_{\max}}{\varphi_b f} = \frac{410.4 \times 10^6}{0.59 \times 310} = 2243.6 \text{cm}^3$$

查型钢表，选 I56a，$W_x = 2340 \text{cm}^3$，自重 $g_0 = 106.32 \times 9.8 = 1.04 \text{kN/m}$

加上自重后的截面最大弯矩设计值：

$$M_{\max} = 410.4 + \frac{1}{8} \times 1.2 \times 1.04 \times 6^2 = 416.0 \text{kN} \cdot \text{m}$$

梁的整体稳定性：

$$\frac{M_{x,\max}}{\varphi_x W_x} = \frac{414.7 \times 10^6}{0.59 \times 2340 \times 10^3} = 301.3 \text{kN/m}^2 < f = 310 \text{kN/m}^2,\quad \text{满足要求}.$$

对比上述两种情况可见，后者用钢量增加较多，故设计中一般应尽可能保证梁的整体稳定措施，以节约钢材。

5.6.2 双向弯曲型钢梁

双向弯曲型钢梁承受两个主平面方向的荷载，设计方法与单面弯曲型钢梁相同，应考虑抗弯强度、整体稳定、挠度等的计算，而剪应力和局部稳定一般不必计算，局部压应力只有在有较大集中荷载或支座反力的情况下，必要时才验算。

双向弯曲梁的抗弯强度按式(5-5)计算，即：

$$\frac{M_x}{\gamma_x W_{nx}} + \frac{M_y}{\gamma_y W_{ny}} \leqslant f$$

双向弯曲梁的整体稳定的理论分析较为复杂，一般按经验近似公式计算，规范规定双向受弯的 H 型钢或工字钢截面梁应按下式计算其整体稳定：

$$\frac{M_x}{\varphi_b W_x} + \frac{M_y}{\gamma_y W_{ny}} \leqslant f \tag{5-78}$$

式中　φ_b——绕强轴（x 轴）弯曲所确定的梁整体稳定系数。

设计时应尽量满足不需计算整体稳定的条件，这样可按抗弯强度条件选择型钢截面，由式(5-5)可得：

$$W_{nx} = \left(M_x + \frac{\gamma_x}{\gamma_y} \cdot \frac{M_y}{\gamma_y W_y} M_y \right) \frac{1}{\gamma_x f} = \frac{M_x + \alpha M_y}{\gamma_x f} \tag{5-79}$$

对小型号的型钢，可近似取 $\alpha = 6$（窄翼缘 H 型钢和工字钢）或 $\alpha = 5$（槽钢）。

双向弯曲型钢梁最常用于檩条，其截面一般为 H 型钢（檩条跨度较大时）、槽钢（檩条跨度较小时）或冷弯薄壁 Z 型钢（檩条跨度不大且为轻型屋面时）等。这些型钢的腹板垂直于屋面放置，因而竖向线荷载 q 可分解为垂直于截面两个主轴 $x-x$ 和 $y-y$ 的分荷载 $q_x = q\cos\varphi$ 和 $q_y = q\sin\varphi$（图 5-34），从而引起双向弯曲。φ 为荷载 q 与主轴 $y-y$ 的夹角；对 H

型钢和槽钢 φ 等于屋面坡角 α；对 Z 形截面 $\varphi=|\alpha-\theta|$，θ 为主轴 $x-x$ 与平行于屋面轴 x_1-x_1 的夹角。

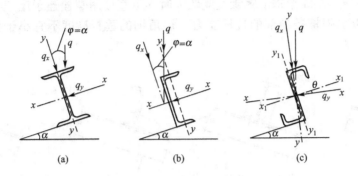

图 5-34　檩条计算简图

槽钢和 Z 型钢檩条通常用于屋面坡度较大的情况，为了减少其侧向弯矩，提高檩条的承载能力，一般在跨中平行于屋面设置 1~2 道拉条(Sag Rod)(图 5-35)，把侧向变为跨度缩至 $1/2\sim1/3$ 的连续梁。通常是跨度 $l\leqslant6.0\text{m}$ 时，设置一道拉条；$l>6.0\text{m}$ 时设置两道拉条。拉条一般用 $\phi16$ 圆钢(最小为 $\phi12$)。

拉条把檩条平行于屋面的反力向上传递，直到屋脊上左右坡面的力互相平衡 [图 5-35(a)]。为使传力更好，常在顶部区格(或天窗两侧区格)设置斜拉条和撑杆，将坡向力传至屋架 [图 5-35(b)~(f)]。Z 形檩条的主轴倾斜角可能接近或超过屋面坡角，拉力是向上还是向下，并不十分确定，故除在屋脊处(或天窗架两侧)用上述方法固定外，还应在檐檩处设置斜拉条和撑杆 [图 5-35(e)] 或将拉条连于刚度较大的承重天沟或圈梁上 [图 5-35(f)]，以防止 Z 形檩条向上倾覆。

拉条应设置于檩条顶部下 30~40mm 处 [图 5-35(g)]。拉条不但减少了檩条的侧向弯矩，且大大增强了檩条的整体稳定性。

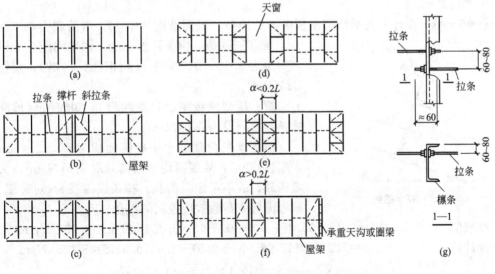

图 5-35　檩间拉条布置

檩条的支座处应有足够的侧向约束，一般每端用两个螺栓连于预先焊在屋架上弦的短角钢上(图5-36)。H型钢檩条宜在连接处将下翼缘切去一半，以便于与支承短角钢相连［图5-36(a)］；H型钢的翼缘宽度较大时，可直接用螺栓连于屋架上，但宜设置支座加劲肋，以加强檩条端部的抗扭能力。短角钢的垂直高度不宜小于檩条截面高度的3/4。

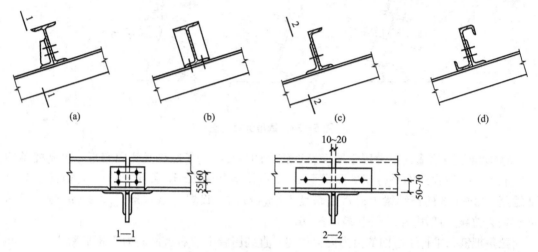

图5-36　檩条与屋架弦杆的连接

设计檩条时，按水平投影面积计算的屋面活荷载标准值取0.5kN/m²。此荷载不与雪荷载同时考虑，取两者较大值。积灰荷载应与屋面均布活荷载或雪荷载同时考虑。

在屋面天沟、阴角、天窗挡风板内，高低跨相接等处的雪荷载和积灰荷载应考虑荷载增大系数。对设有自由锻锤、铸件水爆池等振动较大设备的厂房，要考虑竖向振动的影响，应将屋面总荷载增大10%～15%。

雪荷载、积灰荷载、风荷载以及增大系数、组合值系数等应按现行《建筑结构荷载规范》的规定采用。

【例5-4】 设计一支承压型钢板屋面的檩条，屋面坡度为1/10，雪荷载为0.45kN/m²，无积灰荷载。檩条跨度12m，水平间距为5m(坡向间距为5.025m)。采用H型钢(图5-37)，材性为Q235B钢。

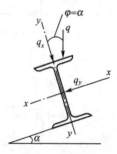

图5-37　檩条

解： 压型钢板屋面自重约为0.15kN/m²(坡向)。檩条自重假设为0.5kN/m。

檩条承受荷载的水平投影面积为$5 \times 12 = 60\text{m}^2$，未超过60m²。故屋面均布活荷载取0.5kN/m²，大于雪荷载，故不考虑雪荷载。檩条线荷载为(对轻屋面，只考虑可变荷载效应控制的组合)：

标准值　　　　$q_k = 0.15 \times 50.25 + 0.5 + 0.5 \times 5 = 3.754$ kN/m$= 3.754$N/mm

设计值　　　　$q = 1.2 \times (0.15 \times 5.025 + 0.5) + 1.4 \times 0.5 \times 5 = 5.005$kN/m

$$q_x = q \cdot \cos\varphi = 5.005 \times 10/\sqrt{101} = 4.98 \text{kN/m}$$

$$q_y = q \cdot \sin\varphi = 5.005 \times 1/\sqrt{101} = 0.498 \text{kN/m}$$

弯矩设计值为：

$$M_x = \frac{1}{8} \times 4.98 \times 12^2 = 89.64 \text{kN} \cdot \text{m}$$

$$M_y = \frac{1}{8} \times 0.498 \times 12^2 = 8.964 \text{kN} \cdot \text{m}$$

采用紧固件(自攻螺钉、刚拉铆钉或射钉等)保证压型钢板与檩条受压翼缘连接牢靠，可不计算檩条的整体稳定。由抗弯强度要求的截面模量近似值为［式(5-79)］：

$$W_{nx} = \frac{M_x + \alpha M_y}{\gamma_x f} = \frac{(89.64 + 6 \times 8.964) \times 10^6}{1.05 \times 215} = 635 \times 10^3 \text{mm}^3$$

选用 HN346×174×6×9。其中，$I_x = 11200 \text{cm}^4$，$W_x = 649 \text{cm}^3$，$W_y = 91 \text{cm}^3$，$i_x = 14.5 \text{cm}$，$i_y = 3.86 \text{cm}$。自重为 0.41kN/m，加上连接压型钢板零配件重量，与假设重量相等。

验算强度(跨中无孔眼削弱，$W_{nx} = W_x$，$W_{ny} = W_y$)：

$$\frac{W_x}{\gamma_x W_{nx}} + \frac{W_y}{\gamma_y W_{ny}} = \frac{89.64 \times 10^6}{1.05 \times 649 \times 10^3} + \frac{8.964 \times 10^6}{1.2 \times 91 \times 10^3}$$
$$= 213.6 \text{N/mm}^2 \leqslant f = 215 \text{N/mm}^2$$

为使屋面平整，檩条在垂直于屋面方向的挠度 ν(或相对挠度 ν/l)不能超过其容许值 $[\nu]$(对压型钢板屋面 $[\nu] = l/200$)：

$$\frac{\nu}{l} = \frac{5}{384} \cdot \frac{3.754 \times (10/\sqrt{101}) \times 12000^3}{206 \times 10^3 \times 11200 \times 10^4} = \frac{1}{275} < \frac{[\nu]}{l} = \frac{1}{200}$$

作为屋架上弦水平支撑横杆或刚性系杆的檩条，应验算其长细比(屋面坡向由于有压型钢板连牢，可不验算)：

$$\lambda_x = 1200/14.5 = 83 < [\nu] = 200$$

5.7 组合梁的设计

组合梁的截面设计包括两部分内容，一是如何初选截面尺寸；二是对初选的截面进行各种验算。后者包括：强度验算、整体稳定性验算和挠度验算等，由于这些内容在前面几节中都已有所介绍，因而这节的重点是说明截面尺寸的初选，包括梁截面的高度(腹板高度)、腹板厚度、翼缘板的宽度与厚度等的确定方法。

5.7.1 试选截面

选择组合梁的截面时，首先要初步估算梁的截面高度、腹板厚度和翼缘尺寸。下面介绍焊接组合梁试选截面的方法。

1. 梁的截面高度

确定梁的截面高度应考虑建筑高度、刚度和经济条件。

建筑高度是指梁的底面到铺板顶面之间的高度，它往往由生产工艺和使用要求决定。给定了建筑高度也就决定了梁的最大高度 $h_{\max}$，有时还限制了梁与梁之间的连接形式。

刚度条件决定了梁的最小高度 $h_{\min}$。刚度条件是要求梁在全部荷载标准值作用下的挠

度 v 不大于容许挠度 $[v_T]$。

例如，受均布荷载 p_k 的双轴对称等截面简支梁，挠度为：

$$v_{max} = \frac{5}{384} \frac{p_k l^4}{EI_x} = \frac{5}{48} \times \frac{p_k l^2}{8} \times \frac{l^2}{EI_x} \approx \frac{M_{xk} l^2}{10EI_x} \tag{5-80}$$

单向弯曲梁的强度条件为：$\dfrac{M_x}{\gamma_x W_x} \leq f$ ，取 $M_x = 1.3M_{xk}$ ，1.3 为平均荷载分项系数，强度条件可表示为：

$$\frac{M_{xk}}{\gamma_x W_x} \leq \frac{f}{1.3} \tag{5-81}$$

因 $I_x = W_x \cdot \dfrac{h}{2}$ ，故式(5-81)可改写为：$\dfrac{M_{xk}}{I_x} \leq \dfrac{2\gamma_x f}{1.3h}$

代入式(5-80)并使 $\dfrac{v}{l} \leq \dfrac{[v]}{l} = \dfrac{1}{n}$ ，取 $E = 206 \times 10^3 \, \text{N/mm}^2$ ，可得：

$$\frac{h_{min}}{l} = \frac{\gamma_x n f}{6.5E} = \frac{\gamma_x n f}{1340 \times 10^3} \tag{5-82}$$

式(5-82)即由挠度要求估算最小梁高的近似式，其中，n 为梁的容许挠度值，如楼盖主梁，$n = 400$，f 是钢材的抗弯强度，γ_x 为截面塑性发展系数。

对式(5-82)的应用，还必须考虑实际条件。例如所设计梁需考虑整体稳定性，则应预先估计整体稳定性系数 φ_b 以取代(5-82)式中的 γ_x。因 φ_b 恒小于 γ_x，整体稳定性有保证的梁的截面最小高度就可以小一些。

对其他类型钢梁也可以用类似的方法求最小梁高。

从用料最省出发，可以定出梁的经济高度。在一定的荷载作用下，梁的截面高度取得大时，梁截面的腹板加劲所用钢材将增加，而翼缘板的面积将减小。反之亦然。因此理论上可推导出一个梁的高度使整个梁的用钢量为最少，这个高度就称为经济高度 h_e。目前设计实践中经常采用的经济高度公式是：

$$h_e = 7\sqrt[3]{W_x} - 30 \, (\text{cm}) \tag{5-83}$$

其中，$W_x = \dfrac{M_x}{\gamma_x f}\left(\text{或 } W_x = \dfrac{M_x}{\varphi_x f}\right)$，单位为 cm^3。

具体设计时，通常先按式(5-83)求出 h_e，取腹板高度 $h_w \approx h_e$，从而估算出梁高 h，并使其满足：

$$h_{min} < h < h_{max} \tag{5-84}$$

为了便于备料，h_w 宜取为 50mm 或 100mm 的倍数。

2. 腹板厚度

腹板厚度应满足抗剪强度的要求。初选截面时，可近似地假定最大剪应力为腹板平均剪应力的 1.2 倍，腹板的抗剪强度计算公式简化为：

$$\tau_{max} \approx 1.2\frac{V_{max}}{h_w t_w} \leq f_v$$

于是

$$t_w \geq 1.2\frac{V_{max}}{h_w f_v} \tag{5-85}$$

由于抗剪强度通常不是控制梁截面尺寸的条件，由式(5-85)确定的 t_w 往往偏小。为了考虑局部稳定和构造因素，腹板厚度一般用下列经验公式进行估算：

$$t_w = \sqrt{h_w}/3.5 \qquad\qquad (5-86)$$

其中，t_w 和 h_w 的单位均为 mm。实际采用的腹板厚度应考虑钢板的现有规格，一般为 2mm 的倍数。对于非吊车梁，腹板厚度取值宜比式(5-86)的计算值略小；对考虑腹板屈曲后强度的梁，腹板厚度可更小，但不得小于 6mm，也不宜使高厚比超过 $250\sqrt{235/f_y}$。

3. 翼缘尺寸

确定翼缘板尺寸时，常先估算每个翼缘所需的截面积 A_f。

梁截面的惯性矩

$$I_x = \frac{1}{12}t_w h_w^3 + 2A_f\left(\frac{h_1}{2}\right)^2$$

式中 h_1 ——上下两翼缘形心间的距离，在推导估算公式时，可近似取 $h_1 \approx h_w \approx h$，因而可得梁截面弹性截面模量 W_x 为：

$$W_x = \frac{I_x}{h/2} \approx \frac{1}{6}t_w h_w^2 + A_f h_w$$

即：

$$A_f = \frac{W_x}{h_w} - \frac{1}{6}t_w h_w \qquad\qquad (5-87)$$

此近似公式常用以估算每个翼缘所需截面积。对焊接板梁，$A_f = b_f t_f$，因而在求得 A_f 后，设定 b_f(或 t_f)即可求得 t_f(或 b_f)。在确定翼缘板尺寸时常需注意以下几点。

(1) 为了保证受压翼缘板的局部稳定性，必需满足：

$$\frac{b_f}{t_f} \leqslant 30\sqrt{\frac{235}{f_y}} \qquad\qquad (5-88)$$

若在估算 W_x 时采用了截面塑性发展系数 $\gamma_x = 1.05$，即取 $W_x = M_x/(1.05f)$时，则式(5-88)应改为

$$\frac{b_f}{t_f} \leqslant 26\sqrt{\frac{235}{f_y}} \qquad\qquad (5-89)$$

为了简化，符号 b_f 和 t_f 可简写为 b 和 t。

(2) 梁翼缘宽度 b 与梁高 h 间的关系通常取：

$$\frac{h}{2.5} > b > \frac{h}{6}$$

(3) 翼缘板宽度宜取为 cm 的整数倍，厚度宜取为 mm 的偶数倍，以便备料。

在试选了组合梁截面尺寸后，即可进行正式验算。验算时对梁的截面几何特性等应按材料力学公式正确计算。如验算中某些项目不符合要求，则应对试选的截面进行修改而后重新验算，直至全部满足设计要求。

5.7.2 截面验算

根据试选的截面尺寸，求出截面的各种几何数据，如惯性矩、截面模量等，然后进行验算。梁的截面验算包括强度、刚度、整体稳定和局部稳定等几个方面。其中，腹板的局部稳定通常是采用配置加劲肋来保证的。

5.7.3 组合梁截面沿长度的改变

对跨度较大的简支组合梁，为了节省钢材，可在离跨度中点弯矩最大截面一定距离处改变截面的尺寸。常用的改变办法有：

(1) 改变翼缘板的宽度(腹板保持不变)，如图 5-38 所示；

(2) 双层翼缘板的焊接工字形截面外层翼缘板切断(腹板保持不变)，如图 5-39 所示；

(3) 改变腹板高度，如图 5-40 所示。

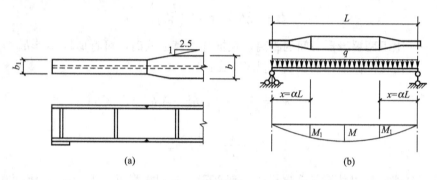

(a)   (b)

图 5-38 梁翼缘宽度的改变

1. 单层翼缘板焊接工字形梁翼缘板宽度的改变(腹板保持不变)

由于改变截面宽度后的钢板又需与原翼缘板焊接，增加了制造工作量，因此一般情况下一根梁的每端只宜改变一次。此时，首先应确定改变翼缘宽度的理论地点，确定的根据是使节省的翼缘钢材为最多。经计算分析，简支梁翼缘截面改变的理论地点应在距支座 $l/6$ 处。

其次，就应确定改变后的翼缘面积 A_{f1} 或翼缘板宽度 b_1。通常可先求出理论改变处截面上的最大弯矩，然后由(5-87)式求出 A_{f1} 的近似值。因为(5-87)是近似的，所以确定 A_{f1} 或 b_1 后还要对其按精确的截面特性进行抗弯强度和折算应力的验算。

最后需注意的是，为了避免在理论改变点因突然改变截面而产生严重的应力集中，我国《钢结构设计规范》(GB 50017—2003)规定：应在宽度方向从两侧做成不大于 1：2.5 的斜坡逐渐由 b 过渡到 b_1，见图 5-38(a)(对直接承受动力荷载还需验算疲劳的梁，斜角坡度不应大于 1：4)。

此外，在 $l/6$ 处改变截面有时会使改变后的截面宽度过狭而不实用，则可任意确定一最小翼缘板宽度，而后再确定其理论改变点。确定方法与下述第 2 种改变方式相同。

2. 双层翼缘板焊接工字形梁外层翼缘板的切断(腹板保持不变)

这种情况要求确定以下两个内容：一是求外层翼缘板(盖板)的理论切断点位置；二是求实际切断点的位置。

图 5-39(a)所示为一双层翼缘板的焊接工字形截面简支梁。在外层盖板(翼缘板)理论切断点 x 处，板梁截面由图 5-39(b)转变成图 5-39(c)，按图 5-39(c)所示单层翼缘板截面的抗弯强度可得此截面能承受的弯矩 M_1，即可求得理论切断点 x。

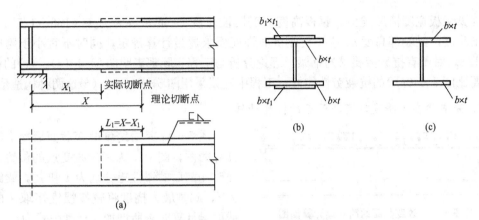

图 5 - 39 双层翼缘板焊接工字形截面外层板的切断

由于 x 以右的截面，外层盖板需立即参加工作而受力，因此该盖板必须向左延伸一段距离至 x_1 处才可实际切断。我国《钢结构设计规范》（GB 50017—2003）规定，理论切断点的延伸长度 L_1 应符合下列要求。

（1）外层盖板端部有正面角焊缝：

当焊脚尺寸 $h_f \geqslant 0.75t_1$ 时 $L_1 \geqslant b_1$

当焊脚尺寸 $h_f < 0.75t_1$ 时 $L_1 \geqslant 1.5b_1$

（2）外层盖板端无正面角焊缝时：$L_1 \geqslant 2b_1$

如此规定的目的是为确保延伸部分的所有角焊缝能传递的内力大于外层盖板的强度，即大于 $A_{1f} = b_1 t_{1f}$。式中，b_1 和 t_1 是外层盖板的宽度和厚度。

3. 单层翼缘板焊接工字形梁腹板高度的改变（翼缘板保持不变）

由于改变腹板高度，较改变翼缘面积增加制造工作量，因此这种情形的使用常限于构造要求必须如此时。例如：左右两侧梁的跨度不等，且相差较大，而在支座处又需使两者梁高相同时，对较大跨度的梁就需在端部附近改变梁高，如图 5 - 40 所示。

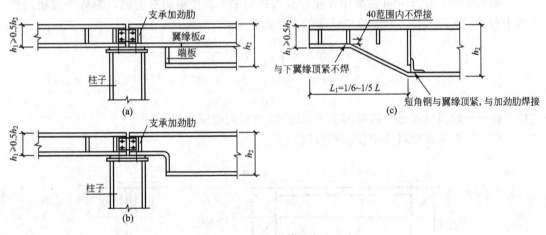

图 5 - 40 组合梁截面高度改变

图 5 - 40 中（a）、（b）为简支梁支座附近变截面，图 5 - 40（a）为直角式突变支座，图 5 - 40（b）为圆弧式突变支座；图 5 - 40（c）是逐步改变腹板高度，为鱼腹式变高度梁。

与改变翼缘板宽度情形类似，腹板高度改变区段长度 L_1 通常取为 $L_1=(1/6\sim1/5)L$，L 为钢梁跨度。梁端部高度 h_1 应按支座抗剪强度要求通过计算确定，同时不宜小于跨中高度的 1/2。对于有抗疲劳要求的钢梁，理论分析与工程实际都表明图 5-40(a)、(c) 的构造形式要比图 5-40(b) 的抗疲劳性能好，工程中建议采用图 5-40(a)、(c) 这两种构造形式。

4. 简支梁在沿跨度改变截面后的挠度计算

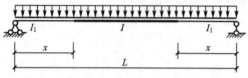

图 5-41 改变截面的简支梁计算简图

图 5-41 是沿跨度改变截面后简支梁的计算简图，图上 x 为理论改变点的位置，截面改变前后的惯性矩分别为 I 和 I_1，梁跨度为 l。此时最大挠度将较按惯性矩取 I 的等截面梁计算时有所增加。挠度公式为：

$$v=\frac{M_{xk}l^2}{10EI}\left[1+\frac{1}{5}\left(\frac{I}{I_1}-1\right)\left(\frac{x}{l}\right)^3\left(64-48\frac{x}{l}\right)\right]=\eta_v\cdot\frac{M_{xk}l^2}{10EI} \qquad (5-90)$$

式中　M_{xk}——跨中最大弯矩的标准值；

　　　η_v——挠度增大系数，即式中的方括弧部分。

式 (5-90) 由满跨均布荷载情形导出，只是已把系数 5/48 改换成 1/10，使之能近似地适用于其他荷载情况。

当 $x=\dfrac{1}{6}$，由式 (5-90) 可得：

$$\eta_v=1+\frac{1}{5}\left(\frac{I}{I_1}-1\right)\left(\frac{1}{6}\right)^3\left(64-\frac{48}{6}\right)$$

$$=1+0.052\left(\frac{I}{I_1}-1\right) \qquad (5-91)$$

5.7.4　焊接组合梁翼缘焊缝的计算

当梁弯曲时，由于相邻截面中作用在翼缘截面的弯曲正应力有差值，翼缘与腹板间产生水平剪力 (图 5-42)。沿梁单位长度的水平剪力为：

$$V_h=\tau_1 t_w=\frac{VS_1}{I_x t_w}\cdot t_w=\frac{VS_1}{I_x}$$

$$\tau_1=\frac{VS_1}{I_x t_w}$$

式中　τ_1——腹板与翼缘交接处的水平剪应力（与竖向剪应力相等）；

　　　S_1——翼缘截面对梁中和轴的面积矩。

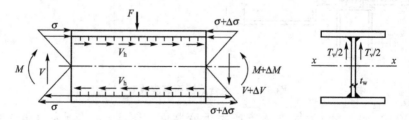

图 5-42　翼缘焊缝的水平剪力

当腹板与翼缘板用角焊缝连接时，角焊缝有效截面上承受的剪力 τ_f 不应超过角焊缝强度设计值 f_f^w：

$$\tau_f = \frac{V_h}{2 \times 0.7 h_f} = \frac{VS_1}{1.4 h_f I_x} \leqslant f_f^w$$

需要的焊脚尺寸为：

$$h_f \geqslant \frac{VS_1}{1.4 h_f f_f^w} \tag{5-92}$$

当梁的翼缘上受有固定集中荷载而未设置支撑加劲肋时，或受有移动集中荷载（如有吊车轮压）上翼缘与腹板之间的连接焊缝除存在长度方向的剪应力 τ_f 外，还有受垂直于焊缝长度方向的局部压应力：

$$\sigma_c = \frac{\psi F}{2 h_e l_z} = \frac{\psi F}{1.4 h_f l_z}$$

因此，受有局部应力的上翼缘与腹板之间的连接焊缝应按下式计算强度：

$$\frac{1}{1.4 h_f} \sqrt{\left(\frac{\psi F}{\beta_f l_z}\right)^2 + \left(\frac{VS}{I_x}\right)^2} \leqslant f_f^w$$

从而

$$h_f \geqslant \frac{1}{1.4 f_f^w} \sqrt{\left(\frac{\psi F}{\beta_f l_z}\right)^2 + \left(\frac{VS}{I_x}\right)^2} \tag{5-93}$$

式中 β_f——系数，对直接承受动力荷载的梁（如吊车梁），$\beta_f = 1.0$；对其他梁，$\beta_f = 1.22$。

F、ψ、l_z 各符号的意义同式（5-8）。

对承受动力荷载的梁（如重级工作制梁和大吨位中级工作制吊车梁），腹板与上翼缘之间的连接焊缝采用 T 形对接（图5-43），此种焊缝与基本金属等强，不用计算。

【例5-5】 试设计例5-4中的平台主梁，采用焊接工字形截面组合梁，改变翼缘宽度一次。钢材为 Q345B，E50 系列焊条。

解：（1）跨中截面选择。

次梁传来的集中荷载设计值（图5-44）

$$F = 6 \times (91.2 + 1.2 \times 0.79) = 552.9 \text{kN}$$

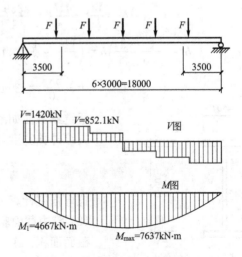

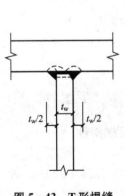

图5-43 T形焊缝

图5-44 平台主梁的剪力图和弯矩图

最大剪力设计值(不包括自重):
$$V_{\max} = 2.5 \times 552.9 = 1382 \text{kN}$$

最大弯矩设计值(不包括自重):
$$M_{\max} = \frac{1}{2} \times 5 \times 552.9 \times 9 - 552.9 \times (6+3)$$
$$= 7464 \text{kN} \cdot \text{m}$$

需要的截面抵抗矩:设翼缘厚度 $t > 16 \sim 40\text{mm}$,查材性表取第二组钢材 $f = 300\text{N/mm}^2$,则:

$$W_x = \frac{M_{\max}}{\gamma_x f} = \frac{7464 \times 10^6}{1.05 \times 300} = 23695 \text{cm}^3$$

① 梁高。

最小的梁高度:

查附录5主梁容许挠度 $[\upsilon]/l = 1/400$,由式(5-82)可得简支梁的 $h_{\min}$:

$$h_{\min} = \frac{\gamma_x n f}{6.5 E} l = \frac{1.05 \times 400 \times 300}{1340 \times 10^3} \times 18000 = 1692.5 \text{mm}$$

梁的经济高度:

$$h_e = 7\sqrt[3]{W_x} - 30 = 7\sqrt[3]{23695} - 30 = 171.05 \text{cm}$$

取腹板高度 $h_0 = 1700\text{mm}$,梁高约为 1750mm。

② 腹板厚度。

假定腹板最大剪应力为腹板平均剪应力的1.2倍,则:

$$t_w = 1.2 \frac{V_{\max}}{h_0 f_v} = 1.2 \times \frac{1382 \times 10^3}{1700 \times 175} = 5.6 \text{mm}$$

和
$$t_w = \frac{\sqrt{h_0}}{3.5} = \frac{\sqrt{1700}}{3.5} = 11.8 \text{mm}$$

取 $t_w = 12\text{mm}$。

③ 翼缘尺寸。

近似取 $h \approx h_1 \approx h_0$,则一个翼缘的截面面积为:

$$A_1 = bt = \frac{W_x}{h_0} - \frac{t_w h_0}{6} = \frac{23695000}{1700} - \frac{12 \times 1700}{6} = 10538 \text{mm}^2$$

$$b = \left(\frac{1}{2.6} \sim \frac{1}{6}\right) h = \left(\frac{1}{2.5} \sim \frac{1}{6}\right) \times 1750 = 700 \sim 291 \text{mm} \quad \text{取 } b = 450\text{mm}$$

$$t = \frac{10538}{450} = 23.4 \text{mm}, \quad \text{取 } t = 24 \text{mm}$$

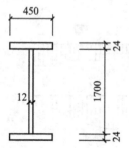

图5-45　所选梁截面

所选梁截面如图5-45所示。

翼缘外伸宽度与其厚度之比:

$$\frac{b_1}{t} = \frac{225 - 6}{24} = 9.1 < 13\sqrt{\frac{235}{345}} = 11$$

抗弯强度计算可考虑部分截面发展塑性。

(2)跨中截面验算。

截面面积: $A = 170 \times 1.2 + 2 \times 45 \times 2.4 = 420 \text{cm}^2$

梁自重: $g_0 = 1.1 \times 420 \times 10^{-4} \times 76.98 = 3.56 \text{kN/m}$

式中 1.1 为考虑加劲肋等的重量而采用的构造系数，76.98kN/m³ 为钢的重度。

最大剪力设计值(加上自重后)：

$$V_{max} = 1382 + 1.2 \times 3.56 \times 9 = 1420\text{kN}$$

最大弯矩设计值(加上自重后)：

$$M_{max} = 7464 + \frac{1}{8} \times 1.2 \times 3.56 \times 18^2 = 7637\text{kN} \cdot \text{m}$$

$$I_x = \frac{1}{2} \times 1.2 \times 170^3 + 2 \times 45 \times 2.4 \times 86.2^2 = 2096300\text{cm}^4$$

$$W_x = \frac{2096300}{87.4} = 23990\text{cm}^3$$

① 抗弯强度。

$$\frac{M_x}{\gamma_k W_{nx}} = \frac{7637 \times 10^6}{1.05 \times 23990000} = 303.2\text{N/mm}^2 \approx f = 300\text{N/mm}^2(\text{满足})$$

② 整体稳定。

次梁可作为主梁的侧向支承，因此 $l_1 = 300\text{cm}$，$l_1/b = 300/45 = 6.7$ 小于规定值 13，故不须计算整体稳定。

③ 抗剪强度、刚度等的验算待截面改变后进行。

（3）改变截面计算。

① 改变截面的位置和截面的尺寸。

设改变截面的位置距离支座 $a = \dfrac{l}{6} = \dfrac{18}{6} = 3\text{m}$

改变截面处的弯矩设计值

$$M_1 = 1420 \times 3 - \frac{1}{2} \times 1.2 \times 3.56 \times 3^2 = 4241\text{kN} \cdot \text{m}$$

需要的截面抵抗矩

$$W_1 = \frac{M_1}{\gamma_x f} = \frac{4241 \times 10^6}{1.05 \times 300} = 13463500\text{mm}^3$$

翼缘尺寸

$$A_1' = b't = \frac{W_x}{h_0} - \frac{t_w h_0}{6} = \frac{13463500}{1700} - \frac{12 \times 1700}{6} = 4520\text{mm}^2$$

不改变翼缘厚度，即仍为 24mm，因此，需要 $b' = 4520/24 = 188\text{mm}$。若按此值取 $b' = 200\text{mm}$，则约为梁高的 1/9，较窄，且不利于整体稳定，故取 $b = 240\text{mm}$（图 5-46）。现求其位置：

截面特性：

$$I_1 = \frac{1}{12} \times 1.2 \times 170^3 + 2 \times 24 \times 2.4 \times 86.2^2 = 1347300\text{cm}^4$$

$$W_1 = \frac{1347300}{87.4} = 15420\text{cm}^3$$

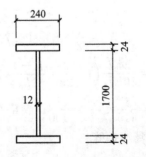

图 5-46 改变截面处的截面

可承受弯矩：

$$M_x = = 1.05 \times 15420 \times 10^3 \times 300 = 4857 \times 10^6\text{N} \cdot \text{mm}$$

改变截面的理论位置：

$$1420x - 552.9(x-3) - \frac{1}{2} \times 1.2 \times 3.56x^2 = 4857$$

解之得：$x=3.72$m，取 $x=3.5$m。从此处开始将跨中截面的翼缘按 1:4 的斜度向两支座端缩小与改变截面的翼缘对接，故改变截面的实际位置为距支座 $3.5-4 \times 0.105 = 3.08$m。

② 改变截面后梁的验算。

抗弯强度（改变截面处）

$$M_1 = 1420 \times 3.5 - 552.9 \times 0.5 - \frac{1}{2} \times 1.2 \times 3.56 \times 3.5^2 = 4667\text{kN} \cdot \text{m}$$

$$\sigma_1 = \frac{M_1}{\gamma_x W_1} = \frac{4667 \times 10^6}{1.05 \times 15420 \times 10^3} = 288.2\text{N/mm}^2 < f = 300\text{N/mm}^2（满足要求）$$

折算应力（改变截面的腹板计算高度边缘处）

$$V_1 = 1420 - 552.9 - 1.2 \times 3.56 \times 3.5 = 852.1\text{kN}$$

$$\sigma_1' = \sigma_1 \frac{h_0}{h} = 288.2 \times \frac{170}{174.8} = 280.3\text{N/mm}^2$$

$$S_1 = 24 \times 2.4 \times 86.2 = 4965\text{cm}^3$$

$$\tau_1 = \frac{V_1 S_1}{I_1 t_w} = \frac{852.1 \times 10^3 \times 4965 \times 10^3}{1347300 \times 10^4 \times 12} = 26.2\text{N/mm}^2$$

$$\sqrt{a_1'^2 + 3\tau_1^2} = \sqrt{280.3^2 + 3 \times 26.2^2} = 283.9\text{N/mm}^2$$
$$< \beta_1 f = 1.1 \times 300 = 330\text{N/mm}^2（满足要求）$$

抗剪强度（支座处）

$$S = S_1 + S_w = 4965 + 85 \times 1.2 \times 42.5 = 9300\text{cm}^3$$

$$\tau = \frac{V_{max}S}{I_1 t_w} = \frac{1420 \times 10^3 \times 9300 \times 10^3}{1347300 \times 10^4 \times 12}$$
$$= 81.7\text{N/mm}^2 < f_v = 175\text{N/mm}^2（满足要求）$$

整体稳定（改变截面处）

$$\frac{l_1}{b} = \frac{300}{24} = 12.5 < 13（满足要求）$$

刚度

弯矩标准值：

$$F_k = 6 \times (66+0.79) = 400.7\text{kN/m}$$

$$M_k = \frac{1}{2} \times 5 \times 400.7 \times 9 - 400.7 \times (6+3) + \frac{1}{8} \times 3.56 \times 18^2 = 5550\text{kN} \cdot \text{m}$$

$$\frac{v}{l} = \frac{M_k l}{10EI_x}\left(1 + \frac{3}{25} \cdot \frac{I_x - I_1}{I_x}\right) = \frac{5550 \times 10^6 \times 18 \times 10^3}{10206 \times 10^3 \times 2096300 \times 10^4}\left(1 + \frac{3}{25} \cdot \frac{2096300 - 1347300}{2096300}\right)$$
$$= \frac{1}{415} < \frac{[v]}{l} = \frac{1}{400}，满足要求。$$

翼缘焊缝

$$h_f = \frac{1}{1.4f_f^w} \cdot \frac{V_{max}S_1}{I_x} = \frac{1}{1.4 \times 200} \times \frac{1420 \times 10^3 \times 4965 \times 10^3}{134730010^4} = 1.9\text{mm}$$

$$h_{f,min} = 1.5\sqrt{t_{max}} = 1.5\sqrt{24} = 7.3\text{mm}$$

取 $h_f = 8\text{mm} < h_{f,max} = 1.2t_{max} = 14.4\text{mm}$

5.8 梁的拼接、连接与支座

5.8.1 梁的拼接

梁的拼接有工厂拼接和工地拼接两种。由于钢材尺寸的限制，必须将钢材接长或拼大，这种拼接常在工厂中进行，称为工厂拼接。由于运输或安装条件的限制，梁必须分段运输，然后在工地拼装连接，称为工地拼装。

型钢梁的拼接可采用对接焊缝连接［图 5-47(a)］，但由于翼缘和腹板处不易焊透，故有时采用拼板拼接［图 5-47(b)］。上述拼接位置均宜放在弯矩较小的部位。

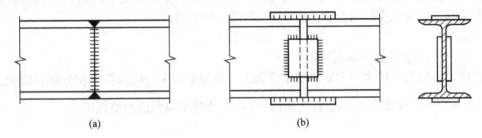

(a) (b)

图 5-47　型钢梁的拼接

焊接组合梁的工厂拼接，翼缘和腹板拼接位置最好错开并用直对接焊缝连接。腹板的拼焊缝与横向加劲肋之间至少应相距 $10t_w$（图 5-48）。对接焊缝施焊时宜加引弧板，并采用Ⅰ级和Ⅱ级焊缝（根据《钢结构工程施工质量验收规范》的规定分级）。这样焊缝可与基本金属等强。

梁的工地拼接应使翼缘和腹板基本上在同一截面处断开，以便分段运输。高大的梁在工地施焊时不便翻身，应将上、下翼缘的拼接边缘均做成向上开口的 V 形坡口，以便俯焊（图 5-49）。为减小焊接收缩应力，工厂宜在拼接部位将翼缘焊缝在端部留出长约 500mm 不施焊，并按照图 5-49 的顺序，在工地施焊，这样受力情况较好，但在运输过程中，单元突出部分应特别保护，以免碰损。

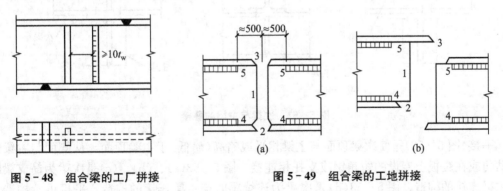

图 5-48　组合梁的工厂拼接　　**图 5-49　组合梁的工地拼接**

由于现场施焊条件较差，焊缝质量难于保证，所以较重要或受动力荷载的大型梁，其工地拼接宜采用高强度螺栓(图 5-50)或栓焊混合连接(图 5-51)。

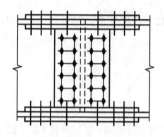

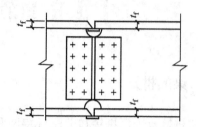

图 5-50　采用高强度螺栓的工地拼接　　　　**图 5-51　采用栓焊混合连接的工地拼接**

当梁拼接处的对接焊缝不能与基本金属等强时,例如采用Ⅳ级焊缝时,应对受拉区翼缘焊缝进行计算,使拼接处弯曲拉应力不超过焊缝抗拉强度设计值。

对用拼接板的接头[图 5-47(b)、图 5-50],应按下列规定的内力进行计算。翼缘拼接板及其连接所承受的内力 N_1 为翼缘板的最大承载力:

$$N_1 = A_{fn}f$$

式中　A_{fn}——被拼接的翼缘板净截面积。

腹板拼接板及其连接,主要承受梁截面上的全部剪力 V,以及按刚度分配到腹板上的弯矩 $M_w = \dfrac{MI_w}{I}$。此式中 I_w 为腹板截面惯性矩;I 为整个梁截面的惯性矩。

5.8.2　梁的连接

次梁与主梁的连接形式有叠接和平接两种。

叠接(图 5-52)是将次梁直接搁在主梁上,用螺栓或焊缝连接,其构造简单,但需要的结构高度大,其使用常受到限制。图 5-52(a)是次梁为简支梁时与主梁连接的构造,而图 5-52(b)是次梁为连续梁时与主梁连接的构造示例。如次梁截面较大时,应另采取构造措施防止支承处截面的扭转。

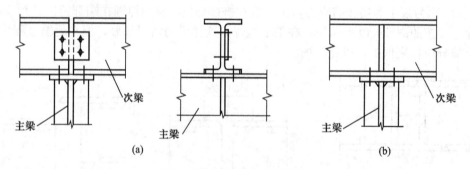

图 5-52　次梁与主梁的叠接

平接(图 5-52)是使次梁顶面与主梁相平或略高(略低)于主梁顶面,从侧面与主梁的加劲肋或在腹板上专设的短角钢或支托相连接。图 5-53(a)、(b)、(c)是次梁为简支梁时与主梁连接的构造,图 5-53(d)是次梁为连续梁时与主梁连接的构造。平接虽然构造复杂,但可降低结构高度,故在实际工程中应用较为广泛。

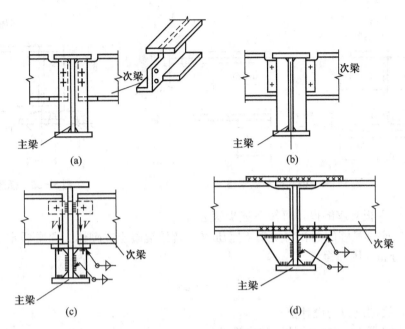

图 5-53 次梁与主梁的平接

每一种连接构造都要将次梁支座的压力传给主梁，实质上这些支座压力就是梁的剪力。而梁腹板的主要作用是抗剪，所以应将次梁腹板连于主梁的腹板上，或连于与主梁腹板相连的铅垂方向抗剪刚度较大的加劲肋上或支托的竖直板上。在次梁支座压力作用下，按传力的大小计算连接焊缝或螺栓的强度。由于主、次梁翼缘及支托水平板的外伸部分在铅垂方向的抗剪强度较小，分析受力时不考虑它们传次梁的支座压力。在具体计算时，可不考虑偏心作用，而将次梁支座压力增大 20%～30%，以考虑实际上存在的偏心影响。

对于刚接构造，次梁与次梁之间还要传递支座弯矩。图 5-53(b)的次梁本身是连续的，支座弯矩可以直接传递，不必计算。图 5-53(d)主梁两侧的次梁是断开的，支座弯矩靠焊缝连接的次梁上翼缘盖板、下翼缘支托水平顶板传递。由于梁的翼缘承受弯矩的大部分，所以连接盖板的截面及其焊缝可按承受水平力偶 $H=M/h$ 计算(M 为次梁支座弯矩，h 为次梁高度)。支托顶板与主梁腹板的连接焊缝也按力 H 计算。

5.8.3 梁的支座

梁通过在砌体、钢筋混凝土柱或钢柱上的支座，将荷载传给柱或墙体，再传给基础和地基。梁支于钢柱的支座或连接已在前面章节中讨论过，本节主要介绍支于砌体或钢筋混凝土上的支座，主要有平板支座(图 5-54)与弧形支座(图 5-55)两种形式。

1. 平板支座

图 5-54 所示为轧制型钢梁(包括普通工字钢和 H 型钢梁)的平板支座简图，梁端底部焊一尺寸为 $-t \times a \times B$ 的钢板作为支座，支承于砌体或混凝土柱或墙上。由于型钢梁的腹板高厚比较小，在满足腹板计算高度下边缘的抗压强度条件下，型钢梁端部常可不设置支承

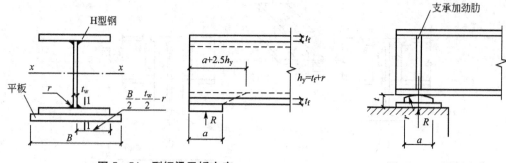

图 5-54 型钢梁平板支座　　　　图 5-55　弧形支座

加劲肋。此时平板支座的设计可按下述步骤进行。

（1）平板应有足够的面积将梁端支座压力 R 传给混凝土或砌体。通常假定平板下的压应力为均匀分布，因而得：

$$A = a \cdot B \geqslant \frac{R}{f_c} \qquad (5-94)$$

式中　R——梁端反力的设计值；

　　　f_c——混凝土或砌体的抗压强度设计值。

（2）根据钢梁腹板计算高度下边缘的局部承压强度确定平板的最小宽度 a，即

由　　　　　　　　$\dfrac{R}{(a+2.5h_y)t_w} \leqslant f$ 和 $h_y = t_f + r$

得　　　　　　　　$$a \geqslant \frac{R}{f t_w} - 2.5 h_y \qquad (5-95)$$

此时还需注意，平板的宽度 a 不宜过大，以避免平板下的压应力在支座内侧形成过大的不均匀分布。经验数值为：

$$a \leqslant \frac{h}{3} + 100 \text{(mm)} \qquad (5-96)$$

式中　h——梁截面高度。

（3）平板的厚度 t 应根据支座反力对平板产生的弯矩进行计算。控制截面可取在图 5-54 的 1—1 截面，即：

弯矩　　　　　　　　$$M = \frac{1}{2} \cdot \frac{R}{B} \left(\frac{B - t_w}{2} - r \right)^2 \qquad (5-97)$$

板厚　　　　　　　　$$t = \sqrt{\frac{4M}{af}} \qquad (5-98)$$

此处之所以取 1—1 截面作为控制截面，是考虑到在底板反力作用下，因 H 型钢梁的下翼缘宽度较大而有可能向上弯曲。在求板厚度的式（5-98）中则取了板的全塑性截面模量 $\frac{1}{4}at^2$。当梁为普通工字钢时，由于翼缘宽度较窄而不易上弯，控制截面可取在梁的翼缘趾尖处，截面模量宜取弹性截面模量 $\frac{1}{6}at^2$。

2. 弧形支座

为了改善支座底板下的压力分布情况，使之能接近均匀分布，当钢梁支座反力较大

时，可改用弧形支座，即把支座底板表面制成圆弧形，如图 5-55 所示。此时，理论上梁底面与支座为线接触。当梁端轴线发生角位移，梁的支座反力 R 可始终通过支座底板的中心线而使底板下面的压应力为均匀分布。

弧形支座的圆弧面和辊轴支座的辊轴与钢板接触面之间为接触应力，为防止弧形支座的弧形垫块和辊轴支座发生接触破坏，我国《钢结构设计规范》（GB 50017—2003）规定，其支座反力 R 应满足如下要求：

$$R \leqslant 40ndl f^2 / E \tag{5-99}$$

式中 d——弧形表面接触点曲率半径 r 的 2 倍；

      l——弧形表面与梁底面的接触长度；

      n——滚轴个数，对于弧形支座 $n=1$。

本 章 小 结

本章讲述了钢结构受弯构件的截面类型、构件截面分析设计的基本原理与设计步骤。重点讲述满足安全适用性的受弯构件设计过程中，必须验算梁的 4 个方面：强度、刚度、整体稳定、局部稳定，可以用以下图式概况本章内容。

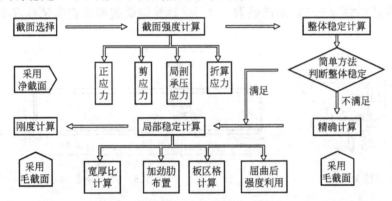

一般情形下，受弯构件强度计算实质上是截面有限塑性发展的弹塑性强度分析，但要注意规范规定的应该采用边缘纤维屈曲理论的相关情形；稳定问题分析相对来说是比较复杂的，钢梁设计过程中首先要尽可能地采取措施保证对受压翼缘的约束，使其可以不必进行整体稳定计算，必须进行整体稳定分析时，应清楚对整体稳定系数 φ_b 存在影响的各个因素。

习 题

1. 受弯构件各项计算中，哪些属于承载能力极限状态计算，哪些属于正常使用极限状态计算？

2. 受弯构件整体失稳的变形特征是什么？

3. 哪些因素影响受弯构件的整体稳定临界弯矩？

4. 受弯构件的侧向支承和加劲肋分别起什么作用？

5. 受弯构件的弯扭变形和轴心受压构件的弯扭变形是否有区别？

6. 设计受弯构件截面时选择板件宽厚比需要综合考虑哪些因素？

7. 是否宽厚比超过规范规定的限值，板件就会发生局部失稳？

8. 假如受弯构件的翼缘板不满足设计规范的宽厚比规定，应如何处理？

9. 受弯钢构件的宽厚比限值规定是根据什么原则确定的？

10. 腹板的加劲肋有哪些形式？有哪些作用？设计时需要注意什么问题？

11. 受弯构件的挠度超过设计规范的允许挠度是否可以使用？

12. 提高受弯构件强度、整体稳定、局部稳定，在截面调整上各能够做哪些处理较为有效？

13. 简支梁计算跨度 4m，采用型钢梁(I32a)，采用 Q235 钢。承受均布荷载，其中永久荷载(不包括梁自重)标准值为 9kN/m，可变荷载(非动力荷载)标准值为 28kN/m，结构安全等级为 2 级。梁跨中上翼缘无支撑点，铺板与无刚性联系。试进行验算(图 5-56)。

14. 一简支梁，梁跨为 7m，焊接组合工字形对称截面 150mm×450mm×18mm×12mm(图 5-57)，梁上作用有均布恒载(标准值，未含梁自重)17.1kN/m，均布活载 6.8kN/m，距梁端 2.5m 处，尚有集中恒荷载标准值 60kN，支座长度 200mm，荷载作用面距钢梁顶面为 120mm。钢材抗拉强度设计值为 215N/mm²，抗剪强度设计值为 125N/mm²，荷载分项系数对恒载取 1.2，对活载取 1.4。试验算钢梁截面是否满足强度要求(不考虑疲劳)。

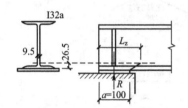

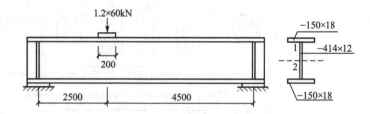

图 5-56　习题 13 图　　　　　　　　　图 5-57　习题 14 图

15. 一简支钢梁，跨度为 6m，跨度中间无侧向支承。上翼缘承受满跨的均布荷载：永久荷载标准值 75kN/m(包括梁自重)，可变荷载标准值为 170kN/m。钢材为 Q345 钢，屈服强度为 345N/mm²，钢梁截面尺寸如图 5-58 所示。试验算此梁的整体稳定性。

16. 某焊接工字形截面简支梁，跨度为 12m，承受均布荷载 235kN/m(包括梁的自重)，如图 5-59 所示，钢材为 Q235 钢。截面尺寸如图所示。跨中有侧向支承保证梁的整体稳定，但梁的上翼缘扭转变形不受约束。试验算考虑屈曲后强度的腹板承载力要求，并设置加劲肋。

17. 跨度为 3m 的简支梁，承受均布荷载，其中永久荷载标准值 $q_k=15kN/m$，各可变荷载标准值共为 $q_{1k}=18kN/m$，整体稳定满足要求。试选择普通工字钢截面，结构安全等级为二级。

图 5-58　习题 15 图

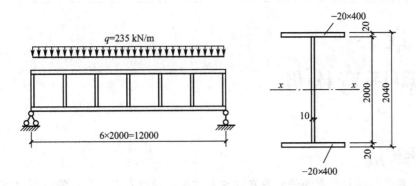

图 5-59 习题 16 图

18. 假设一简支次梁，跨度为 6m，承受均布荷载，恒载标准值为 9kN/m，活载标准值为 13.5kN/m，钢材为 Q235 钢。试设计此型钢梁：（1）假定梁上铺有平台板，可保证梁的整体稳定性；（2）不能保证梁的整体稳定性。

第6章
拉弯和压弯构件

教学目标

本章主要讲述单向压弯构件的基本理论和方法。通过本章学习，应达到以下目标。

（1）掌握单向压弯构件的强度计算、单向压弯构件的整体稳定计算。

（2）熟悉单向压弯构件弯矩作用平面内、外的临界应力确定方法，熟悉实腹式和格构式单向压弯构件的计算步骤。

（3）理解钢结构规范给出的拉弯、压弯构件强度、稳定性相关公式的物理意义。

教学要求

知识要点	能力要求	相关知识
拉弯、压弯构件概述	（1）理解拉弯和压弯构件的概念 （2）熟悉压弯构件的应用现状 （3）掌握拉弯、压弯构件的截面、破坏类型和计算内容	（1）弯矩形成的原因 （2）厂房柱、屋架和多层框架柱的应用 （3）实腹式、格构式截面和弯曲失稳、弯扭失稳
单向压弯构件的强度、稳定性	（1）单向压弯构件的强度计算 （2）单向压弯构件弯矩作用平面内和平面外的整体稳定计算	（1）单向压弯构件和双向压弯构件的区别 （2）单向压弯构件整体失稳的应用条件 （3）单向压弯构件局部失稳与轴压构件的区别
实腹式单向压弯构件的计算	（1）截面选择和构造要求 （2）具体计算步骤	（1）在截面选择和构造要求上与格构式的区别 （2）在计算方面与格构式的区别

基本概念

拉弯构件、压弯构件、弯曲失稳、弯扭失稳、强度、刚度、弯矩作用平面内失稳、弯矩作用平面外失稳、局部失稳、实腹式、格构式、单向压弯构件、双向压弯构件

引例

拉弯和压弯构件广泛于工程当中，相对单纯的受弯构件和轴心受压构件较复杂，较符合实际工程。

简单地讲，拉弯构件广泛应用于屋架的受节间荷载作用的桁架上弦，压弯构件应用于屋架的下弦(图6-1)、多层及高层房屋的等截面柱和变截面柱(图6-2)、受风荷载的墙柱、天窗架的侧柱、厂房的立柱、门式钢架的楔形柱(图6-3)以及塔架中。实际设计过程中，必须要对拉弯和压弯构件进行强度、刚度和稳定性验算，以确保工程的可靠性。

图6-1　屋架

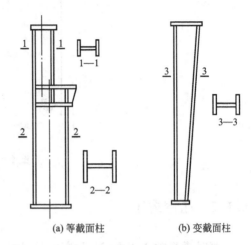

(a) 等截面柱　　　(b) 变截面柱

图6-2　等截面柱和变截面柱

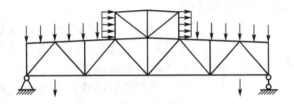

图6-3　门式钢架的楔形柱

6.1 概　　述

6.1.1　拉弯构件

同时承受轴心拉力(N)和弯矩(M)作用的构件，称为拉弯构件，或偏心受拉构件。弯矩的形成可能由拉力偏心、端弯矩或者横向荷载(集中或均布)引起(图6-4)。如果只有绕截面一个形心主轴的弯矩，则称为单向拉弯构件；如果绕两个形心主轴均有弯矩，则称为双向拉弯构件。

与轴心受拉构件相比，拉弯构件的计算一般只需考虑强度和刚度两个方面。但对以承受弯矩为主的拉弯构件，当截面因弯矩而产生较大的压应力时，应考虑计算构件的整体稳定和局部稳定。

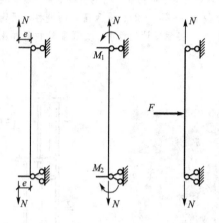

图 6 - 4 拉弯构件

6.1.2 压弯构件

同时承受轴心压力(N)和弯矩(M)作用的构件，称为压弯构件，或偏心受压构件。弯矩的形成与拉弯构件相似(图 6 - 5)，也分为单向压弯构件和双向压弯构件。单向压弯构件应用相对广泛，多见于厂房和框架柱中。

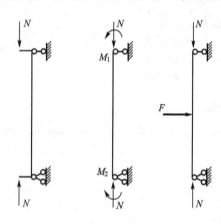

图 6 - 5 压弯构件

与轴心受压构件相似，压弯构件的计算除了考虑强度和刚度两个方面外，更主要的是考虑构件的整体稳定和局部稳定。

当弯矩较小或正负弯矩绝对值大致相等以及使用上有特殊要求时，拉弯和压弯构件常采用双轴对称截面，如 H 形截面。当构件的正负弯矩绝对值相差较大时，为了节省钢材，常采用单轴对称截面，如 T 形截面。

本章将主要叙述单向压弯构件的强度、刚度、整体稳定和局部稳定等计算问题，以及相关的不同截面的构造问题，其基本原则同样适用于拉弯构件和双向压弯构件。

6.2 单向压弯构件的强度和刚度

6.2.1 单向压弯构件的强度计算条件准则

一般情况，拉弯构件、截面有削弱或构件端部弯矩大于跨间弯矩的压弯构件，需要进行强度计算，虽然单向压弯构件大部分是稳定性破坏。

以双轴对称工字形截面压弯构件为例(图 6-6),构件在轴心压力 N 和绕主轴 x 轴的弯矩 M_x 的共同作用下,计算拉弯和压弯构件的强度时,根据截面上应力发展的不同程度,可取以下三种不同的强度计算准则。

(1) 边缘纤维屈服准则。在构件受力最大的截面上,截面边缘处的最大应力达到屈服时即认为构件达到了强度极限,此时构件在弹性阶段工作,适用于计算疲劳的构件 [图 6-6(b)]。

(2) 全截面屈服准则。构件的最大受力截面的全部受拉和受压区的应力都达到屈服,此时,这一截面在压力和弯矩的共同作用下形成塑性铰 [图 6-6(c)]。

(3) 部分发展塑性准则。构件的最大受力截面的部分受拉和受压区的应力达到屈服点,至于截面中塑性区发展的深度则根据具体情况给定。此时,构件在弹塑性阶段工作 [图 6-6(d)]。

本章考虑的强度计算,按照《钢结构设计规范》(GB 50017—2003),是像受弯构件一样,考虑塑性部分深入,即弹塑性阶段。

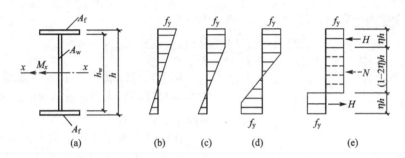

图 6-6 工字形截面压弯构件截面应力发展过程

6.2.2 单向压弯构件的强度公式推导

考虑单向压弯构件的强度公式是从全截面屈服准则出发,根据力平衡条件可得轴心压力与弯矩的相关方程,绘出曲线,为简化计算且偏于安全,采用直线作为计算依据。简化考虑部分发展塑性,引入塑性发展系数,进而给出较实用的单向压弯构件强度公式。

图 6-7 表示双轴对称工字形截面压弯构件绕强轴 x 轴单向受弯时,中和轴位于腹板内的全截面达到塑性时的应力分布(中和轴位于翼缘内,相同方法得到),腹板受压屈服区的高度为 ch_0,相应受拉区高度为 $(1-c)h_0$。

图 6-7(d)中合力 N 与外轴力平衡;图 6-7(c)中组成的力偶与外力弯矩平衡,力的平衡如下:

$$N = f_y(1-2c)h_0 t_w = f_y(1-2c)A_w \tag{6-1}$$

$$M_x = f_y \left[(h_0+t)A_f + c(1-c)h_0 A_w \right] \tag{6-2}$$

从以上两式消去 c,得

$$M_x = f_y \left[(h_0+t)A_f + \frac{1}{4}A_w h_0 \left(1 - \frac{N^2}{A_w^2 f_y^2}\right) \right] \tag{6-3}$$

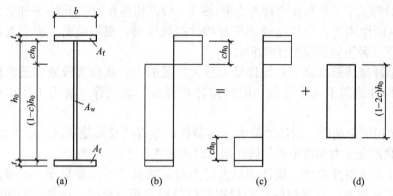

图 6-7　全截面塑性应力分布假设

令 $\alpha = \dfrac{A_w}{2A_f}$；　$\beta = \dfrac{t}{h_0}$

截面完全达到屈服时，$N_p = Af_y$，$M_{px} = W_{px}f_y$

进而，
$$\frac{M}{W_p f_y} + \frac{(1+\alpha)^2}{\alpha\left[2(1+\beta)+\alpha\right]}\left(\frac{N}{Af_y}\right)^2 = 1 \tag{6-4}$$

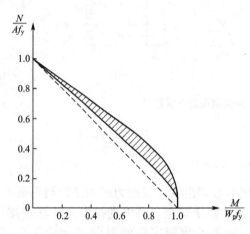

图 6-8　压弯构件强度相关曲线

从上式可以看出，工字形截面的 N 和 M 的关系与腹板翼缘面积比 α 和翼缘厚度对腹板高度的比值 β 有关（图 6-8）。

在设计中为了简化，由于没有考虑附加挠度的影响，可以偏安全地采用直线关系式（即图中虚线），其表达式为：

$$\frac{N_x}{N_p} + \frac{M}{M_p} = 1 \quad \text{或} \quad \frac{N}{Af_y} + \frac{M}{W_p f_y} = 1 \tag{6-5}$$

则部分发展塑性截面强度相关直线如下：

$$\frac{M_x}{M_{px}} + \frac{N}{N_p} = 1 \tag{6-6}$$

《钢结构设计规范》（GB 50017—2003）规定单向压弯构件强度计算式：

$$\frac{N}{A_n} + \frac{M_x}{\gamma_x W_{nx}} \leqslant f \tag{6-7}$$

式中　A_n——净截面面积；

　　　M_x——绕 x 轴的弯矩；

　　　W_{nx}——对 x 轴的净截面模量；

　　　γ_x——截面塑性发展系数，通常取 1.05，具体取值参考第 5 章。当取 1.0 时，即不考虑塑性，按弹性应力状态考虑。特别的情况，若构件为承受动力荷载的重级工作制吊车桁架中的杆件，则取 $\gamma_x = 1.0$。当受压翼缘的外伸宽度 b_1 与其厚度 t 之比大于 $13\sqrt{235/f_y}$，但不超过 $15\sqrt{235/f_y}$ 时，取 $\gamma_x = 1.0$。格构式构件绕虚轴（x 轴）弯曲时，仅考虑边缘纤维屈服，取 $\gamma_x = 1.0$。

6.2.3　单向压弯构件的刚度

与轴心受压构件一样，压弯构件的刚度也以规定的容许长细比作为限制，其容许长细比取轴心受压构件的容许长细比，即 $\lambda_{max} = \left(\dfrac{l_0}{i}\right)_{max} \leqslant [\lambda]$。例如：一般建筑的桁架的杆件取 $[\lambda] = 350$，框架柱取 $[\lambda] = 150$。

【例 6-1】　验算如图 6-9 所示端弯矩（设计值）作用下压弯构件的强度和刚度是否满足要求。构件为普通热轧工字钢 I10，Q235AF，假定图示侧向支承保证不发生弯扭屈曲。工字形截面的特性：$A = 14.3\text{cm}^2$，$W_x = 49\text{cm}^3$，$i_x = 4.14\text{cm}$。

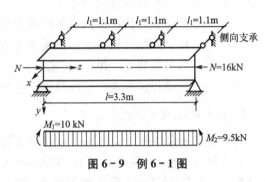

图 6-9　例 6-1 图

解： (1) 验算强度：$\gamma_x = 1.05$

由公式 $\dfrac{N}{A} + \dfrac{M_x}{\gamma_x W_x} \leqslant f$ 得，

$$\frac{16 \times 10^3}{14.3 \times 10^2} + \frac{10 \times 10^6}{1.05 \times 49 \times 10^3} = 11.2 + 194.4 = 205.6\text{MPa} < f = 215\text{MPa}$$

(2) 验算刚度：$\lambda_x = \dfrac{l_{0x}}{i_x} = \dfrac{330}{4.14} = 80 < [\lambda] = 350$

6.3　单向压弯构件的整体稳定

当弯矩作用在刚度最大的平面内，即弯矩位于腹板平面内时，构件绕强轴 x 轴弯曲，当荷载增大到某一数值时，挠度迅速增大而破坏。因为挠曲线始终在弯矩作用平面内，故称这种失稳为平面内失稳。

若侧向抗弯刚度 EI_y 较小，且侧向又无足够的支撑，可能在平面内失稳之前，突然产生侧向（即绕 y 轴方向）的弯曲同时伴随着扭转而丧失整体稳定。因为挠曲方向偏离了弯矩作用平面，故称这种失稳为平面外失稳。

失稳的形式与构件的抗扭刚度、抗弯刚度及侧向支撑的布置有关，类似于梁的受弯形式的影响因素。

6.3.1　单向压弯构件平面内失稳

确定压弯构件弯矩作用平面内极限承载力的方法总体上可分为两大类：一类是边缘屈服准则的计算方法；一类是最大强度准则，即采用解析法和数值法直接求解的计算方法。本章是参考规范，借用弹性压弯构件边缘屈服时的计算公式，计算应力时考虑截面的塑性发展和二阶弯矩，利用数值方法得出比较符合实际又能满足工程精度要求的压弯构件弹塑性阶段近似相关公式。

1. 边缘屈服准则公式

以两端铰支、弯矩沿杆长均匀分布的压弯构件为例(图 6 - 10)，其极限承载力的计算公式为：

$$\frac{N}{\varphi_x A} + \frac{M_x}{W_{1x}\left(1 - \varphi_x \dfrac{N}{N_{Ex}}\right)} = f_y \tag{6-8}$$

式中 N ——压弯构件的轴线压力；

φ_x ——在弯矩作用平面内，不计弯矩作用时轴心受压构件的稳定系数；

M_x ——所计算构件段范围内的最大弯矩；

N_{Ex} ——欧拉临界力，$N_{Ex} = \pi^2 EA/1.1\lambda_x^2$；

W_{1x} ——弯矩作用平面内受压最大纤维的毛截面抵抗矩。

2. 最大强度准则公式

当实腹式压弯构件最大受压边缘刚开始屈服时，尚有较大的强度储备，偏于保守，宜采用最大强度准则。实际上，考虑初弯曲和初偏心的轴心受压构件就是压弯构件。这里是通过考虑 $l/1000$ 的初弯曲和实测的残余应力分布，算出了翼缘为火焰切割边的焊接工字形截面压弯构件在两端等弯矩作用下的相关曲线，如图 6 - 11 所示，其中，实线为理论计算的结果。

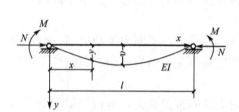

图 6 - 10 压弯构件受荷挠曲形式

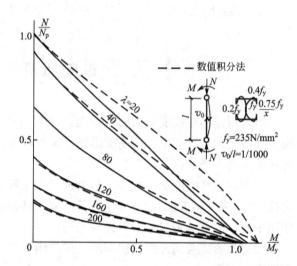

图 6 - 11 焊接工字钢压弯构件的相关曲线

其相关曲线的计算公式为：

$$\frac{N}{\varphi_x A} + \frac{M_x}{W_{px}\left(1 - 0.8\dfrac{N}{N_{Ex}}\right)} = f_y \tag{6-9}$$

式中 W_{px} ——截面塑性模量。

3. 单向压弯构件平面内整体稳定公式

式(6-9)仅适用于弯矩沿杆长均匀分布的两端铰支压弯构件，为了推广应用于其他荷载作用时的压弯构件，可用等效弯矩 $\beta_{mx}M_x$（M_x 为最大弯矩，$\beta_{mx} \leqslant 1$）代替公式中的 M_x，以考虑由式（6-9）计算偏低的有利因素。另外，考虑部分塑性深入截面，采用 $W_{px} = \gamma_x W_{1x}$，并引入抗力分项系数，即得到规范所采用的实腹式压弯构件在弯矩作用平面内的稳定计算式：

$$\frac{N}{\varphi_x A} + \frac{\beta_{mx}M_x}{\gamma_x W_{1x}\left(1-0.8\dfrac{N}{N'_{Ex}}\right)} \leqslant f \tag{6-10}$$

式中　β_{mx}——等效弯矩系数；

$\quad\quad N'_{Ex}$——参数，$N'_{Ex} = \pi^2 EA/1.1\lambda_x^2$；

$\quad\quad \gamma_x$——截面塑性发展系数。

β_{mx} 的取值根据构件弯矩产生的原因分类如下。

（1）无侧移构件在端弯矩和横向荷载同时作用，产生反向曲率，即存在反弯点时，$\beta_{mx} = 0.85$。

（2）无侧移构件在仅有端弯矩，产生同向曲率时，$\beta_{mx} = 0.65 + 0.35|M_1|/|M_2|$；产生反向曲率时，$\beta_{mx} = 0.65 - 0.35|M_1|/|M_2|$，其中其中 $|M_1| > |M_2|$。

（3）其他情况，简化取 $\beta_{mx} = 1.0$。

对于 T 形等单轴对称截面压弯构件，当弯矩作用于对称轴平面且使较大翼缘受压时，除受压区屈服和受压、受拉区同时屈服情况外［式（6-10）］，还有可能在受拉翼缘一侧产生屈服，这时，轴向压力 N 引起的压应力与弯矩引起的拉应力起到抵消作用。这种情况下，除按式（6-10）计算外，还应按下式计算：

$$\left|\frac{N}{A} - \frac{\beta_{mx}M_x}{\gamma_x W_{2x}(1-1.25N/N'_{Ex})}\right| \leqslant f \tag{6-11}$$

式中　W_{2x}——受拉侧最外纤维的毛截面模量。1.25 是经过与理论计算结果比较后的修正系数。

【例 6-2】　由热扎工字钢 I25a 制成的压弯杆件，两端铰接，杆长 10m，钢材 Q235，$f = 215\text{N/mm}^2$，$E = 206 \times 10^3\text{N/mm}^2$，$\beta_{mx} = 0.65 + 0.35\dfrac{M_2}{M_1}$，已知：截面 $I_x = 33229\text{cm}^4$，$A = 84.8\text{cm}^2$，b 类截面，作用于杆长的轴向压力和杆端弯矩如图 6-12 所示，试由弯矩作用平面内的稳定性确定该杆能承受多大的弯矩 M_x？

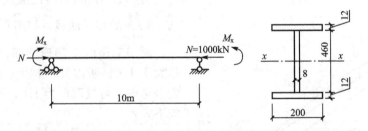

图 6-12　例 6-2 图

解： $i_x = \sqrt{\dfrac{I_x}{A}} = \sqrt{\dfrac{33229}{19.8}} = 19.8\text{cm}$

$\quad\quad\lambda_x = \dfrac{l_{0x}}{i_x} = \dfrac{1000}{19.8} = 50.5$

查表得 $\varphi_x = 0.854$

$$W_{1x} = \frac{I_x}{h/2} = \frac{33229 \times 2}{48.4} = 1373\text{cm}^3$$

$$\beta_{mx} = 0.65 + 0.35\frac{M_2}{M_1} = 0.65$$

$$N'_{Ex} = \frac{\pi^2 EA}{1.1\lambda_x^2} = \frac{3.14^2 \times 206 \times 10^3 \times 84.8 \times 100}{1.1 \times 50.5^2} = 6139.7\text{kN}$$

$$\frac{N}{\varphi_x A} + \frac{\beta_{mx}M_x}{\gamma_x W_{1x}\left(1 - 0.8\dfrac{N}{N'_{Ex}}\right)} \leqslant f$$

$$\frac{1000 \times 10^3}{0.854 \times 84.8 \times 10^2} + \frac{0.65 \times M_x}{1.05 \times 1373 \times 10^3 \times \left(1 - 0.8\dfrac{1000}{6139.7}\right)} \leqslant 215\text{MPa}$$

$$M_x \leqslant \frac{(215 - 138) \times 10^7}{5.18} = 148.6\text{kN} \cdot \text{m}$$

6.3.2 单向压弯构件平面外整体稳定

以双轴对称工字形截面为例,由弹性稳定理论,考虑扭转和弯曲的情形,得出构件在发生弯扭失稳时的临界条件:

$$\left(1 - \frac{N}{N_{Ey}}\right)\left(1 - \frac{N}{N_w}\right) - \left(\frac{M_x}{M_{cr}}\right)^2 = 0 \tag{6-12}$$

$$N_{Ey} = \pi^2 EI_y / l_y^2$$

$$N_\omega = \left(GI_t + \frac{\pi^2 EI_\omega}{l_\omega^2}\right)\Big/i_0^2$$

式中　N_{Ey}——绕截面弱轴弯曲屈曲的临界力;

　　　N_w——绕截面纵轴扭转屈曲的临界力;

　　　l_y、l_w——构件的侧向弯曲自由长度和扭转自由长度,对于两端铰接的杆 $l_y = l_w$;

　　　M_{cr}——构件绕 x 轴的纯弯曲临界弯矩。

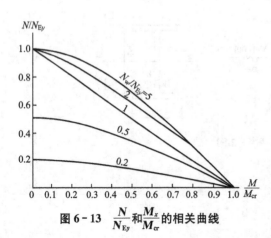

图 6-13 $\dfrac{N}{N_{Ey}}$ 和 $\dfrac{M_x}{M_{cr}}$ 的相关曲线

将 N_w/N_{Ey} 的不同比值代入上式,绘出 $\dfrac{N}{N_{Ey}}$ 和 $\dfrac{M}{M_{cr}}$ 的相关曲线,如图 6-13 所示。

对于常用的工字形截面,其 N_w/N_{Ey} 总是大于 1.0,所以其值越大,曲线越凸。偏安全考虑,可以取值为 1.0,即变成了直线,如下式:

$$\frac{N}{N_{Ey}} + \frac{M_x}{M_{cr}} = 1 \tag{6-13}$$

理论分析和试验研究表明,式(6-13)同样适用于弹塑性压弯构件的弯扭屈曲计算,且用弯扭屈曲临界力 $N_{cr} = \varphi_y A f_y$ 代替 N_{Ey},相关公式仍然适用。

$M_{cr} = \varphi_b W_x f_y$ 代入式(6-13)并引入非均匀分布弯矩作用的等效弯矩系数 β_{tx}、闭口（箱形）截面的影响调整系数 η 及抗力分项系数 γ_R 后，可得《钢结构设计规范》(GB 50017—2003)规定的设计公式为：

$$\frac{N}{\varphi_y A} + \eta \frac{\beta_{tx} M_x}{\varphi_b W_{1x}} \leqslant f \tag{6-14}$$

式中　φ_y——弯矩作用平面外的轴心受压构件稳定系数；

$\quad\quad \varphi_b$——均匀弯矩作用时受弯构件的整体稳定系数，公式参考受弯构件，$\varphi_b > 0.6$ 不必换算；

$\quad\quad M_x$——构件产生的最大弯矩；

$\quad\quad \eta$——调整系数，闭合截面 $\eta = 0.7$，其他截面 $\eta = 1.0$；

$\quad\quad \beta_{tx}$——等效弯矩系数，取值方法与 β_{mx} 相同。

【例6-3】　试验算如图6-14所示压弯构件平面外的稳定性，钢材为 Q235，$F = 100\text{kN}$，$N = 900\text{kN}$，$\beta_{tx} = 0.65 + 0.35\dfrac{M_2}{M_1}$，$\varphi_b = 1.07 - \dfrac{\lambda_y^2}{44000} \times \dfrac{f_y}{235}$，跨中有一侧向支撑，$f = 215\text{N/mm}^2$，$A = 16700\text{mm}^2$，$I_x = 792.4 \times 10^6 \text{mm}^4$，$I_y = 160 \times 10^6 \text{mm}^4$。

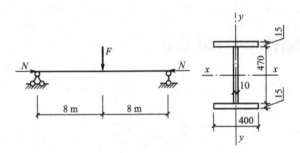

图6-14　例6-3图

解：$W_x = \dfrac{I_x}{h/2} = \dfrac{792.4 \times 10^6 \times 2}{500} = 3.17 \times 10^6 \text{mm}^3$

$\quad\quad i_x = \sqrt{\dfrac{I_x}{A}} = \sqrt{\dfrac{792.4 \times 10^6}{16700}} = 217.8\text{mm}$

$\quad\quad \lambda_x = \dfrac{l_{0x}}{i_x} = \dfrac{16000}{217.8} = 73.5$

$\quad\quad i_y = \sqrt{\dfrac{I_y}{A}} = \sqrt{\dfrac{160 \times 10^6}{16700}} = 97.9\text{mm}$

$\quad\quad \lambda_y = \dfrac{l_{0y}}{i_y} = \dfrac{8000}{97.9} = 81.7$　查表得 $\varphi_y = 0.677$

$\quad\quad \varphi_b = 1.07 - \dfrac{\lambda_y^2}{44000} \times \dfrac{f_y}{235} = 1.07 - \dfrac{81.7^2}{44000} \times \dfrac{f_y}{235} = 0.918$

$\quad\quad \beta_{tx} = 0.65 + 0.35\dfrac{M_2}{M_1} = 0.65$

$\dfrac{N}{\varphi_y A} + \dfrac{\eta \beta_{tx} M_x}{\varphi_b W_x} = \dfrac{900 \times 10^3}{0.677 \times 16700} + \dfrac{0.65 \times 400 \times 10^6}{0.918 \times 3.17 \times 10^6} = 168.9\text{N/mm}^2 \leqslant f = 215\text{N/mm}^2$

验算合格。

6.4 单向压弯构件的局部稳定

压弯构件的局部稳定保证，仍然是对构件翼缘宽厚比和腹板高厚比作出限制。其中受压翼缘板的局部稳定保证类同于梁受压翼缘；腹板的局部稳定由于受非均匀压应力和剪应力共同作用(图 6-15)，由构件的长细比和沿腹板高度边缘的应力情况控制。

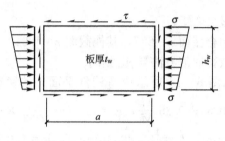

图 6-15　腹板受应力情况

6.4.1　单向压弯构件翼缘的局部稳定

工字形截面、T 形截面、箱形截面的翼缘自由外伸宽度 b_1 与其厚度 t 之比(单边支撑)应满足：

$$\frac{b_1}{t} \leqslant 15\sqrt{\frac{235}{f_y}} \tag{6-15}$$

注：当截面考虑部分塑性，即 $\gamma_x = 1.05$，上式中的限值 15 应改为 13。

箱形截面受压翼缘板在两腹板间的翼缘宽度 b_0 与其厚度 t 之比(两边支撑)：

$$\frac{b_0}{t} \leqslant 40\sqrt{\frac{235}{f_y}} \tag{6-16}$$

6.4.2　单向压弯构件腹板的局部稳定

对于承受不均匀压应力和剪应力的腹板局部稳定，引入系数应力梯度(Stress Gradient)：

$$\alpha_0 = \frac{\sigma_{max} - \sigma_{min}}{\sigma_{max}}$$

式中　σ_{max}——腹板计算高度边缘的最大应力；

σ_{min}——腹板计算高度另一边缘的应力，压应力取正值，拉应力取负值；

λ——构件在弯矩作用平面内的长细比，当 $\lambda < 30$ 时，取 $\lambda = 30$；当 $\lambda > 100$ 时，取 $\lambda = 100$。

1. 工字形截面

当 $0 \leqslant \alpha_0 \leqslant 1.6$ 时

$$\frac{h_{\mathrm{w}}}{t_{\mathrm{w}}}\leqslant\left[16\alpha_0+0.5\lambda+25\right]\sqrt{\frac{235}{f_{\mathrm{y}}}} \tag{6-17}$$

$\alpha_0=0$，即与轴心受压构件相同。

当 $1.6<\alpha_0\leqslant2$ 时

$$\frac{h_{\mathrm{w}}}{t_{\mathrm{w}}}\leqslant\left[48\alpha_0+0.5\lambda-26.2\right]\sqrt{\frac{235}{f_{\mathrm{y}}}} \tag{6-18}$$

当 $\alpha_0=2$ 时，符合梁的腹板在弯曲应力和剪应力联合作用下对高厚比的要求。

2. T 形截面

当 $\alpha_0\leqslant1.0$ 时

$$\frac{h_0}{t_{\mathrm{w}}}\leqslant15\sqrt{\frac{235}{f_{\mathrm{y}}}} \tag{6-19}$$

式(6-19)适用于弯矩较小、腹板压应力分布不均有利影响因素不大及腹板自由边受压的情况。

当 $\alpha_0>1.0$ 时

$$\frac{h_0}{t_{\mathrm{w}}}\leqslant18\sqrt{\frac{235}{f_{\mathrm{y}}}} \tag{6-20}$$

式(6-20)适用于弯矩较大、腹板压应力分布不均有利作用影响较大及腹板自由边受压的情况。

3. 箱形截面

箱形截面考虑其腹板边缘的嵌固程度比工字形截面弱，且两块腹板的受力情况也可能不完全一致，h_0/t_{w} 不应超过工字形截面腹板局部稳定公式右侧乘以 0.8 后的值，当此值小于 $40\sqrt{\frac{235}{f_{\mathrm{y}}}}$ 时，应采用 $40\sqrt{\frac{235}{f_{\mathrm{y}}}}$。

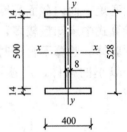

图 6-16 例 6-4 图

【**例 6-4**】 工字形压弯构件的截面如图 6-16 所示，承受的荷载设计值为：轴心压力 $N=800\mathrm{kN}$，弯矩设计值 $M_x=420\mathrm{kN}\cdot\mathrm{m}$。计算长度 $l_{0x}=10\mathrm{m}$，材料为 Q235B 钢，试验算构件的局部稳定。

解：(1) 截面几何特性。

截面积 $\quad A=2\times40\times1.4+50\times0.8=152\mathrm{cm}^2$

惯性矩 $\quad I_x=\frac{1}{12}\times0.8\times50^3+2\times1.4\times40\times(25+0.7)^2=82308\mathrm{cm}^4$

回转半径 $\quad i_x=\sqrt{\frac{I_x}{A}}=\sqrt{\frac{82308}{152}}=23.27$

长细比 $\quad \lambda_x=\frac{l_{0x}}{i_x}=\frac{10\times10^2}{23.27}=43.0$

(2) 受压翼缘板。

$$\frac{b_1}{t}=\frac{400-8}{2\times14}=14<15\sqrt{\frac{235}{f_{\mathrm{y}}}}=15$$

（3）腹板。

腹板计算高度边缘的最大应力和最小应力为：

$$\sigma_{max}=\frac{N}{A}+\frac{M_x}{I_x}\cdot\frac{h_0}{2}=\frac{800\times10^3}{152\times10^2}+\frac{420\times10^6}{82308\times10^4}\times\frac{500}{2}=180.2\text{N/mm}^2$$

$$\sigma_{min}=\frac{N}{A}-\frac{M_x}{I_x}\cdot\frac{h_0}{2}=\frac{800\times10^3}{152\times10^2}-\frac{420\times10^6}{82308\times10^4}\times\frac{500}{2}=-75\text{N/mm}^2$$

应力梯度　$\alpha_0=\dfrac{\sigma_{max}-\sigma_{min}}{\sigma_{max}}=\dfrac{180.2-(75)}{180.2}=1.40<1.6$

$\dfrac{h_0}{t_w}=\dfrac{500}{8}=62.5<(16\partial_0+0.5\lambda+25)\sqrt{\dfrac{235}{f_y}}=(16\times1.4+0.5\times43+25)\times1.0=68.9$

满足要求。

6.5　实腹式单向压弯构件的计算

实腹式单向压弯构件的计算，首先应选定截面的形式，再根据构件所承受的轴力 N、弯矩 M 和构件的计算长度 l_{0x}、l_{0y} 初步确定截面的尺寸，然后进行强度、整体稳定、局部稳定和刚度的验算，同时注意构造要求。

6.5.1　截面形式与选择

当承受的弯矩较小时，其截面形式与一般的轴心受压构件相同。当弯矩较大时，宜采用弯矩平面内截面高度较大的双轴或单轴对称截面，如图 6-17 所示。由于压弯构件的验算式中未知量较多，一般先根据构造要求或设计经验，假设适当的截面，然后进行各项验算。验算不合适时，适当调整截面尺寸，再重新验算，直至满意为止。对于 N 大、M 小的构件，可参照轴压构件初估；对于 N 小、M 大的构件，可参照受弯构件初估。

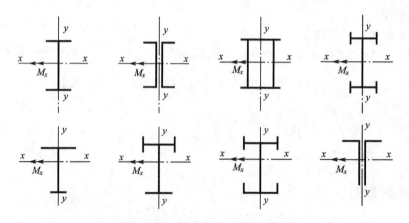

图 6-17　双轴和单轴对称实腹式单向受弯构件截面

6.5.2 构件验算内容

(1) 强度验算。运用式(6-7)进行计算。

(2) 刚度验算。其长细比不超过构件的允许长细比。

(3) 整体稳定性验算。运用式(6-10)、式(6-11)、式(6-14)进行计算。

(4) 局部稳定性验算。包括腹板高厚比和受压翼缘的宽厚比计算,参考6.4节相应的公式。

6.5.3 构造要求

实腹式压弯构件的构造要求与实腹式轴心受压构件相似。

对于大型实腹式压弯构件,应在承受较大横向荷载处和每个计算单元的两端设置横隔。在设置横向支承点时,对于截面较小的构件,可仅在腹板中央部位通过加劲肋或横隔与支撑连接;对截面高度较大或受力较大的构件,则应在两个翼缘内同时支承。

【例6-5】 试验算图6-18压弯构件的稳定性。$N=1000\text{kN}$,$F=100\text{kN}$,采用Q235钢材,$f=205\text{N/mm}^2$,$E=206\times10^3\text{N/mm}^2$,$\beta_{mx}=1.0$,$\beta_{tx}=1.0$,$\gamma_x=1.05$,$\varphi_b=1.07-\dfrac{\lambda_y^2}{44000}\cdot\dfrac{f_y}{235}\leqslant1.0$,跨中有一侧向支撑。

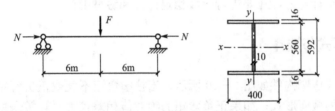

图6-18 例6-5图

解: 截面几何特性:$A=184\text{cm}^2$,$I_x=120803\text{cm}^4$,$I_y=17067\text{cm}^4$

$$W_{1x}=\frac{2I_x}{h}=\frac{120803\times2}{59.2}=4081\text{cm}^3$$

$$i_x=\sqrt{\frac{I_x}{A}}=\sqrt{\frac{120803}{184}}=25.62\text{cm},\quad i_y=\sqrt{\frac{I_y}{A}}=\sqrt{\frac{17067}{184}}=9.63\text{cm}$$

$$\lambda_x=\frac{l_{0x}}{i_x}=\frac{1200}{25.62}=46.84 \quad \text{查表可知,} \varphi_x=0.871$$

$$\lambda_y=\frac{l_{0y}}{i_y}=\frac{600}{9.63}=62.31 \quad \text{查表可知,} \varphi_y=0.795$$

$$N'_{Ex}=\frac{\pi^2EA}{1.1\lambda_x^2}=\frac{3.14^2\times206\times10^3\times184\times10^2}{1.1\times46.84^2}=15485\text{kN}$$

平面内稳定验算:

$$\frac{N}{\varphi_xA}+\frac{\beta_{mx}M_x}{\gamma_xW_{1x}(1-0.8N/N'_{Ex})}$$

$$\frac{1000\times10^3}{0.871\times184\times10^2}+\frac{1.0\times300\times10^6}{1.05\times4081\times10^3\times\left(1-0.8\times\frac{1000}{15485}\right)}$$

$$=62.40+73.85=136.25\text{N/mm}^2<f=205\text{N/mm}^2$$

平面外稳定验算：$\varphi_b=1.07-\dfrac{\lambda_y^2}{44000}\times\dfrac{f_y}{235}=1.07-\dfrac{62.31^2}{44000}=0.982$

$$\frac{N}{\varphi_y A}+\frac{\eta\beta_{tx}M_x}{\varphi_b W_{1x}}$$

$$=\frac{1000\times10^3}{0.795\times184\times10^2}+\frac{1.0\times300\times10^6}{0.982\times4081\times10^3}$$

$$=68.36+74.86=143.22\text{N/mm}^2<f=205\text{N/mm}^2$$

该压弯构件满足稳定性要求。

6.6 格构式单向压弯构件的计算

格构式压弯构件一般用于厂房的框架柱和高大的独立柱，且单向绕虚轴弯矩作用的构件较多。由于在弯矩作用平面内的截面高度较大，且通常又有较大的外部剪力作用，故构件肢件间经常用缀条连接以节省材料，缀板连接则相对较少。特别地，格构式单向压弯构件的计算，与实腹式相比，除了初选截面，进行强度、刚度计算，弯矩作用平面内整体稳定计算，局部稳定计算外，还要进行分肢稳定计算和缀材设计。

6.6.1 截面形式与选择

常用的格构式压弯构件如图 6-19 所示。当柱中弯矩不大或正负弯矩的绝对值相差不大时，可用对称的截面形式；如果正负弯矩的绝对值相差较大时，常采用不对称截面，并将较大肢放在受压较大的一侧。

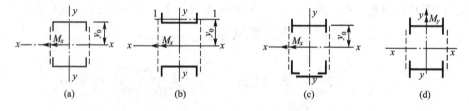

| (a) | (b) | (c) | (d) |

图 6-19 格构式压弯构件常用截面

6.6.2 构件验算内容

（1）强度验算。以截面边缘纤维屈服作为强度计算依据，在式(6-7)中，截面塑性发展系数 γ_x、γ_y 取值为 1.0。

（2）刚度验算。对绕构件虚轴的长细比，采用换算长细比 λ_{0x}，λ_{0x} 的计算方法同格构式轴心受压构件。

（3）弯矩作用平面内稳定性验算。

格构式压弯构件对虚轴的弯曲失稳采用以截面边缘纤维开始屈服作为设计准则的计算式（6-8），在此基础上引入等效弯矩系数和抗力分项系数，得出：

$$\frac{N}{\varphi_x A}+\frac{\beta_{mx}M_x}{W_{1x}\left(1-\varphi_x\dfrac{N}{N'_{Ex}}\right)}\leqslant f \tag{6-21}$$

$$W_{1x}=I_x/y_0$$

式中　I_x——对 x 轴（虚轴）的毛截面惯性矩；

　　　y_0——由 x 轴到压力较大分肢腹板外边缘［图 6-20(c)］或者到压力较大分肢轴线的距离［图 6-20(d)］的距离，二者取较大值；

　　　φ_x、N'_{Ex}——分别为轴心压杆的整体稳定系数和考虑抗力分项系数 γ_R 的欧拉临界力，均由对虚轴（x 轴）的换算长细比 λ_{0x} 确定。

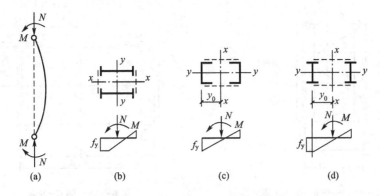

图 6-20　绕虚轴弯矩的格构式构件

（4）分肢的稳定验算。

对于弯矩绕虚轴作用的压弯构件，由于组成压弯构件的两个肢件在弯矩作用平面外的稳定都已经在计算单肢时得到保证，不必再计算整个构件在平面外的稳定性。

计算时，整个构件视为一平行弦桁架，将构件的两个分肢看作桁架体系的弦杆，两分肢的轴心力应按下列公式计算，然后按轴心受压整体稳定公式验算：

分肢 1：

$$N_1=N\frac{y_2}{a}+\frac{M}{a} \tag{6-22}$$

分肢 2：

$$N_2=N-N_1 \tag{6-23}$$

缀条式压弯构件的分肢按轴心压杆计算。分肢的计算长度，在缀材平面内（图 6-21中的 1—1 轴）取缀条体系的节间长度 $l_{0x}=l_1$；在缀条平面外，取整个构件两侧向支撑点间的距离。不设支承时，取 l_{0y}=柱子全高。

缀板式压弯构件的分肢计算时，除轴心力 N_1（或 N_2）外，还应考虑由剪力作用引起的局部弯矩，按实腹式压弯构件验算单肢的稳定性。

分肢的局部稳定验算同实腹式轴压柱。

（5）缀材的计算和构造要求。

计算压弯构件的缀材时，应取构件实际剪力和计算剪力两者中的较大值。计算方法与格构式轴心受压构件相同。

对格构式柱，均应设置横隔，方法与格构式轴心受压柱相同。

【例 6 - 6】 验算如图 6 - 22 所示的格构式压弯构件的整体稳定，钢材为 Q235B。构件承受的弯矩和轴压力设计值分别为 $M_x = \pm 1550 \text{kN/m}$、$N = 1520 \text{kN}$；计算长度分别为 $l_{0x} = 20.0 \text{m}$，$l_{0y} = 12.0 \text{m}$；$\beta_{mx} = \beta_{tx} = 1.0$；其他条件如下。

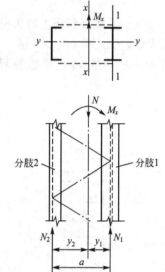

图 6 - 21　分肢的内力计算

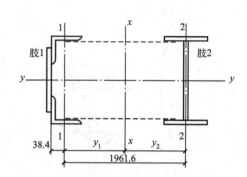

图 6 - 22　例 6 - 6 图

分肢 1：$A_1 = 14140 \text{mm}^2$，$I_1 = 3.167 \times 10^7 \text{mm}^4$，$i_1 = 46.1 \text{mm}$，$i_{y1} = 195.7 \text{mm}$

分肢 2：$A_2 = 14220 \text{mm}^2$，$I_2 = 4.174 \times 10^7 \text{mm}^4$，$i_2 = 54.2 \text{mm}$，$i_{y2} = 223.4 \text{mm}$

缀条体系采用设有横缀条的单系缀条体系，其轴线与柱分肢轴线交于一点，夹角为 45°缀条为∟ 140×90×8，$A = 1804 \text{mm}^2$。

解： $y_1 = \dfrac{A_2(y_1 + y_2)}{A_1 + A_2} = \dfrac{14220 \times 1461.6}{14220 + 14140} = 732.9 \text{mm}$

$y_2 = 1461.6 - 732.9 = 728.7 \text{mm}$

$A_0 = 14140 + 14220 = 28360 \text{mm}^2$

（1）验算 M 作用平面内的稳定。

$$I_x = I_1 + I_2 + A_1 y_1^2 + A_2 y_2^2 = 1.522 \times 10^{10} \text{mm}^4$$

$$i_x = \sqrt{\frac{I_x}{A_0}} = 732.6 \text{mm} \quad \lambda_x = \frac{I_{0x}}{i_x} = \frac{20000}{732.6} = 27.3$$

$$\lambda_{0x} = \sqrt{\lambda_x^2 + 27 \frac{A_0}{2A}} = 30.9 \quad 查表得 \ \varphi_x = 0.933$$

$$N'_{Ex} = \frac{\pi^2 EA}{1.1 \lambda_{0x}^2} = 54843 \text{kN}$$

M 使分肢 1 受压　$W_{1x} = \dfrac{I_x}{y_1 + 38.4} = 1.973 \times 10^7 \text{mm}^7$

$$\frac{N}{\varphi_x A}+\frac{\beta_{mx}M_x}{W_{1x}\left(1-\varphi_x\dfrac{N}{N'_{Ex}}\right)}$$

$$=\frac{1520\times10^3}{0.933\times28360}+\frac{1.0\times1550\times10^6}{1.973\times10^7\times\left(1-0.933\times\dfrac{1520}{54843}\right)}$$

$$=57.4+80.6=138.0\text{MPa}<f=215\text{MPa}$$

M 使分肢 2 受压 $\qquad W_{2x}=\dfrac{I_x}{y_2}=2.089\times10^7\text{mm}^3$

$$\frac{N}{\varphi_x A}+\frac{\beta_{mx}M_x}{W_{1x}\left(1-\varphi_x\dfrac{N}{N'_{Ex}}\right)}$$

$$=\frac{1520\times10^3}{0.933\times28360}+\frac{1.0\times1550\times10^6}{2.089\times10^3\times0.974}=57.4+76.2=133.6\text{MPa}<f=215\text{MPa}$$

弯矩作用平面内稳定性满足要求。

（2）弯矩作用平面外稳定验算。

M 使分肢 1 受压

$$N_1=\frac{y_2}{y_1+y_2}N+\frac{M}{a}=1818.3\text{kN}$$

$$\lambda_1=\frac{1461.6}{46.1}=37.1,\quad \lambda_{y1}=\frac{12000}{195.7}=61.3$$

由 λ_{y1} 查表得 $\varphi_1=0.801$

$$\frac{N_1}{\varphi_1 A_1}=\frac{1818.3\times10^3}{0.801\times14140}=160.5\text{MPa}<f=215\text{MPa}$$

M 使肢 2 受压

$$N_2=\frac{y_1}{y_1+y_2}N+\frac{M}{a}=1822.7\text{kN}$$

$$\lambda_{y2}=\frac{1461.6}{54.2}=27.0,\quad \lambda_{y2}=\frac{12000}{223.4}=53.7$$

由 λ_{y2} 查表得 $\varphi_2=0.838$

$$\frac{N_2}{\varphi_2 A_2}=\frac{1822.7\times10^3}{0.838\times14220}=153.0\text{MPa}<f=215\text{MPa}$$

弯矩作用平面外稳定性满足要求。

本 章 小 结

通过本章学习，可以加深对单向压弯构件的计算理论方面的理解，清楚压弯构件在计算强度、刚度、整体稳定、局部稳定方面与轴心压杆和受弯构件的不同。同时能够区别实腹式压弯构件和格构式压弯构件计算的不同。

本章着重介绍了单向压弯构件，对于双向压弯，可参考规范。本章的重点是掌握实腹式单向压弯构件的平面内稳定和局部稳定的计算，着重把握弹性和弹塑性的要求以及公式中参数的物理意义。

习　题

1. 单向压弯构件整体稳定公式计算条件和计算准则的联系。
2. 单向压弯构件平面内稳定和平面外稳定的联系与区别。
3. 单向压弯构件局部稳定计算应力梯度的意义和具体计算公式。
4. 实腹式压弯构件和格构式压弯构件计算内容的区别。

5. 如图 6-23 所示，某屋架的下弦杆截面为 $2 \llcorner 140 \times 90 \times 10$，长肢相连节点板厚 12mm，钢材为 Q235。构件长 6m，截面无孔洞削弱，承受的轴心拉力设计值为 150kN，跨中承受一集中荷载设计值为 12.6 kN。验算图中 1、2 两点是否满足拉弯强度设计要求。

提供数据：(1)Q235 钢强度设计值：$f = 215\text{N/mm}^2$，$f_v = 125\text{N/mm}^2$，$f_{ce} = 320\text{N/mm}^2$；(2)截面几何特性：$A = 44.52\text{cm}^2$，$W_{1x} = 194.39\text{cm}^3$，$W_{2x} = 94.62\text{cm}^3$，$i_x = 4.47\text{cm}^2$，$i_y = 3.73\text{cm}^2$。

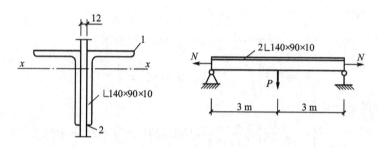

图 6-23　习题 5 图

6. 试验算图 6-24 所示压弯构件弯矩作用平面内和平面外的整体稳定性，钢材为 Q235，$F = 900\text{kN}$(设计值)，偏心距 $e_1 = 150mm$，$e_2 = 100mm$，$\beta_{mx} = 0.65 + 0.35\dfrac{M_2}{M_1}$，$\varphi_b = 1.07 - \dfrac{\lambda_y^2}{44000} \times \dfrac{f_y}{235} \leqslant 1.0$，跨中有一侧向支撑，$E = 206 \times 10^3 \text{N/mm}^2$，$f = 215\text{N/mm}^2$，对 x 轴和 y 轴均为 b 类截面。

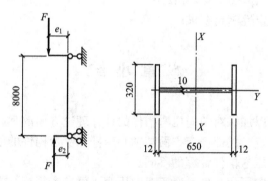

图 6-24　习题 6 图

7. 如图 6-25 所示为一单向压弯格构式双肢缀条柱，截面为热轧普通槽钢 $2 \llbracket 22a$，截

面宽度 $b=400\text{m}$，截面无削弱，材料为 Q235B 钢，承受的荷载设计值为：轴心压力 $N=450\text{kN}$，弯矩 $M_x=\pm100\text{kN}\cdot\text{m}$，剪力 $V=20\text{kN}$。柱高 $H=6.3\text{m}$，在弯矩作用平面内有侧移，其计算长度 $l_{0x}=8.9\text{m}$；在弯矩作用平面外，柱两端铰接，计算长度 $l_{0y}=6.3\text{m}$，焊条为 E43 型，手工焊。试计算该缀条柱的截面是否适用。

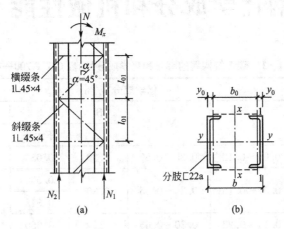

图 6-25 习题 7 图

附录 1
钢结构用钢化学成分和机械性能

附表 1-1 碳素结构钢的牌号和化学成分(摘自 GB/T 700—1988)

牌 号	等级	化学成分 w/%					脱氧方法
		C	Mn	Si	S	P	
					不大于		
Q195		0.06~0.12	0.25~0.50	0.30	0.050	0.045	F, b, Z
Q215	A	0.09~0.15	0.25~0.55	0.30	0.050	0.045	F, b, Z
	B				0.045		
Q235	A	0.14~0.22	0.30~0.65	0.30	0.050	0.045	F, b, Z
	B	0.12~0.20	0.30~0.70		0.045		
	C	≤0.18	0.35~0.80		0.040	0.040	Z
	D	≤0.17			0.035	0.035	TZ
Q255	A	0.18~0.28	0.40~0.70	0.30	0.050	0.045	F、b、Z
	B				0.045		
Q275		0.28~0.38	0.50~0.80	0.35	0.050	0.045	b、Z

说明：① Q235A、Q235B 级沸腾钢锰质量分数上限为 0.60%。

② "F" 为沸腾钢，"b" 为半镇静钢，"Z" 为镇静钢，"TZ" 为特殊镇静钢。

附表 1-2 优质碳素结构钢的化学成分(摘自 GB/T 699—1999)

钢 号	化学成分 w/%				
	C	Mn	Si	Cr	其 他
08F	0.05~0.11	0.25~0.50	≤0.03	≤0.10	
10	0.07~0.13	0.35~0.65	0.17~0.37	≤0.15	
20	0.17~0.23	0.35~0.65	0.17~0.37	≤0.25	
35	0.32~0.39	0.50~0.80	0.17~0.37	≤0.25	Ni 不大于 0.30
40	0.37~0.44	0.50~0.80	0.17~0.37	≤0.25	Cu 不大于 0.20
45	0.42~0.50	0.50~0.80	0.17~0.37	≤0.25	S 不大于 0.035
50	0.47~0.55	0.50~0.80	0.17~0.37	≤0.25	P 不大于 0.035
60	0.57~0.65	0.50~0.80	0.17~0.37	≤0.25	
65	0.62~0.70	0.50~0.80	0.17~0.37	≤0.25	

附表1－3　碳素结构钢力学性能(摘自 GB/T 700—1988)

牌　号	试样方向	冷弯试验 $B=2a/180°$		
		钢材厚度(直径)/mm		
		60	＞60～100	＞100～200
		弯心直径 d		
Q195	纵	0		
	横	0.5a		
Q215	纵	0.5a	1.5a	2a
	横	a	2a	2.5a
Q235	纵	a	2a	2.5a
	横	1.5a	2.5a	3a
Q255		2a	3a	3.5a
Q275		3a	4a	4.5a

注：B 为试样宽度，a 为钢材厚度(直径)。

附录 2
钢材和连接的强度设计值

附表 2-1　钢材的强度设计值(N/mm²)

钢　　材		拉、抗压和抗弯 f	抗剪 f_v	端面承压(刨平顶紧) f_{ce}
牌　号	厚度或直径/mm			
Q235 钢	≤16	215	125	325
	>16~40	205	120	
	>40~60	200	115	
	>60~100	190	110	
Q345 钢	≤16	310	180	400
	>16~35	295	170	
	>35~50	265	155	
	>50~100	250	145	
Q390 钢	≤16	350	205	415
	>16~35	335	190	
	>35~50	315	180	
	>50~100	295	170	
Q420 钢	≤16	380	220	440
	>16~35	360	210	
	>35~50	340	195	
	>50~100	325	185	

注：表中厚度是指计算点的厚度，对轴心受力构件是指截面中较厚板件的厚度。

附表 2-2　焊缝的强度设计值(N/mm²)

焊接方法和焊条型号	构件钢材		对接焊缝				角焊缝
	牌　号	厚度或直径/mm	抗压 f_c^w	焊缝质量为下列等级时，抗拉 f_t^w		抗剪 f_v^w	抗拉、抗压和抗剪 f_f^w
				一级、二级	三级		
自动焊、半自动焊和 E43 型焊条的手工焊	Q235 钢	≤16	215	215	185	125	160
		>16~40	205	205	175	120	
		>40~60	200	200	170	115	
		>60~100	190	190	160	110	
自动焊、半自动焊和 E50 焊条的手工焊	Q345 钢	≤16	310	310	265	180	200
		>16~35	295	295	250	170	
		>35~50	265	265	225	155	
		>50~100	250	250	210	145	

（续）

焊接方法和焊条型号	构件钢材		对接焊缝				角焊缝
	牌　号	厚度或直径/mm	抗压 f_c^w	焊缝质量为下列等级时，抗拉 f_t^w		抗剪 f_v^w	抗拉、抗压和抗剪 f_f^w
				一级、二级	三级		
自动焊、半自动焊和 E55 条的手工焊	Q390 钢	≤16	350	350	300	205	220
		>16～35	335	335	285	190	
		>35～50	315	315	270	180	
		>50～100	295	295	250	170	
自动焊、半自动焊和 E55 条的手工焊	Q420 钢	≤16	380	380	320	220	220
		>16～35	360	360	305	210	
		>35～50	340	340	290	195	
		>50～100	325	325	275	185	

注：① 自动焊和半自动焊所采用的焊丝和焊剂，应保证其熔敷金属抗拉强度不低于相应手工焊焊条的数值。

② 焊逢质量等级应符合现行国家标准《钢结构工程施工质量验收规范》（GB 50205—2001）的规定。

③ 对接焊逢抗弯受压区强度设计值取 f_c^w，抗弯受拉区强度设计值取 f_t^w。

附表 2-3　螺栓连接的强度设计值

螺栓的钢材牌号（或性能等级）和构件的钢材牌号		普通螺栓						锚栓	承压型连接高强度螺栓		
		C 级螺栓			A 级、B 级螺栓						
		抗拉 f_t^b	抗剪 f_v^b	承压 f_c^b	抗拉 f_t^b	抗剪 f_v^b	承压 f_c^b	抗拉 f_t^a	抗拉 f_t^b	抗剪 f_v^b	承压 f_c^b
普通螺栓	4.6 级、4.8 级	170	140	—	—	—	—				
	5.6 级	—	—	—	210	190	—				
	8.8 级	—	—	—	400	320	—				
锚栓	Q235 钢							140			
	Q345 钢							180			
承压型连接高强度螺栓	8.8 级								400	250	—
	10.9 级								500	310	—
构件	Q235 钢	—	—	305	—	—	405		—	—	470
	Q345 钢	—	—	385	—	—	510		—	—	590
	Q390 钢	—	—	400	—	—	530		—	—	615
	Q420 钢	—	—	425	—	—	560		—	—	655

注：① A 级螺栓用于 $d \leq 24$mm 和 $l \leq 10d$ 或 $l \leq 150d$（按较小值）的螺栓；B 级螺栓用于 $d > 24$mm 和 $l > 10d$ 或 $l > 150d$（按较小值）的螺栓。d 为公称直径，l 为螺杆公称长度。

② A、B 级螺栓孔的精度和孔壁表面粗糙度、C 级螺栓孔的允许偏差和孔壁表面粗糙度，均应符合现行国家标准《钢结构工程施工质量验收规范》（GB 50205—2001）的要求。

附表 2-4 结构构件或连接设计强度的折减系数

项 次	情 况	折减系数
1	单面连接的单角钢 (1) 按轴心受力计算强度和连接 (2) 按轴心受压计算稳定性 等边角钢 短边相连的不等边角钢 长边相连的不等边角钢	0.85 $0.6+0.0015\lambda$，但不大于 1.0 $0.6+0.0015\lambda$，但不大于 1.0 0.70
2	跨度≥60m 的桁架的受压弦杆和端部受压腹杆	0.95
3	无垫板的单面施焊对接焊缝	0.85
4	施工条件较差的高空安装焊缝和铆钉连接	0.90
5	沉头和半沉头铆钉连接	0.80

注：① λ 为长细比，对中间无连接的单角钢压杆，应按最小回转半径计算；当 $\lambda<20$ 时，取 $\lambda=20$。
② 几种情况同时存在时，其折减系数应连乘。

附录 **3**
轴心受压构件的稳定系数

附表 3-1 冷弯薄壁型钢 Q235 钢轴心受压构件的稳定系数 φ

λ	0	1	2	3	4	5	6	7	8	9
0	1.000	0.997	0.995	0.992	0.989	0.987	0.984	0.981	0.979	0.976
10	0.974	0.971	0.968	0.966	0.963	0.960	0.958	0.95	0.952	0.949
20	0.947	0.944	0.941	0.938	0.936	0.933	0.930	0.927	0.924	0.921
30	0.918	0.3915	0.912	0.909	0.906	0.903	0.899	0.896	0.893	0.889
40	0.886	0.882	0.879	0.875	0.872	0.868	0.864	0.861	0.858	0.855
50	0.852	0.849	0.846	0.843	0.839	0.836	0.832	0.829	0.825	0.822
60	0.818	0.814	0.810	0.806	0.802	0.797	0.793	0.789	0.784	0.779
70	0.775	0.770	0.765	0.760	0.755	0.750	0.744	0.739	0.733	0.728
80	0.722	0.716	0.710	0.704	0.698	0.692	0.686	0.680	0.673	0.667
90	0.661	0.654	0.648	0.641	0.634	0.626	0.618	0.611	0.603	0.595
100	0.588	0.580	0.573	0.566	0.558	0.551	0.544	0.537	0.530	0.523
110	0.516	0.509	0.502	0.496	0.489	0.483	0.476	0.470	0.464	0.458
120	0.452	0.446	0.440	0.434	0.428	0.423	0.417	0.412	0.406	0.401
130	0.396	0.391	0.386	0.381	0.376	0.371	0.367	0.362	0.357	0.353
140	0.349	0.344	0.340	0.336	0.332	0.328	0.324	0.320	0.316	0.312
150	0.308	0.305	0.301	0.298	0.294	0.291	0.287	0.284	0.281	0.277
160	0.274	0.271	0.268	0.265	0.262	0.259	0.256	0.253	0.251	0.248
170	0.245	0.213	0.240	0.237	0.235	0.232	0.230	0.227	0.225	0.223
180	0.220	0.218	0.216	0.214	0.211	0.209	0.207	0.208	0.203	0.201
190	0.199	0.197	0.195	0.193	0.191	0.189	0.188	0.186	0.184	0.182
200	0.180	0.179	0.177	0.175	0.174	0.172	0.171	0.169	0.167	0.166
210	0.164	0.163	0.161	0.160	0.159	0.157	0.156	0.154	0.153	0.152
220	0.150	0.149	0.148	0.146	0.145	0.144	0.143	0.141	0.140	0.139
230	0.138	0.137	0.136	0.135	0.133	0.132	0.131	0.130	0.129	0.128
240	0.127	0.126	0.125	0.124	0.123	0.122	0.121	0.120	0.119	0.118
250	0.117									

附表 3-2 冷弯薄壁型钢 Q345 钢轴心受压构件的稳定系数 φ

λ	0	1	2	3	4	5	6	7	8	9
0	1.000	0.997	0.994	0.991	0.988	0.985	0.982	0.979	0.976	0.973
10	0.971	0.968	0.965	0.962	0.959	0.956	0.952	0.949	0.946	0.943
20	0.940	0.937	0.934	0.930	0.927	0.924	0.920	0.917	0.913	0.909
30	0.906	0.902	0.898	0.894	0.890	0.886	0.882	0.878	0.874	0.870
40	0.867	0.864	0.860	0.857	0.853	0.049	0.845	0.841	0.837	0.833
50	0.829	0.824	0.819	0.815	0.810	0.805	0.800	0.797	0.789	0.783
60	0.777	0.771	0.765	0.759	0.752	0.746	0.739	0.732	0.725	0.718
70	0.710	0.703	0.695	0.688	0.680	0.672	0.664	0.656	0.648	0.640
80	0.632	0.623	0.615	0.607	0.599	0.591	0.583	0.574	0.566	0.558
90	0.550	0.542	0.535	0.527	0.519	0.512	0.504	0.497	0.489	01.482
100	0.475	0.467	0.460	0.452	0.445	0.438	0.432	0.424	0.418	0.411

(续)

λ	0	1	2	3	4	5	6	7	8	9
110	0.405	0.398	0.392	0.386	0.380	0.375	0.369	0.363	0.358	0.352
120	0.347	0.342	0.337	0.332	0.327	0.322	0.318	0.313	0.309	0.304
130	0.300	0.296	0.292	0.288	0.284	0.280	0.276	0.272	0.269	0.265
140	0.261	0.258	0.255	0.251	0.248	0.245	0.242	0.238	0.235	0.232
150	0.229	0.227	0.224	0.221	0.218	0.216	0.213	0.210	0.208	0.205
160	0.203	0.201	0.198	0.196	0.197	0.191	0.189	0.187	0.185	0.183
170	0.181	0.179	0.177	0.175	0.173	0.171	0.169	0.167	0.165	0.363
180	0.162	0.160	0.158	0.157	0.3155	0.3153	0.152	0.150	0.149	0.147
190	0.146	0.144	0.143	0.141	0.140	0.138	0.137	0.136	0.134	0.133
190	0.146	0.144	0.143	0.141	0.140	0.138	0.137	0.136	0.134	0.133
200	0.132	0.130	0.129	0.128	0.127	0.126	0.124	0.123	0.122	0.121
210	0.120	0.119	0.118	0.116	0.115	0.114	0.113	0.112	0.111	0.110
220	0.109	0.108	0.107	0.106	0.106	0.105	0.104	0.103	0.102	0.101
230	0.100	0.099	0.098	0.098	0.097	0.096	0.095	0.094	0.094	0.093
240	0.092	0.091	0.091	0.090	0.089	0.088	0.088	0.087	0.086	0.086
250	0.085	—	—	—	—	—	—	—	—	—

附表 3-3　a 类截面轴心受压构件的稳定系数 φ

$\lambda\sqrt{\dfrac{f_y}{235}}$	0	1	2	3	4	5	6	7	8	9
0	1.000	1.000	1.000	1.000	0.999	0.999	0.998	0.998	0.997	0996
10	0.995	0.994	0.993	0.992	0.991	0.989	0.988	0.986	0.985	0.983
20	0.981	0.979	0.977	0.976	0.974	0.972	0.970	0.968	0.966	0.964
30	0.963	0.961	0.959	0.957	0.955	0.952	0.950	0.948	0.946	0.944
40	0.941	0.939	0.937	0.934	0.932	0.929	0.927	0.924	0.921	0.919
50	0.916	0.913	0.910	0.907	0.904	0.900	0.897	0.894	0.890	0.886
60	0.883	0.879	0.875	0.871	0.867	0.863	0.858	0.854	0.849	0.844
70	0.839	0.831	0.829	0.824	0.818	0.813	0.807	0.801	0.795	0.789
80	0.783	0.776	0.770	0.763	0.757	0.750	0.743	0.736	0.728	0.721
90	0.714	0.706	0.699	0.691	0.684	0.676	0.668	0.661	0.653	0.645
100	0.638	0.630	0.622	0.615	0.607	0.600	0.592	0.585	0.577	0.570
110	0.563	0.555	0.548	0.541	0.534	0.527	0.520	0.514	0.507	0.500
120	0.494	0.488	0.481	0.475	0.469	0.463	0.457	0.451	0.445	0.440
130	0.134	0.429	0.423	0.418	0.412	0.407	0.402	0.397	0.392	0.387
140	0.383	0.378	0.373	0.369	0.364	0.360	0.356	0.351	0.347	0.343
150	0.339	0.335	0.331	0.327	0.323	0.320	0.316	0.312	0.309	0.305
160	0.302	0.298	0.295	0.292	0.289	0.285	0.282	0.279	0.276	0.273
170	0.270	0.267	0.264	0.262	0.259	0.256	0.253	0.251	0.248	0.246
180	0.243	0.241	0.238	0.236	0.233	0.231	0.229	0.226	0.224	0.222
190	0.220	0.218	0.215	0.213	0.211	0.209	0.207	0.205	0.203	0.201
200	0.199	0.198	0.196	0.194	0.192	0.190	0.189	0.187	0.185	0.183
210	0.182	0.180	0.179	0.177	0.175	0.174	0.172	0.171	0.169	0.168
220	0.166	0.165	0.164	0.162	0.161	0.159	0.158	0.157	0.155	0.154
230	0.153	0.152	0.150	0.149	0.148	0.147	0.146	0.144	0.143	0.142
240	0.141	0.140	0.139	0.138	0.136	0.135	0.134	0.133	0.132	0.131
250	0.130	—	—	—	—	—	—	—	—	—

附表 3-4 b 类截面轴心受压构件的稳定系数 φ

$\lambda\sqrt{\dfrac{f_y}{235}}$	0	1	2	3	4	5	6	7	8	9
0	1.000	1.000	1.000	0.999	0.999	0.998	0.997	0.996	0.995	0.994
10	0.992	0.991	0.989	0.987	0.985	0.983	0.981	0.978	0.976	0.973
20	0.970	0.967	0.963	0.960	0.957	0.953	0.950	0.946	0.943	0.939
30	0.936	0.932	0.929	0.925	0.922	0.918	0.914	0.910	0.906	0.903
40	0.899	0.895	0.891	0.887	0.882	0.878	0.874	0.870	0.865	0.861
50	0.856	0.852	0.847	0.842	0.838	0.833	0.828	0.823	0.818	0.813
60	0.807	0.802	0.797	0.791	0.786	0.780	0.774	0.769	0.763	0.757
70	0.751	0.745	0.739	0.732	0.726	0.720	0.714	0.707	0.701	0.694
80	0.688	0.681	0.675	0.668	0.661	0.655	0.648	0.641	0.635	0.628
90	0.621	0.614	0.608	0.601	0.594	0.588	0.581	0.575	0.568	0.561
100	0.555	0.549	0.542	0.536	0.529	0.523	0.517	0.511	0.505	0.499
110	0.493	0.487	0.481	0.475	0.470	0.464	0.458	0.453	0.447	0.442
120	0.437	0.432	0.426	0.421	0.416	0.411	0.406	0.402	0.397	0.392
130	0.387	0.383	0.378	0.374	0.370	0.365	0.361	0.357	0.353	0.349
140	0.345	0.341	0.337	0.333	0.329	0.326	0.322	0.318	0.315	0.311
150	0.308	0.304	0.301	0.298	0.295	0.291	0.288	0.285	0.282	0.279
160	0.276	0.273	0.270	0.267	0.265	0.262	0.259	0.256	0.254	0.251
170	0.249	0.246	0.244	0.241	0.239	0.236	0.234	0.232	0.229	0.227
180	0.225	0.223	0.220	0.218	0.216	0.214	0.212	0.210	0.208	0.206
190	0.204	0.202	0.200	0.198	0.197	0.195	0.193	0.191	0.190	0.188
200	0.186	0.184	0.183	0.181	0.180	0.178	0.176	0.175	0.173	0.172
210	0.170	0.169	0.167	0.166	0.165	0.163	0.162	0.160	0.159	0.158
220	0.156	0.155	0.154	0.153	0.151	0.150	0.149	0.148	0.146	0.145
230	0.144	0.143	0.142	0.141	0.140	0.138	0.137	0.136	0.135	0.134
240	0.133	0.132	0.131	0.130	0.129	0.128	0.127	0.126	0.125	0.124
250	0.123	—	—	—	—	—	—	—	—	—

附表 3-5 c 类截面轴心受压构件的稳定系数 φ

$\lambda\sqrt{\dfrac{f_y}{235}}$	0	1	2	3	4	5	6	7	8	9
0	1.000	1.000	1.000	0.999	0.999	0.998	0.997	0.996	0.995	0.993
10	0.992	0.990	0.988	0.986	0.983	0.981	0.978	0.976	0.973	0.970
20	0.966	0.959	0.953	0.947	0.940	0.934	0.928	0.921	0.915	0.909
30	0.902	0.896	0.890	0.884	0.877	0.871	0.865	0.858	0.852	0.846
40	0.839	0.833	0.826	0.820	0.814	0.807	0.801	0.794	0.788	0.781
50	0.775	0.768	0.762	0.755	0.748	0.742	0.735	0.729	0.722	0.715
60	0.709	0.702	0.695	0.689	0.682	0.676	0.669	0.662	0.656	0.649
70	0.643	0.636	0.629	0.623	0.616	0.610	0.604	0.597	0.591	0.584
80	0.578	0.572	0.566	0.559	0.553	0.547	0.541	0.535	0.529	0.523
90	0.517	0.511	0.505	0.500	0.494	0.488	0.483	0.477	0.472	0.467
100	0.463	0.458	0.454	0.449	0.445	0.441	0.436	0.432	0.428	0.423

（续）

$\lambda\sqrt{\dfrac{f_y}{235}}$	0	1	2	3	4	5	6	7	8	9
110	0.419	0.415	0.411	0.407	0.403	0.399	0.395	0.391	0.387	0.383
120	0.379	0.375	0.371	0.367	0.364	0.360	0.356	0.353	0.349	0.346
130	0.342	0.339	0.335	0.332	0.328	0.325	0.322	0.319	0.315	0.312
140	0.309	0.306	0.303	0.300	0.2997	0.294	0.291	0.288	0.285	0.282
150	0.280	0.277	0.274	0.271	0.269	0.266	0.264	0.261	0.258	0.256
160	0.254	0.251	0.249	0.246	0.244	0.242	0.239	0.237	0.235	0.233
170	0.230	0.228	0.226	0.224	0.222	0.220	0.218	0.216	0.214	0.212
180	0.210	0.208	0.206	0.205	0.203	0.201	0.199	0.197	0.196	0.194
190	0.192	0.190	0.189	0.187	0.186	0.184	0.182	0.181	0.179	0.175
200	0.176	0.175	0.173	0.172	0.170	0.169	0.168	0.166	0.165	0.163
210	0.162	0.161	0.159	0.158	0.157	0.156	0.154	0.153	0.152	0.151
220	0.150	0.148	0.147	0.146	0.145	0.144	0.143	0.142	0.140	0.139
230	0.138	0.137	0.136	0.135	0.134	0.133	0.132	0.131	0.130	0.129
240	0.128	0.127	0.126	0.125	0.124	0.124	0.123	0.122	0.121	0.120
250	0.119	—	—	—	—	—	—	—	—	—

附表 3-6　d 类截面轴心受压构件的稳定系数 φ

$\lambda\sqrt{\dfrac{f_y}{235}}$	0	1	2	3	4	5	6	7	8	9
0	1.000	1.000	0.999	0.999	0.998	0.996	0.994	0.992	0.990	0.987
10	0.984	0.981	0.978	0.974	0.969	0.965	0.960	0.955	0.949	0.944
20	0.937	0.927	0.918	0.9019	0.900	0.891	0.883	0.874	0.865	0.857
30	0.848	0.840	0.831	0.823	0.815	0.807	0.799	0.790	0.782	0.774
40	0.766	0.759	0.751	0.763	0.735	0.728	0.720	0.712	0.705	0.697
50	0.690	0.683	0.675	0.668	0.661	0.654	0.646	0.639	0.632	0.625
60	0.618	0.612	0.605	0.598	0.591	0.585	0.578	0.572	0.565	0.559
70	0.552	0.546	0.540	0.534	0.528	0.522	0.516	0.510	0.504	0.498
80	0.493	0.487	0.481	0.476	0.470	0.465	0.460	0.454	0.449	0.444
90	0.439	0.434	0.429	0.424	0.419	0.414	0.410	0.405	0.401	0.397
100	0.394	0.390	0.387	0.383	0.380	0.376	0.373	0.370	0.366	0.363
110	0.359	0.356	0.353	0.350	0.346	0.343	0.340	0.337	0.334	0.331
120	0.328	0.325	0.322	0.319	0.316	0.313	0.310	0.307	0.304	0.301
130	0.299	0.296	0.293	0.290	0.288	0.285	0.282	0.280	0.277	0.275
140	0.272	0.270	0.267	0.265	0.262	0.260	0.258	0.255	0.253	0.251
150	0.248	0.246	0.244	0.242	0.240	0.237	0.235	0.233	0.231	0.229
160	0.227	0.225	0.223	0.221	0.219	0.217	0.215	0.213	0.212	0.210
170	0.208	0.206	0.204	0.203	0.201	0.199	0.197	0.196	0.194	0.192
180	0.191	0.189	0.188	0.186	0.184	0.183	0.181	0.180	0.178	0.177
190	0.176	0.174	0.173	0.171	0.170	0.168	0.167	0.166	0.164	0.163
200	0.162	—	—	—	—	—	—	—	—	—

附表 3-7 无侧移框架柱的计算长度系数 μ

k_2 \ k_1	0	0.05	0.1	0.2	0.3	0.4	0.5	1	2	3	4	5	≥10
0	1.000	0.990	0.981	0.964	0.949	0.935	0.922	0.875	0.820	0.791	0.773	0.760	0.732
0.05	0.990	0.981	0.971	0.955	0.940	0.926	0.914	0.867	0.814	0.784	0.766	0.754	0.726
0.1	0.981	0.971	0.962	0.946	0.931	0.918	0.906	0.860	0.807	0.778	0.760	0.748	0.721
0.2	0.964	0.955	0.946	0.930	0.916	0.903	0.891	0.846	0.795	0.767	0.749	0.737	0.711
0.3	0.949	0.940	0.931	0.916	0.902	0.889	0.878	0.834	0.784	0.756	0.739	0.728	0.701
0.4	0.935	0.926	0.918	0.903	0.889	0.877	0.866	0.823	0.774	0.747	0.730	0.719	0.693
0.5	0.922	0.914	0.906	0.891	0.878	0.866	0.855	0.813	0.765	0.738	0.721	0.710	0.685
1	0.875	0.867	0.860	0.846	0.834	0.823	0.813	0.774	0.729	0.704	0.688	0.677	0.654
2	0.820	0.814	0.807	0.795	0.784	0.774	0.765	0.729	0.686	0.663	0.648	0.638	0.615
3	0.791	0.784	0.778	0.767	0.756	0.747	0.738	0.704	0.663	0.640	0.625	0.616	0.593
4	0.773	0.766	0.760	0.749	0.739	0.730	0.721	0.688	0.648	0.625	0.611	0.601	0.580
5	0.760	0.754	0.748	0.737	0.728	0.719	0.710	0.677	0.638	0.616	0.601	0.592	0.570
≥10	0.732	0.726	0.721	0.711	0.701	0.693	0.685	0.654	0.615	0.593	0.580	0.570	0.549

注：① 附表中的计算长度系数 μ 值系按下式所得：

$$\left[\left(\frac{\pi}{\mu}\right)^2+2(K_1+K_2)-4K_1K_2\right]\frac{\pi}{\mu}\cdot\sin\frac{\pi}{\mu}-2\left[(K_1+K_2)\left(\frac{\pi}{\mu}\right)^2+4K_1K_2\right]\cos\frac{\pi}{\mu}+8K_1K_2=0$$

式中，K_1、K_2 分别为相交于柱上端、柱下端的横梁线刚度之和与柱线刚度之和的比值。当横梁远端为铰接时，应将横梁线刚度乘以 1.5；当横梁远端为嵌固时，则将横梁线刚度乘以 2。

② 当横梁与柱铰接时，取横梁线刚度为零。

③ 对底层框架柱：当柱与基础铰接时，取 $K_2=0$（对平板支座可取 $K_2=0.1$）；当柱与基础刚接时，取 $K_2=10$。

④ 当与柱刚性连接的横梁所受轴心压力 N_b 较大时，横梁线刚度应乘以折减系数 α_N。

横梁远端与柱刚接和横梁远端铰支时：$\alpha_N=1-N_b/N_{Eb}$。

横架远端嵌固时：$\alpha_N=1-N_b/(2N_{Eb})$。

式中，$N_{Eb}=\pi^2EI_b/l^2$，I_b 为横梁截面惯性矩，l 为横梁长度。

附表 3-8 有侧移框架柱的计算长度系数 μ

k_2 \ k_1	0	0.05	0.1	0.2	0.3	0.4	0.5	1	2	3	4	5	≥10
0	∞	6.02	4.46	3.42	3.01	2.78	2.64	2.33	2.17	2.11	2.08	2.07	2.03
0.05	6.02	4.16	3.47	2.86	2.58	2.42	2.31	2.07	1.94	1.90	1.87	1.86	1.83
0.1	4.46	3.47	3.01	2.56	2.33	2.20	2.11	1.90	1.79	1.75	1.73	1.72	1.70
0.2	3.42	2.86	2.56	2.23	2.05	1.94	1.87	1.70	1.60	1.57	1.55	1.54	1.52
0.3	3.01	2.58	2.33	2.05	1.90	1.80	1.74	1.58	1.49	1.46	1.44	1.44	1.42
0.4	2.78	2.42	2.20	1.94	1.80	1.71	1.65	1.50	1.42	1.39	1.37	1.37	1.35
0.5	2.64	2.31	2.11	1.87	1.74	1.65	1.59	1.45	1.37	1.34	1.32	1.32	1.30
1	2.33	2.07	1.90	1.70	1.58	1.50	1.45	1.32	1.24	1.21	1.20	1.19	1.17
2	2.17	1.94	1.79	1.60	1.49	1.42	1.37	1.24	1.16	1.14	1.12	1.12	1.10
3	2.11	1.90	1.75	1.57	1.46	1.39	1.34	1.21	1.14	1.11	1.10	1.09	1.07
4	2.08	1.87	1.73	1.55	1.45	1.37	1.32	1.20	1.12	1.10	1.08	1.08	1.06
5	2.07	1.86	1.72	1.54	1.44	1.37	1.32	1.19	1.12	1.09	1.08	1.07	1.05
≥10	2.03	1.83	1.70	1.52	1.42	1.35	1.30	1.17	1.10	1.07	1.06	1.05	1.03

注：① 附表中的计算长度系数 μ 值系按下式所得：

$$\left[36K_1K_2-\left(\frac{\pi}{\mu}\right)^2\right]\sin\frac{\pi}{\mu}+6(K_1+K_2)\frac{\pi}{\mu}\cdot\cos\frac{\pi}{\mu}=0$$

式中，K_1、K_2 分别为相交于柱上端、柱下端的横梁线刚度之和与柱线刚度之和的比值。当横梁远端为铰接时，应将横梁线刚度乘以 0.5；当横梁远端为嵌固时，则应乘以 2/3。

② 当横梁与柱铰接时，取横梁线刚度为零。

③ 对底层框架柱：当柱与基础铰接时，取 $K_2=0$（对平板支座可取 $K_2=0.1$）；当柱与基础刚接时，取 $K_2=10$。

④ 当与柱刚性连接的横梁所受轴心压力 N_b 较大时，横梁线刚度应乘以折减系数 α_N。

横梁远端与柱刚接时：$\alpha_N=1-N_b/(4N_{Eb})$。

横梁远端铰支时：$\alpha_N=1-N_b/N_{Eb}$。

横梁远端嵌同时：$\alpha_N=1-N_b/(2N_{Eb})$。

附录 **4**
梁的整体稳定系数

1. 焊接工字形等截面简支梁

焊接工字形等截面(附图 4-1)简支梁的整体稳定系数 φ_b 应按附式(4-1)计算：

$$\varphi_b = \beta_b \frac{4320}{\lambda_y^2} \cdot \frac{Ah}{W_x} \left[\sqrt{1 + \left(\frac{\lambda_y t_1}{4.4h} \right)^2} + \eta_b \right] \frac{235}{f_y} \qquad 附(4-1)$$

$$\lambda_y = l_1 / i_y$$

$$\alpha_b = \frac{I_1}{I_1 + I_2}$$

式中　β_b——梁整体稳定的等效弯矩系数。

$\quad\quad\lambda_y$——梁在侧向支承点间对截面弱轴 $y-y$ 的长细比。

$\quad\quad i_y$——梁截面对 y 轴的截面回转半径。

$\quad\quad A$——梁的毛截面面积。

h，t_1——梁截面的全高和受压翼缘厚度。

$\quad\quad\eta_b$——截面不对称影响系数。对双轴对称工字形截面 $\eta_b = 0$；对单轴对称工字形截面：

加强受压翼缘 $\eta_b = 0.8(2\alpha_b - 1)$，

加强受拉翼缘 $\eta_b = 2\alpha_b - 1$。

I_1，I_2——受压翼缘和受拉翼缘对 y 轴的惯性矩。

当按附式(4-1)算得的 φ_b 值大于 0.60 时，应用按附式(4-2)计算的 φ_b' 值代替 φ_b 值：

$$\varphi_b' = 1.07 - \frac{0.282}{\varphi_b} \leqslant 1.0 \qquad 附(4-2)$$

注：附式(4-1)亦适用于等截面铆接(或高强度螺栓连接)简支梁，其受压翼缘厚度 t_1 包括翼缘角钢厚度在内。

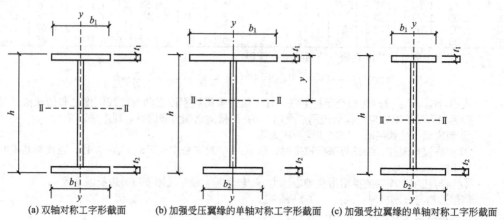

(a) 双轴对称工字形截面　(b) 加强受压翼缘的单轴对称工字形截面　(c) 加强受拉翼缘的单轴对称工字形截面

附图 4-1　焊接工字形截面

附表 4-1　工字形截面简支梁系数 β_b

项次	侧向支承	荷　载		$\xi=\dfrac{l_1 t_1}{b_1 h}$		适用范围
				$\xi \leqslant 2.0$	$\xi > 2.0$	
1	跨中无侧向支承	均布荷载作用在	上翼缘	$0.69+0.13\xi$	0.95	附图 4-1(a)、附图 4-1(b) 的截面
2			下翼缘	$1.73-0.20\xi$	1.33	
3		集中荷载作用在	上翼缘	$0.73+0.18\xi$	1.09	
4			下翼缘	$2.23-0.28\xi$	1.67	
5	跨度中点有一个侧向支承点	均布荷载作用在	上翼缘	1.15		附图 4-1 中的所有截面
6			下翼缘	1.40		
7		集中荷载作用在截面高度上任意位置		1.75		
8	跨中有不少于两个等距离侧向支承点	任意荷载作用在	上翼缘	1.20		
9			下翼缘	1.40		
10	梁端有弯矩，但跨中无荷载作用			$1.75-1.05\left(\dfrac{M_2}{M_1}\right)+0.3\left(\dfrac{M_2}{M_1}\right)^2$，但 $\leqslant 2.3$		

注：① ξ 为参数，$\xi=\dfrac{l_1 t_1}{b_1 h}$，其中 b_1 和 l_1 见 4.4 节。

② M_1 和 M_2 为梁的端弯矩，使梁产生同向曲率时，M_1 和 M_2 取同号，反之取异号，$|M_1| \geqslant |M_2|$。

③ 表中项次 3、4 和 7 的集中荷载是指一个或少数几个集中荷载位于跨中央附近的情况，对其他情况的集中荷载，应按表中项次 1、2、5、6 内的数值采用。

④ 表中项次 8、9 的 β_b，当集中荷载作用在侧向支承点处时，取 $\beta_b=1.20$。

⑤ 荷载作用在上翼缘是指荷载作用点在翼缘表面，方向指向截面形心；荷载作用在下翼缘是指荷载作用点在翼缘表面，方向背向截面形心。

⑥ 对 $\alpha_b > 0.8$ 的加强受压翼缘工字形截面，下列情况的 β_b 值应乘以相应的系数：

　　项次 1　　当 $\xi \leqslant 1.0$ 时　　0.95

　　项次 3　　当 $\xi \leqslant 0.5$ 时　　0.90

　　　　　　　当 $0.5 < \xi \leqslant 1.0$ 时　　0.95

2. 轧制普通工字钢简支梁

轧制普通工字钢简支梁整体稳定系数 φ_b 应按附表 4-2 采用，当所得的 φ_b 值大于 0.60 时，应用按附式(4-2)算出相应的 φ_b' 代替 φ_b 值。

3. 轧制槽钢简支梁

轧制槽钢简支梁的整体稳定系数，不论荷载的形式和荷载作用点在截面高度上的位置，均可按附式(4-3)计算：

$$\varphi_b=\frac{570bt}{l_1 h} \cdot \frac{235}{f_y} \qquad \text{附}(4-3)$$

式中 h、b、t——槽钢截面的高度、翼缘宽度和平均厚度。

按附式(4-3)算得的 φ_b 值大于 0.6 时，应用按附式(4-2)算出相应的 φ_b' 代替 φ_b 值。

附表 4-2 轧制普通工字钢简支梁的 φ_b

项次	荷载情况		工字钢型号	自由长度 l_1/m								
				2	3	4	5	6	7	8	9	10
1、	跨中无侧向支承点的梁	集中荷载作用于 上翼缘	10~20	2.00	1.30	0.99	0.80	0.68	0.58	0.53	0.48	0.43
			22~32	2.40	1.48	1.09	0.86	0.72	0.62	0.54	0.49	0.45
			36~63	2.80	1.60	1.07	0.83	0.68	0.56	0.50	0.44	0.40
2		下翼缘	10~20	3.10	1.95	1.34	1.01	0.82	0.69	0.63	0.57	0.52
			22~40	5.50	2.80	1.84	1.37	1.07	0.86	0.73	0.64	0.56
			45~63	7.30	3.60	2.30	1.62	1.20	0.96	0.80	0.69	0.60
3		均布荷载作用于 上翼缘	10~20	1.70	1.12	0.84	0.68	0.57	0.50	0.45	0.41	0.37
			22~40	2.10	1.30	0.93	0.73	0.60	0.51	0.45	0.40	0.36
			45~63	2.60	1.45	0.97	0.73	0.59	0.50	0.44	0.38	0.35
4		下翼缘	10~20	2.50	1.55	1.08	0.83	0.68	0.56	0.52	0.47	0.42
			22~40	4.00	2.20	1.45	1.10	0.85	0.70	0.60	0.52	0.46
			45~63	5.60	2.80	1.80	1.25	0.95	0.78	0.65	0.55	0.49
5	跨中有侧向支承点的梁(不论荷载作用点在截面高度上的位置)		10~20	2.20	1.39	1.01	0.79	0.66	0.57	0.52	0.47	0.42
			22~40	3.00	1.80	1.24	0.96	0.76	0.65	0.56	0.49	0.43
			45~63	4.00	2.20	1.38	1.01	0.80	0.66	0.56	0.49	0.43

注：① 同附表 4-1 的注③、注⑤。
② 表中的 φ_b 适用于 Q235 钢。对其他钢号，表中数值应乘以 $235/f_y$。

4. 双轴对称工字形等截面悬臂梁

双轴对称工字形等截面(含 H 型钢)悬臂梁的整体稳定系数，可按附式(4-1)计算，但式中系数 β_b 应按附表 4-1 查得，$\lambda_y = l_1/l_y$ 中的 l_1 为悬臂梁的悬伸长度。当求得的 φ_b 值大于 0.6 时，应用按附式(4-2)算出相应的 φ_b' 代替 φ_b 值。

附表 4-3 双轴对称工字形等截面(含 H 型钢)悬臂梁的系数 β_b

项次	荷载形式		$\xi = \dfrac{l_1 t}{bh}$		
			$0.60 \leqslant \xi \leqslant 1.24$	$1.24 < \xi \leqslant 1.96$	$1.96 < \xi \leqslant 3.10$
1	自由端一个集中荷载作用在	上翼缘	$0.21+0.67\xi$	$0.72+0.26\xi$	$1.17+0.03\xi$
2		下翼缘	$2.94-0.65\xi$	$2.64-0.40\xi$	$2.15-0.15\xi$
3	均匀荷载作用在上翼缘		$0.62+0.82\xi$	$1.25+0.31\xi$	$1.66+0.10\xi$

注：本表是按支端为固定的情况确定的，当用于由邻跨延伸出来的伸臂梁时，应在构造上采取措施加强支承处的抗扭能力。

5. 受弯构件整体稳定系数的近似计算

均匀弯曲的受弯构件，当 $\lambda_y \leqslant 120\sqrt{235/f_y}$ 时，其整体稳定系数 φ_b 可按下列近似公式

计算。

(1) 对工字形截面。

双轴对称时

$$\varphi_b = 1.07 - \frac{\lambda_y^2}{44000} \cdot \frac{f_y}{235} \qquad\qquad 附(4-4)$$

单轴对称时

$$\varphi_b = 1.07 - \frac{W_{1x}}{(2\alpha_b+0.1)Ah} \cdot \frac{\lambda_{y2}}{14000} \cdot \frac{f_y}{235} \qquad\qquad 附(4-5)$$

(2) T形截面(弯矩作用在对称轴平面，绕 x 轴)。

① 弯矩使翼缘受压时：

双角钢 T 形截面

$$\varphi_b = 1 - 0.0017\lambda_y\sqrt{f_y/235} \qquad\qquad 附(4-6)$$

两板组合 T 形截面

$$\varphi_b = 1 - 0.0022\lambda_y\sqrt{f_y/235} \qquad\qquad 附(4-7)$$

② 弯矩使翼缘受拉时：

$$\varphi_b = 1.0 \qquad\qquad 附(4-8)$$

按附式(4-4)～附式(4-8)算得的 φ_b 值大于 0.60 时，不需按附式(4-2)换算成 φ_b' 值，当按附式(4-4)和附式(4-5)算得的 φ_b 值大于 1.0 时，取 $\varphi_b = 1.0$。

附录5
受弯构件的容许挠度

附表 5-1　受弯构件的容许挠度

项　次	构件类别	挠度容许值	
		$[\nu_T]$	$[\nu_Q]$
1	吊车梁和吊车车桁架(按自重和起重量最大的一台吊车计算挠度) (1) 手动吊车和单梁吊车(含悬挂吊车) (2) 轻级工作制桥式吊车 (3) 中级工作制桥式吊车 (4) 重级工作制桥式吊车	$l/500$ $l/800$ $l/1000$ $l/1200$	—
2	手动或电动葫芦的轨道梁	$l/400$	
3	有重轨(重量≥38kg/m)轨道的工作平台梁 有轻轨(重量≤24kg/m)轨道的工作平台梁	$l/600$ $l/400$	
4	楼(屋)盖梁或桁架,工作平台梁(第三项除外)和平台梁 (1) 主梁或桁架(包括设有悬挂起重设备的梁和桁架) (2) 抹灰顶棚的次梁 (3) 除(1)、(2)外的其他梁 (4) 屋盖檩条 ① 支承无积灰的瓦楞铁和石棉瓦屋面者 ② 支承压型金属板、有积灰的瓦楞铁和石棉瓦等屋面者 ③ 支承其他屋面材料者 (5) 平台板	$l/400$ $l/250$ $l/250$ $l/150$ $l/200$ $l/200$ $l/150$	$l/500$ $l/350$ $l/300$
5	墙梁构件 (1) 支柱 (2) 抗风桁架(作为连续支柱的支撑时) (3) 砌体墙的横梁(水平方向) (4) 支承压型金属板、瓦楞铁和石棉瓦墙面的横梁(水平方向) (5) 带有玻璃窗的横梁(竖直和水平方向)	— — — — $l/200$	$l/400$ $l/1000$ $l/300$ $l/200$ $l/200$

注：① l 为受弯构件的跨度(对悬臂梁和伸臂梁为悬伸长度的两倍)。
　　② $[\nu_T]$ 为全部荷载标准值产生的挠度(如有起拱应减去拱度)的容许值。
　　③ $[\nu_Q]$ 为可变荷载标准植产生的挠度的容许值。

常用型钢规格及截面特性

附表 6-1 热轧等边角钢截面特性表（按 GB 9787—1988 计算）

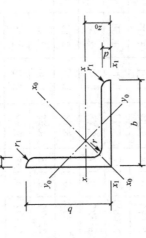

b—肢宽；　I—截面惯性矩；　z_0—形心距离；
d—肢厚；　W—截面抵抗矩；　$r_0=d/3$（肢端圆弧半径）；
r—内圆弧半径；　i—回转半径。

尺寸/mm			截面面积 A/cm²	重量/(kg/m)	表面积/(m²/m)	$x-x$				x_0-x_0			y_0-y_0				x_1-x_1	x_0/cm
b	d	r				I_x/cm⁴	i_x/cm	$W_{x\,min}$/cm³	$W_{x\,max}$/cm³	I_{x0}/cm⁴	i_{x0}/cm	W_{x0}/cm³	I_{y0}/cm⁴	i_{y0}/cm	$W_{y0\,min}$/cm³	$W_{y0\,max}$/cm³	I_{x1}/cm⁴	
20	3	3.5	1.132	0.889	0.078	0.40	0.59	0.29	0.66	0.63	0.746	0.445	0.17	0.388	0.20	0.23	0.81	0.60
	4		1.459	1.145	0.077	0.50	0.59	0.36	0.78	0.78	0.731	0.552	0.22	0.388	0.24	0.29	1.09	0.64
25	3	3.5	1.432	1.124	0.098	0.82	0.76	0.46	1.12	1.29	0.949	0.730	0.34	0.487	0.33	0.37	1.57	0.73
	4		1.859	1.459	0.097	1.03	0.74	0.59	1.34	1.62	0.934	0.916	0.43	0.481	0.40	0.47	2.11	0.76
30	3	4.5	1.749	1.373	0.117	1.46	0.91	0.68	1.72	2.31	1.149	1.089	0.61	0.591	0.51	0.56	2.71	0.85
	4		2.276	1.786	0.117	1.84	0.90	0.87	2.08	2.92	1.133	1.376	0.77	0.582	0.62	0.71	3.63	0.89

(续)

b	d	r	截面面积 A/cm²	重量/(kg/m)	表面积/(m²/m)	I_x/cm⁴	i_x/cm	$W_{x min}$/cm³	$W_{x max}$/cm³	I_{x0}/cm⁴	i_{x0}/cm	W_{x0}/cm³	I_{y0}/cm⁴	i_{y0}/cm	$W_{y0 min}$/cm³	$W_{y0 max}$/cm³	I_{x1}/cm⁴	x_0/cm
尺寸/mm						x—x				x_0—x_0			y_0—y_0				x_1—x_1	
36	3	4.5	2.109	1.656	0.141	2.58	1.11	0.99	2.59	4.09	1.393	1.607	1.07	0.712	0.76	0.82	4.67	1.00
	4		2.756	2.163	0.141	3.29	1.09	1.28	3.18	5.22	1.376	2.051	1.37	0.705	0.93	1.05	6.25	1.04
	5		3.382	2.654	0.141	3.95	1.08	1.56	3.68	6.24	1.358	2.451	1.65	0.698	1.09	1.26	7.84	1.07
40	3	5	2.359	1.852	0.157	3.59	1.23	1.23	3.28	5.69	1.553	2.012	1.49	0.795	0.96	1.03	6.41	1.09
	4		3.086	2.422	0.157	4.60	1.22	1.60	4.05	7.29	1.537	2.577	1.91	0.787	1.19	1.31	8.56	1.13
	5		3.791	2.976	0.156	5.53	1.21	1.96	4.72	8.76	1.520	3.097	2.30	0.779	1.39	1.58	10.74	1.17
45	3	5	2.659	2.088	0.177	5.17	1.39	1.58	4.25	8.20	1.756	2.577	2.14	0.897	1.24	1.31	9.12	1.22
	4		3.486	2.736	0.177	6.65	1.38	2.05	5.29	10.56	1.740	3.319	2.75	0.888	1.54	1.69	12.18	1.26
	5		4.292	3.369	0.176	8.04	1.37	2.51	6.20	12.74	1.723	4.004	3.33	0.881	1.81	2.04	15.25	1.30
	6		5.076	3.985	0.176	9.33	1.36	2.95	6.99	14.76	1.705	4.639	3.89	0.875	2.06	2.38	18.36	1.33
50	3	5.5	2.971	2.332	0.197	7.18	1.55	1.96	5.36	11.37	1.956	3.216	2.98	1.002	1.57	1.64	12.50	1.34
	4		3.897	3.059	0.197	9.26	1.54	2.56	6.70	14.69	1.942	4.155	3.82	0.990	1.96	2.11	16.69	1.38
	5		4.803	3.770	0.196	11.21	1.53	3.13	7.90	17.79	1.925	5.032	4.63	0.982	2.31	2.56	20.90	1.42
	6		5.688	4.465	0.196	13.05	1.51	3.68	8.95	20.68	1.907	5.849	5.42	0.976	2.63	2.98	25.14	1.46
56	3	6	3.343	2.624	0.221	10.19	1.75	2.48	6.86	16.14	2.197	4.076	4.24	1.126	2.02	2.09	17.56	1.48
	4		4.390	3.446	0.220	13.18	1.73	3.24	8.63	20.92	2.183	5.283	5.45	1.114	2.52	2.69	23.43	1.53
	5		5.415	4.251	0.220	16.02	1.72	3.97	10.22	25.42	2.167	6.419	6.61	1.105	2.98	3.26	29.33	1.57
	8		8.367	6.568	0.219	23.63	1.68	6.03	14.06	37.37	2.113	9.437	9.89	1.087	4.16	4.85	47.24	1.68

（续）

尺寸/mm			截面面积 A/cm²	重量/(kg/m)	表面积/(m²/m)	x—x				x0—x0			y0—y0				x1—x1	x0/cm
b	d	r				Ix/cm⁴	ix/cm	Wxmin/cm³	Wxmax/cm³	Ix0/cm⁴	ix0/cm	Wx0/cm³	Iy0/cm⁴	iy0/cm	Wy0min/cm³	Wy0max/cm³	Ix1/cm⁴	
63	4	7	4.978	3.907	0.248	19.03	1.96	4.13	11.22	30.17	2.462	6.772	7.89	1.259	3.29	3.45	33.35	1.70
	5		6.143	4.822	0.248	23.17	1.94	5.08	13.33	36.77	2.447	8.254	9.57	1.248	3.90	4.20	41.73	1.74
	6		7.288	5.721	0.247	27.12	1.93	6.00	15.26	43.03	2.430	9.659	11.20	1.240	4.46	4.91	50.14	1.78
	8		9.515	7.469	0.247	34.46	1.90	7.75	18.59	54.56	2.395	12.247	14.33	1.227	5.47	6.26	67.11	1.85
	10		11.657	9.151	0.246	41.09	1.88	9.39	21.34	64.85	2.359	14.557	17.33	1.219	6.37	7.53	84.31	1.93
70	4	8	5.570	4.372	0.275	26.39	2.18	5.14	14.16	41.80	2.739	8.445	10.99	1.405	4.17	4.32	45.74	1.86
	5		6.875	5.397	0.275	32.21	2.16	6.32	16.89	51.08	2.726	10.320	13.34	1.393	4.95	5.26	57.21	1.91
	6		8.160	6.406	0.275	37.77	2.15	7.48	19.39	59.93	2.710	12.108	15.61	1.383	5.67	6.16	68.73	1.95
	7		9.424	7.398	0.275	43.09	2.14	8.59	21.68	68.35	2.693	13.809	17.82	1.375	6.34	7.02	80.29	1.99
	8		10.667	8.373	0.274	48.17	2.13	9.68	23.79	76.37	2.676	15.429	19.98	1.369	6.98	7.86	91.92	2.03
75	5	9	7.412	5.818	0.295	39.96	2.32	7.30	19.73	63.30	2.922	11.936	16.61	1.497	5.80	6.10	70.36	2.03
	6		8.797	6.905	0.294	46.91	2.31	8.63	22.69	74.38	2.908	14.025	19.43	1.486	6.65	7.14	84.51	2.07
	7		10.160	7.976	0.294	53.57	2.30	9.93	25.42	84.96	2.892	16.020	22.18	1.478	7.44	8.15	98.71	2.11
	8		11.503	9.030	0.294	59.96	2.28	11.20	27.93	95.07	2.875	17.926	24.86	1.470	8.19	9.13	112.97	2.15
	10		14.126	11.089	0.293	71.98	2.26	13.64	32.40	113.92	2.840	21.481	30.05	1.459	9.56	11.01	141.71	2.22
80	5	9	7.912	6.211	0.315	48.79	2.48	8.34	22.70	77.330	3.126	13.670	20.25	1.600	6.66	6.98	85.36	2.15
	6		9.397	7.376	0.314	57.35	2.47	9.87	26.16	90.980	3.112	16.083	23.72	1.589	7.65	8.18	102.50	2.19
	7		10.860	8.525	0.314	65.58	2.46	11.37	29.38	104.07	3.096	18.397	27.10	1.580	8.58	9.35	119.70	2.23
	8		12.303	9.658	0.314	73.49	2.44	12.83	32.36	116.60	3.079	20.612	30.39	1.572	9.46	10.48	136.97	2.27
	10		15.126	11.874	0.313	88.43	2.42	15.64	37.68	140.09	3.043	24.764	36.77	1.559	11.08	12.65	171.74	2.35

（续）

尺寸/mm			截面面积 A/cm²	重量/(kg/m)	表面积/(m²/m)	x—x I_x/cm⁴	i_x/cm	W_xmin/cm³	W_xmax/cm³	x₀—x₀ I_x0/cm⁴	i_x0/cm	W_x0/cm³	y₀—y₀ I_y0/cm⁴	i_y0/cm	W_y0min/cm³	W_y0max/cm³	x₁—x₁ I_x1/cm⁴	x₀/cm
b	d	r																
90	6	10	10.637	8.350	0.354	82.77	2.79	12.61	33.99	131.26	3.513	20.625	34.28	1.795	9.95	10.51	145.87	2.44
	7		12.301	9.656	0.354	94.83	2.78	14.54	38.28	150.47	3.497	23.644	39.18	1.785	11.19	12.02	170.30	2.48
	8		13.944	10.946	0.353	106.47	2.76	16.42	42.30	168.97	3.481	26.551	43.97	1.776	12.35	13.49	194.80	2.52
	10		17.167	13.476	0.353	128.58	2.74	20.07	49.57	203.90	3.446	32.039	53.26	1.761	14.52	16.31	244.08	2.59
	12		20.306	15.940	0.352	149.22	2.71	23.57	55.93	236.21	3.411	37.116	62.22	1.750	16.49	19.01	293.77	2.67
100	6	12	11.932	9.360	0.393	114.95	3.10	15.68	43.04	181.98	3.905	25.736	47.92	2.004	12.69	13.18	200.07	2.67
	7		13.796	10.830	0.393	131.86	3.09	18.10	48.57	208.97	3.892	29.553	54.74	1.992	14.26	15.08	233.54	2.71
	8		15.638	12.276	0.393	148.24	3.08	20.47	53.78	235.07	3.877	33.244	61.41	1.982	15.75	16.93	267.09	2.76
	10	12	19.261	15.120	0.392	179.51	3.05	25.06	63.29	284.68	3.844	40.259	74.35	1.965	18.54	20.49	334.48	2.84
	12		22.800	17.898	0.391	208.90	3.03	29.48	71.72	330.95	3.810	46.803	86.84	1.952	21.08	23.89	402.34	2.91
	14		26.256	20.611	0.391	236.53	3.00	33.73	79.19	374.06	3.774	52.900	98.99	1.942	23.44	27.17	470.75	2.99
	16		29.627	23.257	0.390	262.53	2.98	37.82	85.81	414.16	3.739	58.571	110.89	1.935	25.63	30.34	539.80	3.06
110	7	12	15.196	11.928	0.433	177.16	3.41	22.05	59.78	280.94	4.300	36.119	73.28	2.196	17.51	18.41	310.64	2.96
	8		17.238	13.532	0.433	199.46	3.40	24.95	66.36	316.49	4.285	40.689	82.42	2.187	19.39	20.70	355.21	3.01
	10	12	21.261	16.690	0.432	242.19	3.38	30.60	78.48	384.39	4.252	49.419	99.98	2.169	22.91	25.10	444.65	3.09
	12		25.200	19.782	0.431	282.55	3.35	36.05	89.34	448.17	4.217	57.618	116.93	2.154	26.15	29.32	534.60	3.16
	14		29.056	22.809	0.431	320.71	3.32	41.31	99.07	508.01	4.181	65.312	133.40	2.143	29.14	33.38	625.16	3.24
125	8	14	19.750	15.504	0.492	297.03	3.88	32.52	88.20	470.89	4.883	53.275	123.16	2.497	25.86	27.18	521.01	3.37
	10		24.373	19.133	0.491	361.67	3.85	39.97	104.81	573.89	4.852	64.928	149.46	2.476	30.62	33.01	651.93	3.45

（续）

尺寸/mm b	d	r	截面积 A/cm²	重量/(kg/m)	表面积/(m²/m)	x—x I_x/cm⁴	i_x/cm	W_{xmin}/cm³	W_{xmax}/cm³	x_0—x_0 I_{x0}/cm⁴	i_{x0}/cm	W_{x0}/cm³	y_0—y_0 I_{y0}/cm⁴	i_{y0}/cm	W_{y0min}/cm³	W_{y0max}/cm³	x_1—x_1 I_{x1}/cm⁴	x_0/cm
125	12	14	28.912	22.696	0.491	423.16	3.83	47.17	119.88	671.44	4.819	75.964	174.88	2.459	35.03	38.61	783.42	3.53
	14		33.367	26.193	0.490	481.65	3.80	54.16	133.56	763.73	4.784	86.405	199.57	2.446	39.13	44.00	915.61	3.61
140	10	14	27.373	21.488	0.551	514.65	4.34	50.58	134.55	817.27	5.464	82.556	212.04	2.783	39.20	41.91	915.11	3.82
	12		32.512	25.522	0551	603.68	4.31	59.80	154.62	958.79	5.431	96.851	248.57	2.765	45.02	49.12	1099.28	3.90
	14		37.567	29.490	0.550	688.81	4.28	68.75	173.02	1093.56	5.395	110.465	284.06	2.750	50.45	56.07	1284.22	3.98
	16		42.539	33.393	0.549	770.24	4.26	77.46	189.90	1221.81	5.359	123.420	318.67	2.737	55.55	62.81	1470.07	4.06
160	10	16	31.502	24.729	0.630	779.53	4.97	66.70	180.77	1237.30	6.267	109.362	321.76	3.196	52.75	55.63	1365.33	4.31
	12		37.441	29.391	0.630	916.58	4.95	78.98	208.58	1455.68	6.235	128.664	377.49	3.175	60.74	65.29	1639.57	4.39
	14		43.296	33.987	0.629	1048.36	4.92	90.95	234.37	1665.02	6.201	147.167	431.70	3.158	68.24	74.63	1914.68	4.47
	16		49.067	38.518	0.629	1175.08	4.89	102.63	258.27	1865.57	6.166	164.893	484.59	3.143	75.31	83.70	2190.82	4.55
180	12	16	42.241	33.159	0.710	1321.35	5.59	100.82	270.03	2100.10	7.051	164.998	542.61	3.584	78.41	83.60	2332.80	4.89
	14		48.896	38.383	0.709	1514.48	5.57	116.25	304.57	2407.42	7.020	189.143	621.53	3.570	88.38	95.73	2723.48	4.97
	16		55.467	43.542	0.709	1700.99	5.54	131.13	336.86	2703.37	6.981	212.395	698.60	3.549	97.83	107.52	3115.29	5.05
	18		61.955	48.634	0.708	1881.12	5.51	146.11	367.05	2988.24	6.945	234.776	774.01	3.535	106.79	119.00	3508.42	5.13
200	14	18	54.642	42.894	0.788	2103.55	6.20	144.70	385.08	3343.26	7.822	236.402	863.83	3.976	111.82	119.75	3734.10	5.46
	16		62.013	48.680	0.788	2366.15	6.18	163.65	426.99	3760.88	7.788	265.932	971.41	3.958	123.96	134.62	4270.39	5.54
	18		69.301	54.401	0.787	2620.64	6.15	182.22	466.45	4164.54	7.752	294.473	1076.74	3.942	135.52	149.11	4808.13	5.62
	20		76.505	60.056	0.787	2867.30	6.12	200.42	503.58	4554.55	7.716	322.052	1180.04	3.927	146.55	163.26	5347.51	5.69
	24		90.661	71.168	0.785	3338.20	6.07	235.78	571.45	5294.97	7.642	374.407	1381.43	3.904	167.22	190.63	6431.99	5.84

附表 6－2 热轧不等边角钢截面特性表（按 GB 9788—1988 计算）

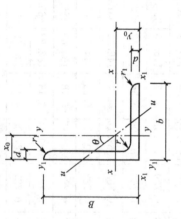

B—长肢宽；I—截面惯性矩；x_0、y_0—形心距离；
b—短肢宽；W—截面抵抗矩；r—内圆弧半径；
d—肢厚；i—回转半径；$r_1=d/3$（肢端圆弧半径）。

尺寸/mm				截面面积 A/cm²	重量/(kg/m)	表面积/(m²/m)	x—x				y—y				x_1—x_1		y_1—y_1		u—u			
B	b	d	r				I_x/cm⁴	i_x/cm	$W_{x\min}$/cm³	$W_{x\max}$/cm³	I_y/cm⁴	i_y/cm	$W_{y\min}$/cm³	$W_{y\max}$/cm³	I_{x1}/cm⁴	y_0/cm	I_{y1}/cm⁴	x_0/cm	I_u/cm⁴	i_u/cm	W_u/cm³	$\tan\theta$
25	16	3	3.5	1.162	0.912	0.080	0.70	0.78	0.43	0.82	0.22	0.435	0.19	0.53	1.56	0.86	0.43	0.42	0.13	0.34	0.16	0.392
25	16	4	3.5	1.499	1.176	0.079	0.88	0.77	0.55	0.98	0.27	0.424	0.24	0.60	2.09	0.90	0.59	0.46	0.17	0.34	0.20	0.381
32	20	3	3.5	1.492	1.171	0.102	1.53	1.01	0.72	1.41	0.46	0.555	0.30	0.93	3.27	1.08	0.82	0.49	0.28	0.43	0.25	0.382
32	20	4	3.5	1.939	1.522	0.101	1.93	1.00	0.93	1.72	0.57	0.542	0.39	1.08	4.37	1.12	1.12	0.53	0.35	0.42	0.32	0.374
40	25	3	4	1.890	1.484	0.127	3.08	1.28	1.15	3.32	0.93	0.701	0.49	1.59	6.39	1.32	1.59	0.59	0.56	0.54	0.40	0.386
40	25	4	4	2.467	1.936	0.127	3.93	1.26	1.49	2.88	1.18	0.692	0.63	1.88	8.53	1.37	2.14	0.63	0.71	0.54	0.52	0.381
45	28	3	5	2.149	1.687	0.143	4.45	1.44	1.47	3.02	1.34	0.790	0.62	2.08	9.10	1.47	2.23	0.64	0.80	0.61	0.51	0.383
45	28	4	5	2.806	2.203	0.143	5.69	1.42	1.91	3.76	1.70	0.778	0.80	2.49	12.14	1.51	3.00	0.68	1.02	0.60	0.66	0.380
50	32	3	5.5	2.431	1.908	0.161	6.24	1.60	1.84	3.89	2.02	0.912	0.82	2.78	12.49	1.60	3.31	0.73	1.20	0.70	0.68	0.404
50	32	4	5.5	3.177	2.494	0.160	8.02	1.59	2.39	4.86	2.58	0.901	1.06	3.36	16.65	1.65	4.45	0.77	1.53	0.69	0.87	0.402

（续）

尺寸/mm				截面面积 A/cm²	重量 (kg/m)	表面积 (m²/m)	x—x				y—y				x₁—x₁		y₁—y₁		u—u			
B	b	d	r				I_x /cm⁴	i_x /cm	$W_{x min}$ /cm³	$W_{x max}$ /cm³	I_y /cm⁴	i_y /cm	$W_{y min}$ /cm³	$W_{y max}$ /cm³	I_{x1} /cm⁴	y_0 /cm	I_{y1} /cm⁴	x_0 /cm	I_n /cm⁴	i_n /cm	W_n /cm³	$\tan\theta$
56	36	3	6	2.743	2.153	0.181	8.88	1.80	2.32	5.00	2.92	1.032	1.05	3.63	17.54	1.78	4.70	0.80	1.73	0.79	0.87	0.408
56	36	4		3.590	2.818	0.180	11.45	1.79	3.03	6.28	3.76	1.023	1.37	4.43	23.39	1.82	6.31	0.85	2.21	0.78	1.12	0.407
56	36	5		4.415	3.466	0.180	12.86	1.77	3.71	7.43	4.49	1.008	1.65	5.09	29.24	1.87	7.94	0.88	2.67	0.78	1.36	0.404
63	40	4	7	4.058	3.185	0.202	16.49	2.02	3.87	8.10	5.23	1.135	1.70	5.72	33.30	2.04	8.63	0.92	3.12	0.88	1.40	0.398
63	40	5		4.993	3.920	0.202	20.02	2.00	4.74	9.62	6.31	1.124	2.07	6.61	41.63	2.08	10.86	0.95	3.76	0.87	1.71	0.396
63	40	6		5.908	4.638	0.201	23.36	1.99	5.59	11.01	7.29	1.111	2.43	7.36	49.98	2.12	13.14	0.99	4.38	0.86	2.01	0.393
63	40	7		6.802	5.339	0.201	26.53	1.97	6.40	12.27	8.24	1.101	2.78	8.00	58.34	2.16	15.47	1.03	4.97	0.86	2.29	0.389
70	45	4	7.5	4.553	3.574	0.226	22.97	2.25	4.82	10.28	7.55	1.288	2.17	7.43	45.68	2.23	12.26	1.02	4.47	0.99	1.79	0.408
70	45	5		5.609	4.403	0.225	27.95	2.23	5.92	12.26	9.13	1.276	2.65	8.64	57.10	2.28	15.39	1.06	5.40	0.98	2.19	0.407
70	45	6		6.644	5.215	0.225	32.70	2.22	6.99	14.08	10.62	1.264	3.12	9.69	68.54	2.32	18.59	1.10	6.29	0.97	2.57	0.405
70	45	7		7.657	6.011	0.225	37.22	2.20	8.03	15.75	12.01	1.252	3.57	10.60	79.99	2.36	21.84	1.13	7.16	0.97	2.94	0.402
75	50	5	8	6.125	4.808	0.245	34.86	2.39	6.83	14.65	12.61	1.435	3.30	10.75	70.23	2.40	21.04	1.17	7.32	1.09	2.72	0.436
75	50	6		7.260	5.699	0.245	41.12	2.38	8.12	16.86	14.70	1.423	3.88	12.12	84.30	2.44	25.37	1.21	8.54	1.08	3.19	0.435
75	50	8		9.467	7.431	0.244	52.39	2.35	10.52	20.79	18.53	1.399	4.99	14.39	112.50	2.52	34.23	1.29	10.87	1.07	4.10	0.429
75	50	10		11.590	9.098	0.244	62.71	2.33	12.79	24.15	21.96	1.376	6.04	16.14	140.82	2.60	43.43	1.36	13.10	1.06	4.99	0.423
80	50	5	8	6.375	5.005	0.255	41.96	2.57	7.78	16.11	12.82	1.418	3.32	11.28	85.21	2.60	21.06	1.14	7.66	1.10	2.74	0.388
80	50	6		7.560	5.935	0.255	49.49	2.56	9.25	18.58	14.95	1.406	3.91	12.71	102.26	2.65	25.41	1.18	8.94	1.09	3.23	0.386
80	50	7		8.724	6.848	0.255	56.16	2.54	10.58	20.87	16.96	1.394	4.48	13.96	119.32	2.69	29.82	1.21	10.18	1.08	3.70	0.384
80	50	8		9.867	7.745	0.254	62.83	2.52	11.92	23.00	18.85	1.382	5.03	15.06	136.41	2.73	34.32	1.25	11.38	1.07	4.16	0.381

（续）

尺寸/mm B	b	d	r	截面面积 A/cm²	重量 /(kg/m)	表面积 /(m²/m)	$x-x$ I_x/cm⁴	i_x/cm	W_{xmin}/cm³	W_{xmax}/cm³	$y-y$ I_y/cm⁴	i_y/cm	W_{ymin}/cm³	W_{ymax}/cm³	x_1-x_1 I_{x1}/cm⁴	y_0/cm	y_1-y_1 I_{y1}/cm⁴	x_0/cm	$u-u$ I_n/cm⁴	i_n/cm	W_n/cm³	$\tan\theta$
90	56	5	9	7.212	5.661	0.287	6.45	2.90	9.92	20.81	18.32	1.594	4.21	14.70	121.32	2.91	29.53	1.25	10.98	1.23	3.49	0.385
	56	6	9	8.557	6.717	0.286	71.03	2.88	11.74	24.06	21.42	1.582	4.96	16.65	145.59	2.95	35.58	1.29	12.82	1.22	4.10	0.384
	56	7	9	9.880	7.756	0.286	81.22	2.86	13.49	27.12	24.36	1.570	5.70	18.38	169.87	3.00	41.71	1.33	14.60	1.22	4.70	0.383
	56	8	9	11.183	8.779	0.286	91.03	2.85	15.27	29.98	27.15	1.558	6.41	19.91	194.17	3.04	47.93	1.36	16.34	1.21	5.29	0.380
100	63	6	10	9.617	7.550	0.320	99.06	3.21	14.64	30.62	30.94	1.794	6.35	21.69	199.71	3.24	50.50	1.43	18.42	1.38	2.25	0.394
	63	7	10	11.111	8.722	0.320	113.45	3.47	16.88	34.59	35.26	1.781	7.29	24.06	233.00	3.28	59.14	1.47	21.00	1.37	6.02	0.393
	63	8	10	12.584	9.878	0.319	127.37	3.18	19.08	38.33	39.39	1.769	8.21	26.18	266.32	3.32	67.88	1.50	23.50	1.37	6.78	0.391
	63	10	10	15.467	12.142	0.319	153.81	3.15	23.32	45.18	47.12	1.745	9.98	29.83	333.06	3.40	85.73	1.58	28.33	1.35	8.24	0.387
100	80	6	10	10.637	8.350	0.354	107.04	3.17	15.19	36.24	61.24	2.399	10.16	31.03	199.83	2.95	102.68	1.97	31.65	1.73	8.37	0.627
	80	7	10	12.301	9.656	0.354	122.73	3.16	17.52	40.96	70.08	2.387	11.71	34.79	233.20	3.00	119.98	2.01	36.17	1.71	9.60	0.626
	80	8	10	13.944	10.946	0.353	137.92	3.14	19.81	45.40	78.58	2.374	13.21	38.27	266.61	3.04	137.37	2.05	40.58	1.71	10.80	0.625
	80	10	10	17.167	13.476	0.353	166.87	3.12	24.24	53.54	94.65	2.348	16.12	44.45	333.63	3.12	172.48	2.13	49.10	1.69	13.12	0.622
110	70	6	10	10.637	8.350	0.354	133.37	3.54	17.85	37.80	42.92	2.009	7.900	27.36	265.78	3.53	69.08	1.57	25.36	1.54	6.53	0.403
	70	7	10	12.301	9.656	0.354	153.00	3.53	20.60	42.82	49.01	1.996	9.090	30.48	310.07	3.57	80.83	1.61	28.96	1.53	7.50	0.402
	70	8	10	13.944	10.946	0.353	172.04	3.51	23.30	47.57	54.87	1.984	10.25	33.31	354.39	3.62	92.70	1.65	32.45	1.53	8.45	0.401
	70	10	10	17.167	13.476	0.353	208.39	3.48	28.54	56.36	65.88	1.959	12.48	38.24	443.13	3.70	116.83	1.72	39.20	1.51	10.29	0.397
125	80	7	11	14.096	11.066	0.403	227.98	4.02	26.86	56.81	74.42	2.298	12.01	41.24	454.99	4.01	120.32	1.80	43.81	1.76	9.92	0.408
	80	8	11	15.989	12.551	0.403	256.77	4.01	30.41	63.28	83.49	2.285	13.56	45.28	519.99	4.06	137.85	1.84	49.15	1.75	11.18	0.407

(续)

B	b	d	r	截面面积 A/cm²	重量/(kg/m)	表面积/(m²/m)	I_x/cm⁴	i_x/cm	W_{xmin}/cm³	W_{xmax}/cm³	I_y/cm⁴	i_y/cm	W_{ymin}/cm³	W_{ymax}/cm³	I_{c1}/cm⁴	y_0/cm	I_{y1}/cm⁴	x_0/cm	I_n/cm⁴	i_n/cm	W_n/cm³	$\tan\theta$
							x—x				y—y				x1—x1		y1—y1		u—u			
125	80	10	11	19.712	15.474	0.402	312.04	3.98	37.33	75.35	100.67	2.360	16.56	52.41	650.09	4.14	173.40	1.92	59.45	1.74	13.64	0.404
	80	12	11	23.351	18.330	0.402	364.41	3.95	44.01	86.34	116.67	2.235	19.43	58.46	780.39	4.22	209.67	2.00	69.35	1.72	16.01	0.400
140	90	8	12	18.038	14.160	0.453	365.64	4.50	38.48	81.30	120.69	2.587	17.34	59.15	730.53	4.50	195.79	2.04	70.83	1.98	14.31	0.411
	90	10		22.261	17.475	0.452	445.50	4.47	47.31	97.19	146.03	2.561	21.22	68.94	913.20	4.58	245.93	2.12	85.82	1.96	17.48	0.409
	90	12		26.400	20.724	0.451	521.59	4.44	55.87	111.81	169.79	2.536	24.95	77.38	1096.09	4.66	296.89	2.19	100.21	1.95	20.54	0.406
	90	14		30.456	23.908	0.451	594.10	4.42	64.18	125.26	192.10	2.511	28.54	84.68	1279.26	4.74	348.82	2.27	114.13	1.94	23.52	0.403
160	100	10	13	25.315	19.872	0.512	668.69	5.14	62.13	127.69	205.03	2.846	26.56	89.94	1362.89	5.24	336.59	2.28	121.74	2.19	21.92	0.390
	100	12		30.054	23.592	0.511	784.91	5.11	73.49	147.54	239.06	2.820	31.28	101.45	1635.56	5.32	405.94	2.36	142.33	2.18	25.79	0.388
	100	14		34.709	27.247	0.510	896.30	5.08	84.56	165.97	271.20	2.795	35.83	111.53	1908.50	5.40	476.42	2.43	162.23	2.16	29.56	0.385
	100	16		39.281	30.835	0.510	1003.04	5.05	95.33	183.11	301.60	2.771	40.24	120.37	2181.79	5.48	548.22	2.51	181.57	2.15	33.25	0.382
180	110	10	14	28.373	22.273	0.571	956.25	5.81	78.96	162.37	278.11	3.131	32.49	113.91	1940.40	5.89	447.22	2.44	166.50	2.42	26.88	0.376
	110	12		33.712	26.464	0.571	1124.72	5.78	93.53	188.23	325.03	3.105	38.32	129.03	2328.38	5.98	538.94	2.52	194.87	2.40	31.66	0.374
	110	14		38.967	30.589	0.570	1286.91	5.75	107.76	212.46	369.55	3.082	43.97	142.41	2716.60	6.06	631.95	2.59	222.30	2.39	36.32	0.372
	110	16		44.139	34.649	0.569	1443.06	5.72	121.64	235.16	411.85	3.055	49.44	154.26	3105.15	6.14	726.46	2.67	248.94	2.37	40.87	0.369
200	125	12	14	37.912	29.761	0.641	1570.90	6.44	116.73	240.10	483.16	3.570	49.99	170.46	3193.85	6.54	787.74	2.83	285.79	2.75	41.23	0.392
	125	14		43.867	34.436	0.640	1800.97	6.41	134.65	271.86	550.83	3.544	57.44	189.24	3726.17	6.62	922.47	2.91	326.58	2.73	47.34	0.390
	125	16		49.739	39.045	0.639	2023.35	6.38	152.18	301.81	615.44	3.518	64.69	206.12	4258.85	6.70	1058.86	2.99	366.21	2.71	53.32	0.388
	125	18		55.526	43.588	0.639	2238.30	6.35	169.33	330.05	677.19	3.492	71.74	221.30	4792.00	6.78	1197.13	3.06	404.83	2.70	59.18	0.385

附表 6-3 热轧等边角钢组合截面特性表（按 GB 9787—1988 计算）

y—y 轴截面特性
a 为角钢肢背之间的距离，mm

角钢型号	两个角钢的截面面积/cm²	两个角钢的重量/(kg/m)	a=0mm		a=4mm		a=6mm		a=8mm		a=10mm		a=12mm		a=14mm		a=16mm	
			W_y/cm³	i_y/cm	W_y/cm³	i_y/cm	W_y/cm³	i_y/cm	W_y/cm³	i_y/cm	W_y/cm³	i_y/cm	W_y/cm³	i_y/cm	W_y/cm³	i_y/cm	W_y/cm³	i_y/cm
2L20×3	2.26	1.78	0.81	0.85	1.03	1.00	1.15	1.08	1.28	1.17	1.42	1.25	1.57	1.34	1.72	1.43	1.88	1.52
4	2.92	2.29	1.09	0.87	1.38	1.02	1.55	1.11	1.73	1.19	1.91	1.28	2.10	1.37	2.30	1.46	2.51	1.55
2L25×3	2.86	2.25	1.26	1.05	1.52	1.20	1.66	1.27	1.82	1.36	1.98	1.44	2.15	1.53	2.33	1.61	2.52	1.70
4	3.72	2.92	1.69	1.07	2.04	1.22	2.21	1.30	2.44	1.38	2.66	1.47	2.89	1.55	3.13	1.64	3.38	1.73
2L30×3	3.50	2.75	1.81	1.25	2.11	1.39	2.28	1.47	2.46	1.55	2.65	1.63	2.84	1.71	3.05	1.80	3.26	1.88
4	4.55	3.57	2.42	1.26	2.83	1.41	3.06	1.49	3.30	1.57	3.55	1.65	3.82	1.74	4.09	1.82	4.38	1.91
2L36×3	4.22	3.31	2.60	1.49	2.95	1.63	3.14	1.70	3.35	1.78	3.56	1.86	3.79	1.94	4.02	2.03	4.27	2.11
4	5.51	4.33	3.47	1.51	3.95	1.65	4.21	1.73	4.49	1.80	4.78	1.89	5.08	1.97	5.39	2.05	5.72	2.14
5	6.76	5.31	4.36	1.52	4.96	1.67	5.30	1.75	5.64	1.83	6.01	1.91	6.39	1.99	6.78	2.08	7.19	2.16
2L40×3	4.72	3.70	3.20	1.65	3.59	1.79	3.80	1.86	4.02	1.94	4.26	2.01	4.50	2.09	4.76	2.18	5.02	2.26
4	6.17	4.85	4.28	1.67	4.80	1.81	5.09	1.88	5.39	1.96	5.70	2.04	6.03	2.12	6.37	2.20	6.72	2.29
5	7.58	5.95	5.37	1.68	6.03	1.83	6.39	1.90	6.77	1.98	7.17	2.06	7.58	2.14	8.01	2.23	8.45	2.31
2L45×3	5.32	4.18	4.05	1.85	4.48	1.99	4.71	2.06	4.95	2.14	5.21	2.21	5.47	2.29	5.75	2.37	6.04	2.45
4	6.97	5.47	5.41	1.87	5.99	2.01	6.30	2.08	6.63	2.16	6.97	2.24	7.33	2.32	7.70	2.40	8.09	2.48
5	8.58	6.74	6.78	1.89	7.51	2.03	7.91	2.10	8.32	2.18	8.76	2.26	9.21	2.34	9.67	2.42	10.15	2.50
6	10.15	7.97	8.16	1.90	9.05	2.05	9.53	2.12	10.04	2.20	10.56	2.28	11.10	2.36	11.66	2.44	12.24	2.53
2L50×3	5.94	4.66	5.00	2.05	5.47	2.19	5.72	2.26	5.98	2.33	6.26	2.41	6.55	2.48	6.85	2.56	7.16	2.64
4	7.79	6.12	6.68	2.07	7.31	2.21	7.65	2.28	8.01	2.36	8.38	2.43	8.77	2.51	9.17	2.59	9.58	2.67
5	9.61	7.54	8.36	2.09	9.16	2.23	9.59	2.30	10.05	2.38	10.52	2.45	11.00	2.53	11.51	2.61	12.03	2.70
6	11.38	8.93	10.06	2.10	11.03	2.25	11.56	2.32	12.10	2.40	12.67	2.48	13.26	2.56	13.87	2.64	14.50	2.72

（续）

y—y 轴截面特性
a 为角钢肢背之间的距离，mm

角钢型号	两个角钢的截面积 /cm²	两个角钢的重量 /(kg/m)	a=0mm W_y /cm³	a=0mm i_y /cm	a=4mm W_y /cm³	a=4mm i_y /cm	a=6mm W_y /cm³	a=6mm i_y /cm	a=8mm W_y /cm³	a=8mm i_y /cm	a=10mm W_y /cm³	a=10mm i_y /cm	a=12mm W_y /cm³	a=12mm i_y /cm	a=14mm W_y /cm³	a=14mm i_y /cm	a=16mm W_y /cm³	a=16mm i_y /cm
2L 56×3	6.69	5.25	6.27	2.29	6.79	2.43	7.06	2.50	7.35	2.57	7.66	2.64	7.97	2.72	8.30	2.80	8.64	2.88
4	8.78	6.89	8.37	2.31	9.07	2.45	9.44	2.52	9.83	2.59	10.24	2.67	10.66	2.74	11.10	2.82	11.55	2.90
5	10.83	8.50	10.47	2.33	11.36	2.47	11.83	2.54	12.33	2.61	12.84	2.69	13.38	2.77	13.93	2.85	14.49	2.93
8	16.73	12.14	16.87	2.38	18.34	2.52	19.13	2.60	19.94	2.67	20.78	2.75	21.65	2.83	22.55	2.91	23.46	3.00
2L 63×4	9.96	7.81	10.59	2.59	11.36	2.72	11.78	2.79	12.21	2.87	12.66	2.94	13.12	3.02	13.60	3.09	14.10	3.17
5	12.29	9.64	13.25	2.61	14.23	2.74	14.75	2.82	15.30	2.89	15.86	2.96	16.45	3.04	17.05	3.12	17.67	3.20
6	14.58	11.44	15.92	2.62	17.11	2.76	17.75	2.83	18.41	2.91	19.09	2.98	19.80	3.06	20.53	3.14	21.28	3.22
8	19.03	14.94	21.31	2.66	22.94	2.80	23.80	2.87	24.70	2.95	25.62	3.03	26.58	3.10	27.56	3.18	28.57	3.26
10	23.31	18.30	26.77	2.69	28.85	2.84	29.95	2.91	31.09	2.99	32.26	3.07	33.46	3.15	34.70	3.23	35.97	3.31
2L 70×4	11.14	8.74	13.07	2.87	13.92	3.00	14.37	3.07	14.85	3.14	15.34	3.21	15.84	3.29	16.36	3.36	16.90	3.44
5	13.75	10.79	16.35	2.88	17.43	3.02	18.00	3.09	18.60	3.16	19.21	3.24	19.85	3.31	20.50	3.39	21.18	3.47
6	16.32	12.81	19.64	2.90	20.95	3.04	21.64	3.11	22.36	3.18	23.11	3.26	23.88	3.33	24.67	3.41	25.48	3.49
7	18.85	14.80	22.94	2.92	24.49	3.06	25.31	3.13	26.16	3.20	27.03	3.28	27.94	3.36	28.86	3.43	29.82	3.51
8	21.33	16.75	26.26	2.94	28.05	3.08	29.00	3.15	29.97	3.22	30.98	3.30	32.02	3.38	33.09	3.46	34.18	3.54
2L 75×5	14.82	11.64	18.76	3.08	19.91	3.22	20.52	3.29	21.15	3.36	21.81	3.43	22.48	3.50	23.17	3.58	23.89	3.66
6	17.59	13.81	22.54	3.10	23.93	3.24	24.67	3.31	25.43	3.38	26.22	3.45	27.04	3.53	27.87	3.60	28.73	3.68
7	20.32	15.95	26.32	3.12	27.97	3.26	28.84	3.33	29.74	3.40	30.67	3.47	31.62	3.55	32.60	3.63	33.61	3.71
8	23.01	18.06	30.13	3.13	32.03	3.27	33.03	3.35	34.07	3.42	35.13	3.50	36.23	3.57	37.36	3.65	38.52	3.73
10	28.25	22.18	37.79	3.17	40.22	3.31	41.49	3.38	42.81	3.46	44.16	3.54	45.55	3.61	46.97	3.69	48.43	3.77

（续）

y—y 轴截面特性
a 为角钢肢背之间的距离，mm

角钢型号	两个角钢的截面面积 /cm²	两个角钢的重量 /(kg/m)	a=0mm W_y /cm³	a=0mm i_y /cm	a=4mm W_y /cm³	a=4mm i_y /cm	a=6mm W_y /cm³	a=6mm i_y /cm	a=8mm W_y /cm³	a=8mm i_y /cm	a=10mm W_y /cm³	a=10mm i_y /cm	a=12mm W_y /cm³	a=12mm i_y /cm	a=14mm W_y /cm³	a=14mm i_y /cm	a=16mm W_y /cm³	a=16mm i_y /cm
2L 80×5	15.82	12.42	21.34	3.28	22.56	3.42	23.20	3.49	23.86	3.56	24.55	3.63	25.26	3.71	25.99	3.78	26.74	3.86
6	18.79	14.75	25.63	3.30	27.10	3.44	27.88	3.51	28.69	3.58	29.52	3.65	30.37	3.73	31.25	3.80	32.15	3.88
7	21.72	17.05	29.93	3.32	31.67	3.46	32.59	3.53	33.53	3.60	34.51	3.67	35.51	3.75	36.54	3.83	37.60	3.90
8	24.61	19.32	34.24	3.34	36.25	3.48	37.31	3.55	38.40	3.62	39.53	3.70	40.68	3.77	41.87	3.85	43.08	3.93
10	30.25	23.75	42.93	3.37	45.5	3.51	46.84	3.58	48.23	3.66	49.65	3.74	51.11	3.81	52.61	3.89	54.14	3.97
2L 90×6	21.27	16.70	32.41	3.70	34.06	3.84	34.92	3.91	35.81	3.98	36.72	4.05	37.66	4.12	38.63	4.20	39.62	4.27
7	24.60	19.31	37.84	3.72	39.78	3.86	40.79	3.93	41.84	4.00	42.91	4.07	44.02	4.14	45.15	4.22	46.31	4.30
8	27.89	21.89	43.29	3.74	45.52	3.88	46.69	3.95	47.90	4.02	49.12	4.09	50.40	4.17	51.71	4.24	53.04	4.32
10	34.33	36.95	54.24	3.77	57.08	3.91	58.57	3.98	60.09	4.06	61.66	4.13	63.27	4.21	64.91	4.28	66.59	4.36
12	40.61	31.88	65.28	3.80	68.75	3.95	70.56	4.02	72.42	4.09	74.32	4.17	76.27	4.25	78.26	4.32	80.30	4.40
2L 100×6	23.86	18.73	40.01	4.09	41.82	4.23	42.77	4.30	43.75	4.37	44.75	4.44	45.78	4.51	46.83	4.58	47.91	4.66
7	27.59	21.66	46.71	4.11	48.84	4.25	49.95	4.32	51.10	4.39	52.27	4.46	53.48	4.53	54.72	4.61	55.98	4.68
8	31.28	24.55	53.42	4.13	55.87	4.27	57.16	4.34	58.48	4.41	59.83	4.48	61.22	4.55	62.64	4.63	64.09	4.70
10	38.52	30.24	66.90	4.17	70.02	4.31	71.65	4.38	73.32	4.45	75.03	4.52	76.79	4.60	78.58	4.67	80.41	4.75
12	45.60	35.80	80.47	4.20	84.28	4.34	86.26	4.41	88.29	4.49	90.37	4.56	92.50	4.64	94.67	4.71	96.89	4.79
14	52.51	41.22	94.15	4.23	98.66	4.38	101.00	4.45	103.40	4.53	105.85	4.60	108.36	4.68	110.92	4.75	113.52	4.83
16	59.25	46.51	107.96	4.27	113.16	4.41	115.89	4.49	118.66	4.56	121.49	4.64	124.38	4.72	127.33	4.80	130.33	4.87
2L 110×7	30.39	23.86	56.48	4.52	56.80	4.65	60.01	4.72	61.25	4.79	62.52	4.86	63.82	4.94	65.15	5.01	66.51	5.08
8	34.48	27.06	64.58	4.54	67.25	4.67	68.65	4.74	70.07	4.81	71.54	4.88	73.03	4.96	74.56	5.03	76.13	5.10
10	42.52	33.38	80.84	4.57	84.24	4.71	86.00	4.78	87.81	4.85	89.66	4.92	91.56	5.00	93.49	5.07	95.46	5.15
12	50.40	39.56	97.20	4.61	101.34	4.75	103.48	4.82	105.68	4.89	107.93	4.96	110.22	5.04	113.57	5.11	114.96	5.19
14	58.11	45.62	113.67	4.64	118.56	4.78	121.10	4.85	123.69	4.93	126.34	5.00	129.05	5.08	131.81	5.15	134.62	5.23

（续）

y—y 轴截面特性 a 为角钢肢背之间的距离, mm

角钢型号	两个角钢的截面积 /cm²	两个角钢的重量 /(kg/m)	a=0mm W_y /cm³	a=0mm i_y /cm	a=4mm W_y /cm³	a=4mm i_y /cm	a=6mm W_y /cm³	a=6mm i_y /cm	a=8mm W_y /cm³	a=8mm i_y /cm	a=10mm W_y /cm³	a=10mm i_y /cm	a=12mm W_y /cm³	a=12mm i_y /cm	a=14mm W_y /cm³	a=14mm i_y /cm	a=16mm W_y /cm³	a=16mm i_y /cm
2L125×8	39.50	31.01	83.36	5.14	86.36	5.27	87.92	5.34	89.52	5.41	91.15	5.48	92.81	5.55	94.52	5.62	96.25	5.69
10	48.75	38.27	104.31	5.17	108.12	5.31	110.09	5.38	112.11	5.45	114.14	5.52	116.28	5.59	118.43	5.66	120.62	5.74
12	57.82	45.39	125.35	5.21	129.98	5.34	132.38	5.41	134.84	5.48	137.34	5.56	139.89	5.63	142.49	5.70	145.15	5.78
14	66.73	52.39	146.50	5.24	151.98	5.38	154.82	5.45	157.71	5.52	160.66	5.59	163.67	5.67	166.73	5.74	169.85	5.82
2L140×10	54.75	42.98	130.73	5.78	134.94	5.92	137.12	5.98	139.34	6.05	141.61	6.12	143.92	6.20	146.27	6.27	148.67	6.34
12	65.02	51.04	157.04	5.81	162.16	5.95	164.81	6.02	167.50	6.09	170.25	6.16	173.06	6.23	175.91	6.31	178.81	6.38
14	75.13	58.98	183.46	5.85	189.51	5.98	192.63	6.06	195.82	6.13	199.06	6.20	202.36	6.27	205.72	6.34	209.13	6.42
16	85.08	66.79	210.01	5.88	217.01	6.02	220.62	6.09	224.29	6.16	228.03	6.23	231.84	6.31	235.71	6.38	239.64	6.46
2L160×10	63.00	49.46	170.67	6.58	175.42	6.72	177.87	6.78	180.37	6.85	182.91	6.92	185.50	6.99	188.14	7.06	190.81	7.13
12	74.88	58.78	204.95	6.62	210.43	6.75	213.70	6.82	216.73	6.89	219.81	6.96	222.95	7.03	226.14	7.10	229.38	7.17
14	86.59	67.97	239.33	6.65	246.10	6.79	249.67	6.86	253.24	6.93	256.87	7.00	260.56	7.07	264.32	7.14	268.13	7.21
16	98.13	77.04	273.85	6.68	281.74	6.82	285.79	6.89	289.91	6.96	294.10	7.03	298.36	7.10	302.68	7.18	307.07	7.25
2L180×12	84.48	66.32	259.20	7.43	265.62	7.56	268.92	7.63	272.27	7.70	275.68	7.77	279.14	7.84	282.66	7.91	286.23	7.98
14	97.79	76.77	302.61	7.46	310.19	7.60	314.07	7.67	318.02	7.74	322.04	7.81	326.11	7.88	330.25	7.95	334.45	8.02
16	110.93	87.08	346.14	7.49	354.90	7.63	359.38	7.70	363.94	7.77	368.57	7.84	373.27	7.91	378.03	7.98	382.86	8.06
18	123.91	97.27	389.82	7.53	399.77	7.66	404.86	7.73	410.04	7.80	415.29	7.87	420.62	7.95	426.02	8.02	431.50	8.09
2L200×14	109.28	85.79	373.41	8.27	381.75	8.40	386.02	8.47	390.36	8.54	394.76	8.61	399.22	8.67	403.75	8.75	408.33	8.82
16	124.03	97.36	427.04	8.30	436.67	8.43	441.59	8.50	446.59	8.57	451.66	8.64	456.80	8.71	462.02	8.78	467.30	8.85
18	138.60	108.80	480.81	8.33	491.75	8.47	497.34	8.53	503.01	8.60	508.76	8.67	514.59	8.75	520.50	8.82	526.48	8.89
20	153.01	120.11	534.75	8.36	547.01	8.50	553.28	8.57	559.63	8.64	566.07	8.71	572.60	8.78	579.21	8.85	585.91	8.92
24	181.32	142.34	643.20	8.42	658.16	8.56	665.80	8.63	673.55	8.71	681.39	8.78	689.34	8.85	697.38	8.92	705.52	9.00

附表 6-4　热轧不等边角钢组合截面特性表（按 GB 9788—1988 计算）

角钢型号	两角钢的截面面积 /cm²	两角钢的重量 /(kg/m)	长肢相连时绕 y—y 轴回转半径 i_y/cm								短肢相连时绕 y—y 轴回转半径 i_y/cm							
			a=0mm	a=4mm	a=6mm	a=8mm	a=10mm	a=12mm	a=14mm	a=16mm	a=0mm	a=4mm	a=6mm	a=8mm	a=10mm	a=12mm	a=14mm	a=16mm
2∟ 25×16×3	2.32	1.82	0.61	0.76	0.84	0.93	1.02	1.11	1.20	1.30	1.16	1.32	1.40	1.48	1.57	1.66	1.74	1.83
4	3.00	2.35	0.63	0.78	0.87	0.96	1.05	1.14	1.23	1.33	1.18	1.34	1.42	1.51	1.60	1.68	1.77	1.86
2∟ 32×20×3	2.98	2.24	0.74	0.89	0.97	1.05	1.14	1.23	1.32	1.41	1.48	1.63	1.71	1.79	1.88	1.96	2.05	2.14
4	3.88	3.04	0.76	0.91	0.99	1.08	1.16	1.25	1.34	1.44	1.50	1.66	1.74	1.82	1.90	1.99	2.08	2.17
2∟ 40×25×3	3.78	2.97	0.92	1.06	1.13	1.21	1.30	1.38	1.47	1.56	1.84	1.99	2.07	2.14	2.23	2.31	2.39	2.48
4	4.93	3.87	0.93	1.08	1.16	1.24	1.32	1.41	1.50	1.58	1.86	2.01	2.09	2.17	2.25	2.34	2.42	2.51
2∟ 45×28×3	4.30	3.37	1.02	1.15	1.23	1.31	1.39	1.47	1.56	1.64	2.06	2.21	2.28	2.36	2.44	2.52	2.60	2.69
4	5.61	4.41	1.03	1.18	1.25	1.33	1.41	1.50	1.59	1.67	2.08	2.23	2.31	2.39	2.47	2.55	2.63	2.72
2∟ 50×32×3	4.86	3.82	1.17	1.30	1.37	1.45	1.53	1.61	1.69	1.78	2.27	2.41	2.49	2.56	2.64	2.72	2.81	2.89
4	6.35	4.99	1.18	1.32	1.40	1.47	1.55	1.64	1.72	1.81	2.29	2.44	2.51	2.59	2.67	2.75	2.84	2.92
2∟ 56×36×3	5.49	4.31	1.31	1.44	1.51	1.59	1.66	1.74	1.83	1.91	2.53	2.67	2.75	2.82	2.90	2.98	3.06	3.14
4	7.18	5.64	1.33	1.46	1.53	1.61	1.69	1.77	1.85	1.94	2.55	2.70	2.77	2.85	2.93	3.01	3.09	3.17
5	8.83	6.93	1.34	1.48	1.56	1.63	1.71	1.79	1.88	1.96	2.57	2.72	2.80	2.88	2.96	3.04	3.12	3.20
2∟ 63×40×4	8.12	6.37	1.46	1.59	1.66	1.74	1.81	1.89	1.97	2.06	2.86	3.01	3.09	3.16	3.24	3.32	3.40	3.48
5	9.99	7.84	1.47	1.61	1.68	1.76	1.84	1.92	2.00	2.08	2.89	3.03	3.11	3.19	3.27	3.35	3.43	3.51
6	11.82	9.28	1.49	1.63	1.71	1.78	1.86	1.94	2.03	2.11	2.91	3.06	3.13	3.21	3.29	3.37	3.45	3.53
7	13.60	10.68	1.51	1.65	1.73	1.81	1.89	1.97	2.05	2.14	2.93	3.08	3.16	3.24	3.32	3.40	3.48	3.56
2∟ 70×45×4	9.11	7.15	1.64	1.77	1.84	1.91	1.99	2.07	2.15	2.23	3.17	3.31	3.39	3.46	3.54	3.62	3.69	3.77
5	11.22	8.81	1.66	1.79	1.86	1.94	2.01	2.09	2.17	2.25	3.19	3.34	3.41	3.49	3.57	3.64	3.72	3.80
6	13.29	10.43	1.67	1.81	1.88	1.96	2.04	2.11	2.20	2.28	3.21	3.36	3.44	3.51	3.59	3.67	3.75	3.83
7	15.31	12.02	1.69	1.83	1.98	1.98	2.06	2.14	2.22	2.30	3.23	3.38	3.46	3.54	3.61	3.69	3.77	3.86

（续）

角钢型号	两角钢的截面面积 /cm²	两角钢的重量 /(kg/m)	长肢相连时绕 y—y 轴回转半径 i_y/cm								短肢相连时绕 y—y 轴回转半径 i_y/cm							
			$a=$0mm	$a=$4mm	$a=$6mm	$a=$8mm	$a=$10mm	$a=$12mm	$a=$14mm	$a=$16mm	$a=$0mm	$a=$4mm	$a=$6mm	$a=$8mm	$a=$10mm	$a=$12mm	$a=$14mm	$a=$16mm
2L 75×50×5	12.25	9.62	1.85	1.99	2.06	2.13	2.20	2.28	2.36	2.44	3.39	3.53	3.60	3.68	3.76	3.83	3.91	3.99
6	14.52	11.40	1.87	2.00	2.08	2.15	2.23	2.30	2.38	2.46	3.41	3.55	3.63	3.70	3.78	3.86	3.94	4.02
8	18.93	14.86	1.90	2.04	2.12	2.19	2.27	2.35	2.43	2.51	3.45	3.60	3.67	3.75	3.83	3.91	3.99	4.07
10	23.18	18.20	1.94	2.08	2.16	2.24	2.31	2.40	2.48	2.56	3.49	3.64	3.71	3.79	3.87	3.95	4.03	4.12
2L 80×50×5	12.75	10.01	1.82	1.95	2.02	2.09	2.17	2.24	2.32	2.40	3.66	3.80	3.88	3.95	4.03	4.10	4.18	4.26
6	15.12	11.87	1.83	1.97	2.04	2.11	2.19	2.27	2.34	2.43	3.68	3.82	3.90	3.98	4.05	4.13	4.21	4.29
7	17.45	13.70	1.85	1.99	2.06	2.13	2.21	2.29	2.37	2.45	3.70	3.85	3.92	4.00	4.08	4.16	4.23	4.32
8	19.73	15.49	1.86	2.00	2.08	2.15	2.23	2.31	2.39	2.47	3.72	3.87	3.94	4.02	4.10	4.18	4.26	4.34
2L 90×56×5	14.42	11.32	2.02	2.15	2.22	2.29	2.36	2.44	2.52	2.59	4.10	4.25	4.32	4.39	4.47	4.55	4.62	4.70
6	17.11	13.43	2.04	2.17	2.24	2.31	2.39	2.46	2.54	2.62	4.12	4.27	4.34	4.42	4.50	4.57	4.65	4.73
7	19.76	15.51	2.05	2.19	2.26	2.33	2.41	2.48	2.56	2.64	4.15	4.29	4.37	4.44	4.52	4.60	4.68	4.76
8	22.37	17.56	2.07	2.21	2.28	2.35	2.43	2.51	2.59	2.67	4.17	4.31	4.39	4.47	4.54	4.62	4.70	4.78
2L 100×63×6	19.23	15.10	2.29	2.42	2.49	2.56	2.63	2.71	2.78	2.86	4.56	4.70	4.77	4.85	4.92	5.00	5.08	5.16
7	22.22	17.44	2.31	2.44	2.51	2.58	2.65	2.73	2.80	2.88	4.58	4.72	4.80	4.87	4.95	5.03	5.10	5.18
8	25.17	19.76	2.32	2.46	2.53	2.60	2.67	2.75	2.83	2.91	54.60	4.75	4.82	4.90	4.97	5.05	5.13	5.21
10	30.93	24.28	2.35	2.49	2.57	2.64	2.72	2.79	2.87	2.95	4.64	4.79	4.86	4.94	5.02	5.10	5.18	5.26
2L 100×80×6	21.27	16.70	2.11	2.24	3.31	3.38	3.45	3.52	3.59	3.67	4.33	4.47	4.54	4.62	4.69	4.76	4.84	4.91
7	24.60	19.31	3.12	3.26	3.32	3.39	3.47	3.54	3.61	3.69	4.35	4.49	4.57	4.64	4.71	4.79	4.86	4.94
8	27.89	21.89	3.14	3.27	3.34	3.41	3.49	3.56	3.64	3.71	4.37	4.51	4.59	4.66	4.73	4.81	4.88	4.96
10	34.33	26.95	3.17	3.31	3.38	3.45	3.53	3.60	3.68	3.75	4.41	4.55	4.63	4.70	4.78	4.85	4.93	5.01

（续）

角钢型号	两角钢的截面面积 /cm²	两角钢的重量 /(kg/m)	长肢相连时绕 y—y 轴回转半径 i_y/cm								短肢相连时绕 y—y 轴回转半径 i_y/cm							
			a=0mm	a=4mm	a=6mm	a=8mm	a=10mm	a=12mm	a=14mm	a=16mm	a=0mm	a=4mm	a=6mm	a=8mm	a=10mm	a=12mm	a=14mm	a=16mm
2L 110×70×6	21.27	16.70	2.55	2.68	2.74	2.81	2.88	2.96	3.03	3.11	5.00	5.14	5.21	5.29	5.36	5.44	5.51	5.59
7	24.60	19.31	2.56	2.69	2.76	2.83	2.90	2.98	3.05	3.13	5.02	5.16	5.24	5.31	5.39	5.46	5.53	5.62
8	27.89	21.89	2.58	2.71	2.78	2.85	2.92	3.00	3.07	3.15	5.04	5.19	5.26	5.34	5.41	5.49	5.56	5.64
10	34.33	26.95	2.61	2.74	2.82	2.89	2.96	3.04	3.12	3.19	5.08	5.23	5.30	5.38	5.46	5.53	5.61	5.69
2L 125×80×7	28.19	22.13	2.92	3.05	3.13	3.18	3.25	3.33	3.40	3.47	5.68	5.82	5.90	5.97	6.04	6.12	6.20	6.27
8	31.98	25.10	2.94	3.07	3.15	3.20	3.27	3.35	3.42	3.49	5.70	5.85	5.92	5.99	6.07	6.14	6.22	6.30
10	39.42	30.95	2.97	3.10	3.17	3.24	3.31	3.39	3.46	3.54	5.74	5.89	5.96	6.04	6.11	6.19	6.27	6.34
12	46.70	36.66	3.00	3.13	3.20	3.28	3.35	3.43	3.50	3.58	5.78	5.93	6.00	6.08	6.16	6.23	6.31	6.39
2L 140×90×8	36.08	28.32	3.29	3.42	3.49	3.56	3.63	3.70	3.77	3.84	6.36	6.51	6.58	6.65	6.73	6.80	6.88	6.95
10	44.52	34.95	3.32	3.45	3.52	3.59	3.66	3.73	3.81	3.88	6.40	6.55	6.62	6.70	6.77	6.85	6.92	7.00
12	52.80	41.45	3.35	3.49	3.56	3.63	3.70	3.77	3.85	3.92	6.44	6.59	6.66	6.74	6.81	6.89	6.97	7.04
14	60.91	47.82	3.38	3.52	3.59	3.66	3.74	3.81	3.89	3.97	6.48	6.63	6.70	6.78	6.86	6.93	7.01	7.09
2L 160×100×10	50.63	39.74	3.65	3.77	3.84	3.91	3.98	4.05	4.12	4.19	7.34	7.48	7.55	7.63	7.70	7.78	7.85	7.93
12	60.11	47.18	3.68	3.81	3.87	3.94	4.01	4.09	4.16	4.23	7.38	7.52	7.60	7.67	7.75	7.82	7.90	7.97
14	69.42	54.49	3.70	3.84	3.91	3.98	4.05	4.12	4.20	4.27	7.42	7.56	7.64	7.71	7.79	7.86	7.94	8.02
16	78.56	61.67	3.74	3.87	3.94	4.02	4.09	4.16	4.24	4.31	7.45	7.60	7.68	7.75	7.83	7.90	7.98	8.06
2L 180×110×10	56.75	44.55	3.97	4.10	4.16	4.23	4.30	4.36	4.44	4.51	8.27	8.41	8.49	8.56	8.63	8.71	8.78	8.86
12	67.42	52.93	4.00	4.13	4.19	4.26	4.33	4.40	4.47	4.54	8.31	8.46	8.53	8.60	8.68	8.75	8.83	8.90
14	77.93	61.18	4.03	4.16	4.23	4.30	4.37	4.44	4.51	4.58	8.35	8.50	8.57	8.64	8.72	8.79	8.87	8.95
16	88.28	69.30	4.06	4.19	4.26	4.33	4.40	4.47	4.55	4.62	8.39	8.53	8.61	8.68	8.76	8.84	8.91	8.99
2L 200×125×12	75.82	59.52	4.56	4.69	4.75	4.82	4.88	4.95	5.02	5.09	9.18	9.32	9.39	9.47	9.54	9.62	9.69	9.76
14	87.73	68.87	4.59	4.72	4.78	4.85	4.92	4.99	5.06	5.13	9.22	9.36	9.43	9.51	9.58	9.66	9.73	9.81
16	99.48	78.09	4.61	4.75	4.81	4.88	4.95	5.02	5.09	5.17	9.25	9.40	9.47	9.55	9.62	9.70	9.77	9.85
18	111.05	87.18	4.64	4.78	4.85	4.92	4.99	5.06	5.13	5.21	9.29	9.44	9.51	9.59	9.66	9.74	9.81	9.89

附表 6-5　热轧普通工字钢规格及截面特性(按 GB 706—1988 计算)

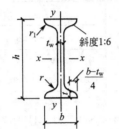

I—截面惯性矩；
W—截面抵抗矩；
S—半截面面积矩；
i—截面回转半径。

型号	尺寸/mm						截面面积 A/cm^2	每米重量 /(kg/m)	截面特性						
									$x-x$ 轴				$y-y$ 轴		
	h	b	t_w	t	r	r_1			I_x /cm⁴	W_x /cm³	S_x /cm³	i_x /cm	I_y /cm⁴	W_y /cm³	i_y /cm
工 10	100	68	4.5	7.6	6.5	3.3	14.33	11.25	245	49.0	28.2	4.14	32.8	9.6	1.51
工 12.6	126	74	5.0	8.4	7.0	3.5	18.10	14.21	488	77.4	44.2	5.19	46.9	12.7	1.61
工 14	140	80	5.5	9.1	7.5	3.8	21.50	16.88	712	101.7	58.4	5.75	64.3	16.1	1.73
工 16	160	88	6.0	9.9	8.0	4.0	26.11	20.50	1127	140.9	80.8	6.57	93.1	21.1	1.89
工 18	180	94	6.5	10.7	8.5	4.3	30.74	24.13	1699	185.4	106.5	7.37	122.9	26.2	2.00
工 20a	200	100	7.0	11.4	9.0	4.5	35.55	27.91	2369	236.9	136.1	8.16	157.9	31.6	2.11
工 20b	200	102	9.0	11.4	9.0	4.5	39.55	31.05	2502	250.2	146.1	7.95	769.0	33.1	2.07
工 22a	220	110	7.5	12.3	9.5	4.8	42.10	33.05	3406	309.6	177.7	8.99	225.9	41.1	2.32
工 22b	220	112	9.5	12.3	9.5	4.8	46.50	36.50	3583	325.8	189.8	8.78	240.2	42.9	2.27
工 25a	250	116	8.0	13.0	10.0	5.0	48.51	38.08	5017	401.4	230.7	10.17	280.4	48.4	2.40
工 25b	250	118	10.0	13.0	10.0	5.0	53.51	42.01	5278	422.2	246.3	9.93	297.3	50.4	2.36
工 28a	280	122	8.5	13.7	10.5	5.3	55.37	43.47	7.115	508.2	292.7	11.34	344.1	56.4	2.49
工 28b	280	124	10.5	13.7	10.5	5.3	60.97	47.86	7481	534.4	312.3	11.08	363.8	58.7	2.44
工 32a	320	130	9.5	15.0	11.5	5.8	67.12	52.69	11080	692.5	400.5	12.85	459.0	70.6	2.62
工 32b	320	132	11.5	15.0	11.5	5.8	73.52	57.7	11626	726.7	426.1	12.58	48308	73.3	2.57
工 32c	320	134	13.5	15.0	11.5	5.8	79.92	62.74	12173	760.8	451.7	12.34	510.1	76.1	2.53
工 36a	360	136	10.0	15.8	12.0	6.0	76.44	60.00	15796	877.6	508.8	12.38	554.9	81.6	2.69
工 36b	360	138	12.0	15.8	12.0	6.0	83.64	65.66	16574	920.8	541.2	14.08	583.6	84.6	2.64
工 36c	360	140	14.0	15.8	12.0	6.0	90.84	71.31	17351	964.0	573.6	13.82	614.0	87.7	2.60
工 40a	400	142	10.5	16.5	12.5	6.3	86.07	67.56	21714	1085.7	631.2	15.88	659.9	92.9	2.77
工 40b	400	144	12.5	16.5	12.5	6.3	94.07	73.84	22781	1139.0	671.2	15.56	692.8	96.2	2.71
工 40c	400	146	14.5	16.5	12.5	6.3	102.07	80.12	23847	1192.4	711.2	15.29	727.5	99.7	2.67
工 45a	450	150	11.5	18.0	13.5	6.8	102.40	80.38	32241	1432.9	836.4	17.74	855.0	114.0	2.89
工 45b	450	152	13.5	18.0	13.5	6.8	111.40	87.45	33759	1500.4	887.1	17.41	895.4	117.8	2.84
工 45c	450	154	15.5	18.0	13.5	6.8	120.40	94.51	35278	1567.9	937.7	17.12	938.0	121.8	2.79
工 50a	500	158	12.0	20.0	14.0	7.0	119.25	93.61	46.472	1858.9	1084.1	19.74	1121.5	142.0	3.07
工 50b	500	160	14.0	20.0	14.0	7.0	129.25	101.46	48556	1942.2	1146.6	19.38	1171.4	146.4	3.01
工 50c	500	162	16.0	20.0	14.0	7.0	139.25	109.31	50639	2025.6	1209.1	19.07	1223.9	151.1	2.96

(续)

型号	尺寸/mm						截面面积 A/cm²	每米重量/(kg/m)	截面特性						
									x—x 轴				y—y 轴		
	h	b	t_w	t	r	r_1			I_x /cm⁴	W_x /cm³	S_x /cm³	i_x /cm	I_y /cm⁴	W_y /cm³	i_y /cm
Ⅰ56a	560	166	12.5	21.0	14.5	7.3	135.38	106.27	65576	2342.0	1368.8	22.01	1365.8	164.6	2.18
Ⅰ56b	560	168	14.5	21.0	14.5	7.3	146.58	115.06	68503	2446.5	1447.2	21.62	1423.8	169.5	3.12
Ⅰ56c	560	170	16.5	21.0	14.5	7.3	157.78	123.85	71430	2551.1	1525.6	21.28	1484.8	174.7	3.07
Ⅰ63a	630	176	13.0	22.0	15.0	7.5	154.59	121.36	94004	2984.3	1747.4	24.66	1702.4	193.5	3.32
Ⅰ63b	630	178	15.0	22.0	15.0	7.5	167.19	131.35	98171	3116.6	1846.6	24.23	1770.7	199.0	3.25
Ⅰ63c	630	180	17.0	22.0	15.0	7.5	179.79	141.14	102339	3248.9	1945.9	2386	1842.4	204.7	3.20

注：普通工字钢的通常长度：Ⅰ10～Ⅰ18，为5～19m；Ⅰ20～Ⅰ63，为6～19m。

附表 6-6　热轧轻型工字钢规格及截面特性(按 YB 163—1963 计算)

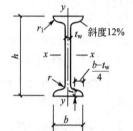

I—截面惯性矩；
W—截面抵抗矩；
S—半截面面积矩；
i—截面回转半径。

型号	尺寸/mm						截面面积 A/cm²	每米重量/(kg/m)	截面特性						
									x—x 轴				y—y 轴		
	h	b	t_w	t	r	r_1			I_x /cm⁴	W_x /cm³	S_x /cm³	i_x /cm	I_y /cm⁴	W_y /cm³	i_y /cm
Ⅰ10	100	55	4.5	7.2	7.0	2.5	12.05	9.46	198	39.7	23.0	4.06	17.9	6.5	1.22
Ⅰ12	120	64	4.8	7.3	7.5	3.0	14.71	11.55	351	58.4	33.7	4.88	27.9	8.7	1.38
Ⅰ14	140	73	4.9	7.5	8.0	3.0	17.43	13.68	572	81.7	46.8	5.73	41.9	11.5	1.55
Ⅰ16	160	81	5.0	7.8	8.5	3.5	20.24	15.89	873	109.2	62.3	6.57	58.6	14.5	1.70
Ⅰ18	180	90	5.1	8.1	9.0	3.5	23.38	18.35	1288	143.1	81.4	7.42	82.6	18.4	1.88
Ⅰ18a	180	100	5.1	8.3	9.0	3.5	25.38	19.92	1431	159.0	89.8	7.51	114.2	22.8	2.12
Ⅰ20	200	100	5.2	8.4	9.5	4.0	26.81	21.04	1840	184.0	104.2	8.28	115.4	23.1	2.08
Ⅰ20a	220	110	5.2	8.6	9.5	4.0	28.91	22.69	2027	202.7	114.1	8.37	154.9	28.2	2.32
Ⅰ22	220	110	5.4	8.7	10.0	4.0	30.62	24.04	2554	232.1	131.2	9.13	157.4	28.6	2.27
Ⅰ22a	220	120	5.4	8.9	10.0	4.0	32.82	25.76	2792	253.8	142.7	9.22	205.9	34.3	2.50
Ⅰ24	240	115	5.6	9.5	10.5	4.0	34.83	27.35	3465	288.7	163.1	9.97	198.5	34.5	2.39
Ⅰ24a	240	125	5.6	9.8	10.5	4.0	37.45	29.40	3801	316.7	177.9	10.07	260.0	41.6	2.63
Ⅰ27	270	125	6.0	9.8	11.0	4.5	40.17	31.54	5011	371.2	210.0	11.17	259.6	41.5	2.54
Ⅰ27a	270	135	6.0	10.2	11.0	4.5	43.17	33.89	5500	407.4	229.1	11.29	337.5	50.0	2.80

(续)

型号	尺寸/mm						截面面积 A/ cm²	每米重量 /(kg/m)	截面特性						
									x—x 轴				y—y 轴		
	h	b	t_w	t	r	r_1			I_x /cm⁴	W_x /cm³	S_x /cm³	i_x /cm	I_y /cm⁴	W_y /cm³	i_y /cm
Ⅰ30	300	135	6.5	10.2	12.0	5.0	46.48	36.49	7084	472.3	267.8	12.35	337.0	49.9	2.69
Ⅰ30a	300	145	6.5	10.7	12.0	5.0	49.91	39.18	7776	518.4	292.1	12.48	435.8	60.1	2.95
Ⅰ33	330	140	7.0	11.2	13.0	5.0	53.82	42.25	9845	596.6	339.2	13.52	419.4	59.9	2.79
Ⅰ36	360	145	7.5	12.3	14.0	6.0	61.86	48.56	13377	743.2	423.3	14.71	515.8	71.2	2.89
Ⅰ40	400	155	8.0	13.0	15.0	6.0	71.44	56.08	18932	946.6	540.1	16.28	666.3	86.0	3.05
Ⅰ45	450	160	8.6	14.2	16.0	7.0	83.03	65.18	27446	1219.8	699.0	18.18	806.9	100.9	3.12
Ⅰ50	500	170	9.5	15.2	17.0	7.0	97.84	76.81	39295	1571.8	905.0	20.04	1041.8	122.6	3.26
Ⅰ55	550	180	10.3	16.5	18.0	7.0	114.43	89.83	55155	2005.6	1157.7	21.95	1353.0	150.3	3.44
Ⅰ60	600	190	11.1	17.8	20.0	8.0	132.46	103.98	75456	2515.2	1455.0	23.07	1720.1	181.1	3.60
Ⅰ65	650	200	12.0	19.2	22.0	9.0	152.80	119.94	101412	3120.4	1809.4	25.76	2170.1	217.0	3.77
Ⅰ70	700	210	13.0	20.8	24.0	10.0	176.03	138.18	134609	3846.0	2235.1	27.65	2733.3	260.3	3.94
Ⅰ70a	700	210	15.0	24.0	24.0	10.0	201.67	158.31	152706	4363.0	2547.5	27.52	3243.5	308.9	4.01
Ⅰ70b	700	210	17.5	28.2	24.0	10.0	234.14	183.80	175374	5010.7	2941.6	27.37	3914.7	372.8	4.09

注：轻型工字钢的通常长度：Ⅰ10～Ⅰ18，为5～19m；Ⅰ20～Ⅰ70，为6～19m。

附表 6-7　热轧普通槽钢的规格及截面特性(按 GB 707—1988 计算)

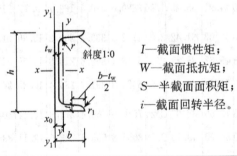

I—截面惯性矩；
W—截面抵抗矩；
S—半截面面积矩；
i—截面回转半径。

型号	尺寸/mm						截面面积 A/ cm²	每米重量/ (kg/m)	x_0 /cm	截面特性								y_1—y_1 轴
										x—x 轴				y—y 轴				
	h	b	t_w	t	r	r_1				I_x /cm⁴	W_x /cm³	S_x /cm³	i_x /cm	I_y /cm⁴	W_{ymax} /cm³	W_{ymin} /cm³	i_y /cm	I_{y1} /cm⁴
⊏5	50	37	4.5	7.0	7.0	3.50	6.92	5.44	1.33	26.0	10.4	6.4	1.94	8.3	6.2	3.5	1.10	20.9
⊏6.3	63	40	4.8	7.5	7.5	3.75	8.45	6.63	1.39	51.2	16.3	9.8	2.46	11.9	8.5	4.6	1.19	28.3
⊏8	80	43	5.0	8.0	8.0	4.00	10.24	8.04	1.42	101.3	25.3	15.1	3.14	16.6	11.7	5.8	1.27	37.4
⊏10	100	48	5.3	8.5	8.5	4.25	12.74	10.00	1.52	198.3	39.7	23.5	3.94	25.6	16.9	7.8	1.42	54.9

型号	尺寸/mm						截面面积 A/cm²	每米重量/(kg/m)	x_0/cm	截面特性								
										x—x 轴				y—y 轴				y_1—y_1 轴
	h	b	t_w	t	r	r_1				I_x/cm⁴	W_x/cm³	S_x/cm³	i_x/cm	I_y/cm⁴	W_{ymax}/cm³	W_{ymin}/cm³	i_y/cm	I_{y1}/cm⁴
⊏12.6	126	53	5.5	9.0	9.0	4.50	15.69	12.31	1.59	388.5	61.7	36.4	4.98	38.0	23.9	10.3	1.56	77.8
⊏14a	140	58	6.0	9.5	9.5	4.75	18.51	14.53	1.71	563.7	80.5	47.5	5.52	53.2	31.2	13.0	1.70	107.2
⊏14b	140	60	8.0	9.5	9.5	4.75	21.31	16.73	1.67	609.4	87.1	52.4	5.35	61.2	36.6	14.1	1.69	120.6
⊏16a	160	63	6.5	10.0	10.0	5.00	21.95	17.23	1.79	866.2	108.3	63.9	6.28	73.4	40.9	16.3	1.83	144.1
⊏16b	160	65	8.5	10.0	10.0	5.00	25.15	19.75	1.75	934.5	116.8	70.3	6.10	83.4	47.6	17.6	1.82	160.8
⊏18a	180	68	7.0	10.5	10.5	5.25	25.69	20.17	1.88	1272.7	141.4	83.5	7.04	98.6	52.3	20.0	1.96	189.7
⊏18b	180	70	9.0	10.5	10.5	5.25	29.29	22.99	1.84	1369.9	152.2	91.6	6.84	111.0	60.4	21.5	1.95	210.1
⊏20a	200	73	7.0	11.0	11.0	5.50	28.83	22.63	2.01	1780.4	178.0	104.7	7.86	128.0	63.8	24.2	2.11	244.0
⊏20b	200	75	9.0	11.0	11.0	5.50	32.83	25.77	1.95	1913.7	191.4	114.7	7.64	143.6	73.7	25.9	2.09	268.4
⊏22a	220	77	7.0	11.5	11.5	5.75	31.84	24.99	2.10	2393.9	217.6	127.6	8.67	157.8	75.1	28.2	2.23	298.2
⊏22b	220	79	9.0	11.5	11.5	5.75	36.24	28.45	2.03	2571.3	233.8	139.7	8.42	176.5	86.8	30.1	2.21	326.3
⊏25a	250	78	7.0	12.0	12.0	6.00	34.91	27.40	2.07	3359.1	268.7	157.8	9.81	175.9	85.1	30.7	2.24	324.8
⊏25b	250	80	9.0	12.0	12.0	6.00	39.91	31.33	1.99	3619.5	289.6	173.5	9.52	196.4	98.5	32.7	2.22	355.1
⊏25c	250	82	11.0	12.0	12.0	6.00	44.91	35.25	1.96	3880.0	310.4	189.1	9.30	215.9	110.1	34.6	2.19	288.6
⊏28a	280	82	7.5	12.5	12.5	6.25	40.02	31.42	2.09	4752.5	339.5	200.2	10.90	217.9	104.1	35.7	2.33	393.3
⊏28b	280	84	9.5	12.5	12.5	6.25	45.62	35.81	2.02	5118.4	365.6	219.8	10.59	241.5	119.3	37.9	2.30	428.5
⊏28c	280	86	11.5	12.5	12.5	6.25	51.22	40.21	1.99	5484.3	391.7	239.4	10.35	264.1	132.6	40.0	2.27	467.3
⊏32a	320	88	8.0	14.0	14.0	7.00	48.50	38.07	2.24	7510.6	469.4	276.9	12.44	304.7	136.2	46.4	2.51	547.5
⊏32b	320	90	10.0	14.0	14.0	7.00	54.90	43.10	2.16	8056.8	503.5	302.5	12.11	335.6	155.0	49.1	2.47	592.9
⊏32c	320	92	12.0	14.0	14.0	7.00	61.30	48.12	2.13	8602.9	537.7	328.1	11.85	365.0	171.5	51.6	2.44	642.7
⊏36a	360	96	9.0	16.0	16.0	8.00	60.89	47.80	2.44	11874.1	659.7	389.9	13.96	455.0	186.2	63.6	2.73	818.5
⊏36b	360	98	11.0	16.0	16.0	8.00	68.09	53.45	2.37	12651.7	702.9	422.3	13.63	496.7	209.2	66.9	2.70	880.5
⊏36c	360	100	13.0	16.0	16.0	8.00	75.29	59.10	2.34	13429.3	746.1	454.7	13.36	536.6	229.5	70.0	2.67	948.0
⊏40a	400	100	10.5	18.0	18.0	9.00	75.04	58.91	2.49	17577.7	878.9	524.4	15.30	592.0	237.6	78.8	2.81	1057.9
⊏40b	400	102	12.5	18.0	18.0	9.00	83.04	65.19	2.44	18644.4	932.2	564.4	14.98	640.6	262.4	82.6	2.78	1135.8
⊏40c	400	104	14.5	18.0	18.0	9.00	91.04	71.47	2.42	19711.0	985.6	604.4	14.71	687.8	284.4	86.2	2.75	1220.3

注：普通槽钢的通常长度：⊏5～⊏8，为 5～12m；⊏10～⊏18，为 5～19m；⊏20～⊏40，为 6～19m。

附表 6-8 热轧轻型槽钢的规格及截面特性(按 YB 164—1963 计算)

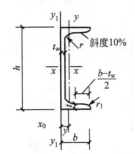

I—截面惯性矩;

W—截面抵抗矩;

S—半截面面积矩;

i—截面回转半径

型号	尺寸/mm						截面面积 A /cm²	每米重量 /(kg/m)	x_0 /cm	截面特性								y_1-y_1 轴
										$x-x$ 轴				$y-y$ 轴				
	h	b	t_w	t	r	r_t				I_x /cm⁴	W_x /cm³	S_x /cm³	i_x /cm	I_y /cm⁴	W_{ymax} /cm³	W_{ymin} /cm³	i_y /cm	I_{y1} /cm⁴
⌐5	50	32	4.4	7.0	6.0	2.5	6.16	4.84	1.16	22.8	9.1	5.6	1.92	5.6	4.8	2.8	0.95	13.9
⌐6.5	65	36	4.4	7.2	6.0	2.5	7.51	5.70	1.24	48.6	15.0	9.0	2.54	8.7	7.0	3.7	1.08	20.2
⌐8	80	40	4.5	7.4	6.5	2.5	8.98	7.05	1.31	89.4	22.4	13.3	3.16	12.8	9.8	4.8	1.19	28.2
⌐10	100	46	4.5	7.6	7.0	3.0	10.94	8.59	1.44	173.9	34.8	20.4	3.99	20.4	14.2	6.5	1.37	43.0
⌐12	120	52	4.8	7.8	7.5	3.0	13.28	10.43	1.54	303.9	50.6	29.6	4.78	31.2	20.2	8.5	1.53	62.8
⌐14	140	58	4.9	8.1	8.0	3.0	15.65	12.28	1.67	491.1	70.2	40.8	5.60	45.4	27.1	11.0	1.70	89.2
⌐14a	140	62	4.9	8.7	8.0	3.0	16.98	13.33	1.87	544.8	77.8	45.1	5.66	57.5	30.7	13.3	1.84	116.9
⌐16	160	64	5.0	8.4	8.5	3.5	18.12	14.22	1.80	747.0	93.4	54.1	6.42	63.3	35.1	13.8	1.87	122.2
⌐16a	160	68	5.0	9.0	8.5	3.5	19.54	15.34	2.00	823.3	102.9	59.4	6.49	78.8	39.4	16.4	2.01	157.1
⌐18	180	70	5.1	8.7	9.0	3.5	20.71	16.25	1.94	1086.3	120.7	69.8	7.24	86.0	44.4	17.0	2.04	163.6
⌐18a	180	74	5.1	9.3	9.0	3.5	22.23	17.45	2.14	1190.7	132.3	76.1	7.32	105.4	49.4	20.0	2.18	206.7
⌐20	200	76	5.2	9.0	9.5	4.0	23.40	18.37	2.07	1522.0	152.2	87.8	8.07	113.4	54.9	20.5	2.20	213.3
⌐20a	200	80	5.2	9.7	9.5	4.0	25.16	19.76	2.28	1672.4	167.2	95.9	8.15	138.1	60.8	24.2	2.35	269.3
⌐22	220	82	5.4	9.5	10.0	4.0	26.72	20.97	2.21	2109.5	191.8	110.4	8.89	150.6	68.0	25.1	2.37	281.4
⌐22a	220	87	5.4	10.2	10.0	4.0	28.81	22.62	2.46	2327.3	211.6	121.1	8.99	187.1	76.1	30.0	2.55	361.3
⌐24	240	90	5.6	10.0	10.5	4.0	30.64	24.05	2.42	2901.1	241.8	138.6	9.73	207.6	85.7	31.6	2.60	387.4
⌐24a	240	95	5.6	10.7	10.5	4.0	32.89	25.82	2.67	3181.2	265.1	151.3	9.83	253.6	95.0	37.2	2.78	488.5
⌐27	270	95	6.0	10.5	11.0	4.5	35.23	27.66	2.47	4163.3	308.4	177.6	10.87	261.8	105.8	37.3	2.73	477.5
⌐30	300	100	6.5	11.0	12.0	4.5	40.47	31.77	2.52	5808.3	387.2	224.0	11.98	326.6	129.9	43.6	2.84	582.9
⌐33	330	105	7.0	11.7	13.0	5.0	46.52	36.52	2.59	7984.1	483.9	280.9	13.10	410.1	158.3	51.8	2.97	722.0
⌐36	360	110	7.5	12.6	14.0	6.0	53.37	41.90	2.68	10815.5	600.9	349.6	14.24	513.5	191.3	61.8	3.10	898.2
⌐40	400	115	8.0	13.5	15.0	6.0	61.53	48.30	2.75	15219.6	761.0	444.3	15.73	642.3	233.1	73.4	3.23	1109.2

注:轻型槽钢的通常长度:⌐5～⌐8, 为 5～12m; ⌐10～⌐18, 为 5～19m; ⌐20～⌐40, 为 6～19m。

附表 6-9　宽、中、窄翼缘 H 型钢的规格及截面特性(按 GB/T 11263—1998 计算)

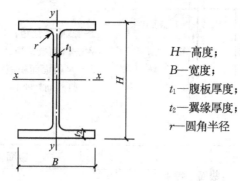

H—高度；

B—宽度；

t_1—腹板厚度；

t_2—翼缘厚度；

r—圆角半径

类型	型号（高度×宽度）	截面尺寸/mm				截面面积/cm²	理论重量/(kg/m)	截面特性参数					
		$H \times B$	t_1	t_2	r			惯性矩/cm⁴		惯性半径/cm		截面模量/cm³	
								I_x	I_y	i_x	i_y	W_x	W_y
HW	100×100	100×100	6	8	10	21.90	17.2	383	134	4.18	2.47	76.5	26.7
	125×125	125×125	6.5	9	10	30.31	23.8	847	294	5.29	3.11	136	47.0
	150×150	150×150	7	10	13	40.55	31.9	1660	564	6.39	3.73	221	75.1
	175×175	175×175	7.5	11	13	51.43	40.3	2900	984	7.50	4.37	331	112
	200×200	200×200	8	12	16	64.28	50.5	4770	1600	8.61	4.99	477	160
		♯200×204	12	12	16	72.28	56.7	5030	1700	8.35	4.85	503	167
	250×250	250×250	9	14	16	92.18	72.4	10800	3650	10.8	6.29	867	292
		♯250×255	14	14	16	104.7	82.2	11500	3880	10.5	6.09	919	304
	300×300	♯294×302	12	12	16	108.3	85.0	17000	5520	12.5	7.14	1160	365
		300×300	10	15	20	120.4	94.5	20500	6760	13.1	7.49	1370	450
		300×305	15	15	20	135.4	106	21600	7100	12.6	7.24	1440	466
	350×350	♯344×348	10	16	20	146.0	115	33300	11200	15.1	8.78	1940	646
		350×350	12	19	20	173.9	137	40300	13600	15.2	8.84	2300	776
	400×400	♯388×402	15	15	24	179.2	141	49200	16300	16.6	9.52	2540	809
		♯394×398	11	18	24	187.6	147	56400	18900	17.3	10.0	2860	951
		400×400	13	21	24	219.5	172	66900	22400	17.5	10.1	3340	1120
		♯400×408	21	21	24	251.5	197	71100	23800	16.8	9.73	3560	1170
		♯414×405	18	28	24	296.2	233	93000	31000	17.7	10.2	4490	1530
		♯428×407	20	35	24	361.4	284	119000	39400	18.2	10.4	5580	1930
		*458×417	30	50	24	529.3	415	187000	60500	18.8	10.7	8180	2900
		*498×432	45	70	24	770.8	605	298000	94400	19.7	11.1	12000	4370

（续）

类型	型号（高度×宽度）	截面尺寸/mm					截面面积/cm²	理论重量/(kg/m)	截面特性参数					
									惯性矩/cm⁴		惯性半径/cm		截面模量/cm³	
		$H \times B$	t_1	t_2	r				I_x	I_y	i_x	i_y	W_x	W_y
HM	150×100	148×100	6	9	13	27.25	21.4		1040	151	6.17	2.35	140	30.2
	200×150	194×150	6	9	16	39.76	31.2		2740	508	8.30	3.57	283	67.7
	250×175	244×175	7	11	16	56.24	44.1		6120	985	10.4	4.18	502	113
	300×200	294×200	8	12	20	73.03	57.3		11400	1600	12.5	4.69	779	160
	350×250	340×250	9	14	20	101.5	79.7		21700	3650	14.6	6.00	1280	292
	400×300	390×300	10	16	24	136.7	107		38900	7210	16.9	7.26	2000	481
	450×300	440×300	11	18	24	157.4	124		56100	8110	18.9	7.18	2550	541
	500×300	482×300	11	15	28	146.4	115		60800	6770	20.4	6.80	2520	451
		488×300	11	18	28	164.4	129		71400	8120	20.8	7.03	2930	541
	600×300	582×300	12	17	28	174.5	137		10300	7670	24.3	6.63	3530	511
		588×300	12	20	28	192.5	151		118000	9020	24.8	6.85	4020	601
		♯594×302	14	23	28	222.4	175		137000	10600	24.9	6.90	4620	701
HN	100×50	100×50	5	7	10	12.16	9.54		192	14.9	3.98	1.11	38.5	5.96
	125×60	125×60	6	8	10	17.01	13.3		417	29.3	4.95	1.31	66.8	9.75
	150×75	150×75	5	7	10	18.16	14.3		679	49.6	6.12	1.65	90.6	13.2
	175×90	175×90	5	8	10	23.21	18.2		1220	97.6	7.26	2.05	140	21.7
	200×100	198×99	4.5	7	13	23.59	18.5		1610	114	8.27	2.20	163	23.0
		200×100	5.5	8	13	27.57	21.7		1880	134	8.25	2.21	188	26.8
	250×125	248×124	5	8	13	32.89	25.8		3560	255	10.4	2.78	287	41.1
		250×125	6	9	13	37.87	29.7		4080	294	10.4	2.79	326	47.0
	300×150	298×149	5.5	8	16	41.55	32.6		6460	443	12.4	3.26	433	59.4
		300×150	6.5	9	16	47.53	37.3		7350	508	12.4	3.27	490	67.7
	350×175	346×174	6	9	16	53.19	41.8		11200	792	14.5	3.86	649	91.0
		350×175	7	11	16	63.66	50.0		13700	985	14.7	3.93	782	113
	♯400×150	♯400×150	8	13	16	71.12	55.8		18800	734	16.3	3.21	942	97.9
	400×200	396×199	7	11	16	72.16	56.7		20000	1450	16.7	4.48	1010	145
		400×200	8	13	16	84.12	66.0		23700	1740	16.8	4.54	1190	174
	♯450×150	♯450×150	9	14	20	83.41	65.5		27100	793	18.0	3.08	1200	106
	450×200	446×199	8	12	20	84.95	66.7		29000	1580	18.5	4.31	1300	159
		450×200	9	14	20	97.41	76.5		33700	1870	18.6	4.38	1500	187
	♯500×150	♯500×150	10	16	20	98.23	77.1		38500	907	19.8	3.04	1540	121

（续）

类型	型号（高度×宽度）	截面尺寸/mm				截面面积/cm²	理论重量/(kg/m)	截面特性参数					
		H×B	t_1	t_2	r			惯性矩/cm⁴		惯性半径/cm		截面模量/cm³	
								I_x	I_y	i_x	i_y	W_x	W_y
HN	500×200	496×199	9	14	20	101.3	79.5	41900	1840	20.3	4.27	1690	185
		500×200	10	16	20	114.2	89.6	47800	2140	20.5	4.33	1910	214
		♯506×201	11	19	20	131.3	103	56500	2580	20.8	4.43	2230	257
	600×200	595×199	10	15	24	121.2	95.1	69300	1980	23.9	4.04	2330	199
		600×200	11	17	24	135.2	106	78200	2280	24.1	4.11	2610	228
		♯606×201	12	20	24	153.3	120	91000	2720	24.4	4.21	3000	271
	700×300	♯692×300	13	20	28	211.5	166	172000	9020	28.6	6.53	4980	602
		700×300	13	24	28	235.5	185	201000	10800	29.3	6.78	5760	722
	＊800×300	＊792×300	14	22	28	243.4	191	254000	9930	32.3	6.39	6400	662
		＊800×300	14	26	28	267.4	210	292000	11700	33.0	6.62	7290	782
	＊900×300	＊890×299	15	23	28	270.9	213	345000	10300	35.7	6.16	7760	688
		＊900×300	16	28	28	309.8	243	411000	12600	36.4	6.39	9140	843
		＊912×302	18	34	38	364.0	286	498000	15700	37.0	6.56	10900	1040

注：①"♯"表示的规格为非常用规格。

②"＊"表示的规格，目前国内尚未生产。

③型号属同一范围的产品，其内侧尺寸高度是一致的。

④截面面积计算公式为：$t_1(H-2t_2)+2Bt_2+0.858t^2$。

附表 6-10　宽、中、窄翼缘部分 T 型钢的规格及截面特性（按 GB/T 11263—1998 计算）

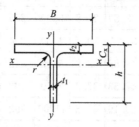

h—高度；

B—宽度；

t_1—腹板宽度；

t_2—翼缘厚度；

C_x—重心；

t—圆角半径

类型	型号（高度×宽度）	截面尺寸/mm					截面面积/cm²	理论重量/(kg/m)	截面特性参数							对应 H 型钢系列
		h	B	t_1	t_2	r			惯性矩/cm⁴		惯性半径/cm		截面模量/cm³		重心/cm	
									I_x	I_y	i_x	i_y	W_x	W_y	C_x	型号
TW	50×100	50	100	6	8	10	10.95	8.56	16.1	66.9	1.21	2.47	4.03	13.4	1.00	100×100
	62.5×125	62.5	125	6.5	9	10	15.16	11.9	35.0	147	1.52	3.11	6.91	23.5	1.19	125×125

（续）

类型	型号（高度×宽度）	截面尺寸/mm					截面面积/cm²	理论重量/(kg/m)	截面特性参数							对应H型钢系列
									惯性矩/cm⁴		惯性半径/cm		截面模量/cm³		重心/cm		
		h	B	t_1	t_2	r			I_x	I_y	i_x	i_y	W_x	W_y	C_x	型号
TW	75×150	75	150	7	10	13	20.28	15.9	66.4	282	1.81	3.73	10.8	37.6	1.37	150×150
	87.5×175	87.5	175	7.5	11	13	25.71	20.2	115	492	2.11	4.37	15.9	56.2	1.55	175×175
	100×200	100	200	8	12	16	32.14	25.2	185	801	2.40	4.99	22.3	80.1	1.73	200×200
		♯100	204	12	12	16	36.14	28.3	256	851	2.66	4.85	32.4	83.5	2.09	
	125×250	125	250	9	14	16	46.09	36.2	412	1820	2.99	6.29	39.5	146	2.08	250×250
		♯125	255	14	14	16	52.34	41.1	589	1940	3.36	6.09	59.4	152	2.58	
	150×300	♯147	302	12	12	20	54.16	42.5	858	2760	3.98	7.14	72.3	183	2.83	300×300
		150	300	10	15	20	60.22	47.3	798	3380	3.64	7.49	63.7	255	2.47	
		150	305	15	15	20	67.72	53.1	1110	3550	4.05	7.24	92.5	283	3.02	
	175×350	♯172	348	10	16	20	73.00	57.3	1230	5620	4.11	8.87	84.7	323	2.67	350×350
		175	350	12	19	20	86.94	68.2	1520	6790	4.18	8.84	104	388	2.86	
	200×400	♯194	402	15	15	24	89.62	70.3	2480	8130	5.26	9.52	158	405	3.69	400×400
		♯197	398	11	18	24	93.80	73.6	2050	9460	4.67	10.0	123	476	3.01	
		200	400	13	21	24	109.7	86.1	2480	11200	4.75	10.1	147	560	3.21	
		♯200	408	21	21	24	125.7	98.7	3650	11900	5.39	9.73	229	584	4.07	
		♯207	405	18	28	24	148.1	116	3620	15500	4.95	10.2	213	766	3.68	
		♯214	407	20	35	24	180.7	142	4380	19700	4.92	10.4	250	967	3.90	
TM	74×100	74	100	6	9	13	13.63	10.7	51.7	75.4	1.95	2.35	8.80	15.1	1.55	150×150
	97×150	97	150	6	9	16	19.88	15.6	125	254	2.50	3.57	15.8	33.9	1.78	200×150
	122×175	122	175	7	11	16	28.12	22.1	289	492	3.20	4.18	29.1	56.3	2.27	250×175
	147×200	147	200	8	12	20	36.52	28.7	572	802	3.96	4.69	48.2	80.2	2.82	300×200
	170×250	170	250	9	14	20	50.76	39.9	1020	1830	4.48	6.00	73.1	146	3.09	350×250
	200×300	195	300	10	16	24	68.37	53.7	1730	3600	5.03	7.26	108	240	3.40	400×300
	220×300	220	300	11	18	24	78.69	61.8	2680	4060	5.84	7.18	150	270	4.05	450×300
	250×300	241	300	11	15	28	73.23	57.5	3420	3380	6.83	6.80	178	226	4.90	500×300
		244	300	11	18	28	82.23	64.5	3620	4060	6.64	7.03	184	271	4.65	

（续）

类型	型号（高度×宽度）	截面尺寸/mm					截面面积/cm²	理论重量/(kg/m)	截面特性参数							对应H型钢系列
									惯性矩/cm⁴		惯性半径/cm		截面模量/cm³		重心/cm	
		h	B	t_1	t_2	r			I_x	I_y	i_x	i_y	W_x	W_y	C_x	型号
TM	300×300	291	300	12	17	28	87.25	68.5	6360	3830	8.54	6.63	280	256	6.39	600×300
		294	300	12	20	28	96.25	75.5	6710	4510	8.35	6.85	288	301	6.08	
		♯297	302	14	23	28	111.2	87.3	7920	5290	8.44	6.90	339	351	6.33	
TN	50×50	50	50	5	7	10	6.079	4.79	11.9	7.45	1.40	1.11	3.18	2.98	1.27	100×50
	62.5×60	62.5	60	6	8	10	8.499	6.67	27.5	14.6	1.80	1.31	5.96	4.88	1.63	125×60
	75×75	75	75	5	7	10	9.079	7.14	42.7	24.8	2.17	1.65	7.46	6.61	1.78	150×75
	87.5×90	87.5	90	5	8	10	11.60	9.14	70.7	48.8	2.47	2.05	10.4	10.8	1.92	175×90
	100×100	99	99	4.5	7	13	11.80	9.26	94.0	56.9	2.82	2.20	12.1	11.5	2.13	200×100
		100	100	5.5	8	13	13.79	10.8	115	67.1	2.88	2.21	14.8	13.4	2.27	
	125×125	124	124	5	8	13	16.45	12.9	208	128	3.56	2.78	21.3	20.6	2.62	250×125
		125	125	6	9	13	18.94	14.8	249	147	3.62	2.79	25.6	23.5	2.78	
	150×150	149	149	5.5	8	16	20.77	16.3	395	221	4.36	3.26	33.8	29.7	3.22	300×150
		150	150	6.5	9	16	23.76	18.7	465	254	4.42	3.27	40.0	33.9	3.38	
	175×175	173	174	6	9	16	26.60	20.9	681	396	5.06	3.86	50.0	45.5	3.86	350×175
		175	175	7	11	16	31.83	25.0	816	492	5.06	3.93	59.3	56.3	3.74	
	200×200	198	199	7	11	16	36.08	28.3	1190	724	5.76	4.48	76.4	72.7	4.17	400×200
		200	200	8	13	16	42.06	33.0	1400	868	5.76	4.54	88.6	86.8	4.23	
	225×200	223	199	8	12	20	42.54	33.4	1880	790	6.65	4.31	109	79.4	5.07	450×200
		225	200	9	14	20	48.71	38.2	2160	936	6.66	4.38	124	93.6	5.13	
	250×200	248	199	9	14	20	50.64	39.7	2840	922	7.49	4.27	150	92.7	5.90	500×200
		250	200	10	16	20	57.12	44.8	3210	1070	7.50	4.33	169	107	5.96	
		♯253	201	11	19	20	65.65	51.5	3670	1290	7.48	4.43	190	128	5.95	
	300×200	298	199	10	15	24	60.62	47.6	2500	991	9.27	4.04	236	100	7.76	600×200
		300	200	11	17	24	67.60	53.1	5820	1140	9.28	4.11	262	114	7.81	
		♯303	201	12	20	24	76.63	60.1	6580	1360	9.26	4.21	292	135	7.76	

注："♯"表示的规格为非常用规格。

附表 6－11　热轧无缝钢管的规格及截面特性(按 YB 231—70 计算)

I—截面惯性矩；

W—截面抵抗矩；

i—截面回转半径。

尺寸/mm		截面面积 A/cm²	每米重量 /(kg/m)	截面特性			尺寸/mm		截面面积 A/cm²	每米重量 /(kg/m)	截面特性		
d	t			I/cm⁴	W/cm³	i/cm	d	t			I/cm⁴	W/cm³	i/cm
32	2.5	2.32	1.82	2.54	1.59	1.05	60	3.0	5.37	4.22	21.88	7.29	2.02
	3.0	2.73	2.15	2.90	1.82	1.03		3.5	6.21	4.88	24.88	8.29	2.00
	3.5	3.13	2.46	3.23	2.02	1.02		4.0	7.04	5.52	27.73	9.24	1.98
	4.0	3.52	2.76	3.52	2.20	1.00		4.5	7.85	6.16	30.41	10.14	1.97
38	2.5	2.79	2.19	4.41	2.32	1.26		5.0	8.64	6.78	32.94	10.98	1.95
	3.0	3.30	2.59	5.09	2.68	1.24		5.5	9.42	7.39	35.32	11.77	1.94
	3.5	3.79	2.98	5.70	3.00	1.23		6.0	10.18	7.99	37.56	12.52	1.92
	4.0	4.27	3.35	6.26	3.29	1.21	63.5	3.0	5.70	4.48	26.15	8.24	2.14
42	2.5	3.10	2.44	6.07	2.89	1.40		3.5	6.60	5.18	29.79	9.38	2.12
	3.0	3.68	2.89	7.03	3.35	1.38		4.0	7.48	5.87	33.24	10.47	2.11
	3.5	4.23	3.32	7.91	3.77	1.37		4.5	8.34	6.55	36.50	11.50	2.09
	4.0	4.78	3.75	8.71	4.15	1.35		5.0	9.19	7.21	39.60	12.47	2.08
45	2.5	3.34	2.62	7.56	3.36	1.51		5.5	10.02	7.87	42.52	13.39	2.06
	3.0	3.96	3.11	8.77	3.90	1.49		6.0	10.84	8.51	45.28	14.26	2.04
	3.5	4.56	3.58	9.89	4.40	1.47	68	3.0	6.13	4.81	32.42	9.54	2.30
	4.0	5.15	4.04	10.93	4.86	1.46		3.5	7.09	5.57	36.99	10.88	2.28
50	2.5	3.73	2.93	10.55	4.22	1.68		4.0	8.04	6.31	41.34	12.16	2.27
	3.0	4.43	3.48	12.28	4.91	1.67		4.5	8.98	7.05	45.47	13.37	2.25
	3.5	5.11	4.01	13.90	5.56	1.65		5.0	9.90	7.77	49.41	14.53	2.23
	4.0	5.78	4.54	15.41	6.16	1.63		5.5	10.80	8.48	53.14	15.63	2.22
	4.5	6.43	5.05	16.81	6.72	1.62		6.0	11.69	9.17	56.68	16.67	2.20
	5.0	7.07	5.55	18.11	7.25	1.60	70	3.0	6.31	4.96	35.50	10.14	2.37
54	3.0	4.81	3.77	15.68	5.81	1.81		3.5	7.31	5.74	40.53	11.58	2.35
	3.5	5.55	4.36	17.79	6.59	1.79		4.0	8.29	6.51	45.33	12.95	2.34
	4.0	6.28	4.93	19.76	7.32	1.77		4.5	9.26	7.27	49.89	14.26	2.32
	4.5	7.00	5.49	21.61	8.00	1.76		5.0	10.21	8.01	54.24	15.50	2.30
	5.0	7.70	6.04	23.34	8.64	1.74		5.5	11.14	8.75	58.38	16.68	2.29
	5.5	8.38	6.58	24.96	9.24	1.73		6.0	12.06	9.47	62.31	17.80	2.27
	6.0	9.05	7.10	26.46	9.80	1.71	73	3.0	6.60	5.18	40.48	11.09	2.48
57	3.0	5.09	4.00	18.61	6.53	1.91		3.5	7.64	6.00	46.26	12.67	2.46
	3.5	5.88	4.62	21.14	7.42	1.90		4.0	8.67	6.81	51.78	14.19	2.44
	4.0	6.66	5.23	23.52	8.25	1.88		4.5	9.68	7.60	57.04	15.63	2.43
	4.5	7.42	5.83	25.76	9.04	1.86		5.0	10.68	8.38	62.07	17.01	2.41
	5.0	8.17	6.41	27.86	9.78	1.85		5.5	11.66	9.16	66.87	18.32	2.39
	5.5	8.90	6.99	29.84	10.47	1.83		6.0	12.63	9.91	71.43	19.57	2.38
	6.0	9.61	7.55	31.69	11.12	1.82							

（续）

尺寸/mm		截面面积 A/cm²	每米重量/(kg/m)	截面特性			尺寸/mm		截面面积 A/cm²	每米重量/(kg/m)	截面特性		
d	t			I/cm⁴	W/cm³	i/cm	d	t			I/cm⁴	W/cm³	i/cm
76	3.0	6.88	5.40	45.91	12.08	2.58	121	4.0	14.70	11.54	251.87	41.63	4.14
	3.5	7.97	6.26	52.50	13.82	2.57		4.5	16.47	12.93	279.83	46.25	4.12
	4.0	9.05	7.10	58.81	15.48	2.55		5.0	18.22	14.30	307.05	50.75	4.11
	4.5	10.11	7.93	64.85	17.07	2.53		5.5	19.96	15.67	333.54	55.13	4.09
	5.0	11.15	8.75	70.62	18.59	2.52		6.0	21.68	17.02	359.32	59.39	4.07
	5.5	12.18	9.56	76.14	20.04	2.50		6.5	23.38	18.35	384.40	63.54	4.05
	6.0	13.19	10.36	81.41	21.42	2.48		7.0	25.07	19.68	408.80	67.57	4.04
83	3.5	8.74	6.86	69.19	16.67	2.81		7.5	26.74	20.99	432.51	71.49	4.02
	4.0	9.93	7.79	77.64	18.71	2.80		8.0	28.40	22.29	455.57	75.30	4.01
	4.5	11.10	8.71	85.76	20.67	2.78	127	4.0	15.46	12.13	292.61	46.08	4.35
	5.0	12.25	9.62	93.56	22.54	2.76		4.5	17.32	13.59	325.29	51.23	4.33
	5.5	13.39	10.51	101.04	24.35	2.75		5.0	19.16	15.04	357.14	56.24	4.32
	6.0	14.51	11.39	108.22	26.08	2.73		5.5	20.99	16.48	388.19	61.13	4.30
	6.5	15.62	12.26	115.10	27.74	2.71		6.0	22.81	17.90	418.44	65.90	4.28
	7.0	16.71	13.12	121.69	29.32	2.70		6.5	24.61	19.32	447.92	70.54	4.27
89	3.5	9.40	7.38	86.05	19.34	3.03		7.0	26.39	20.72	476.63	75.06	4.25
	4.0	10.68	8.38	96.68	21.73	3.01		7.5	28.16	22.10	504.58	79.46	4.23
	4.5	11.95	9.38	106.92	24.03	2.99		8.0	29.91	23.48	531.80	83.75	4.22
	5.0	13.19	10.36	116.79	26.24	2.98	133	4.0	16.21	12.73	337.53	50.76	4.56
	5.5	14.43	11.33	126.29	28.38	2.96		4.5	18.17	14.26	375.42	54.45	4.55
	6.0	15.65	12.28	135.43	30.43	2.94		5.0	20.11	15.78	412.40	62.02	4.53
	6.5	16.85	13.22	144.22	32.41	2.93		5.5	22.03	17.29	448.50	67.44	4.51
	7.0	18.03	14.16	152.67	34.31	2.91		6.0	23.94	18.79	483.72	72.74	4.50
95	3.5	10.06	7.90	105.45	22.20	3.24		6.5	25.83	20.28	518.07	77.91	4.48
	4.0	11.44	8.98	118.60	24.97	3.22		7.0	27.71	21.75	551.58	82.94	4.46
	4.5	12.79	10.04	131.31	27.64	3.20		7.5	29.57	23.21	584.25	87.86	4.45
	5.0	14.14	11.10	143.58	30.23	3.19		8.0	31.42	24.66	616.11	92.65	4.43
	5.5	15.46	12.14	155.43	32.72	3.17	140	4.5	19.16	15.04	440.12	62.87	4.79
	6.0	16.78	13.17	166.86	35.13	3.15		5.0	21.21	16.65	483.76	69.11	4.78
	6.5	18.07	14.19	177.89	37.45	3.14		5.5	23.24	18.24	526.40	75.20	4.76
	7.0	19.35	15.19	188.51	39.69	3.12		6.0	25.26	19.83	568.06	81.15	4.74
102	3.5	10.83	8.50	131.52	25.79	3.48		6.5	27.26	21.40	608.76	86.97	4.73
	4.0	12.32	9.67	148.09	29.04	3.47		7.0	29.25	22.96	648.51	92.64	4.71
	4.5	13.78	10.82	164.14	32.18	3.45		7.5	31.22	24.51	687.32	98.19	4.69
	5.0	15.24	11.96	179.68	35.23	3.43		8.0	33.18	26.04	725.21	103.60	4.68
	5.5	16.67	13.09	194.72	38.18	3.42		9.0	37.04	29.08	798.29	114.04	4.64
	6.0	18.10	14.21	209.28	41.03	3.40		10	40.84	32.06	867.86	123.98	4.61
	6.5	19.50	15.31	223.35	43.79	3.38	146	4.5	20.00	15.70	501.16	68.65	5.01
	7.0	20.89	16.40	236.96	46.46	3.37		5.0	22.15	17.39	551.10	75.49	4.99
114	4.0	13.82	10.85	209.35	36.73	3.89		5.5	24.28	19.06	599.95	82.19	4.97
	4.5	15.48	12.15	232.41	40.77	3.87		6.0	26.39	20.72	647.73	88.73	4.95
	5.0	17.12	13.44	254.81	44.70	3.86		6.5	28.49	22.36	694.44	95.13	4.94
	5.5	18.75	14.72	276.58	48.52	3.84		7.0	30.57	24.00	740.12	101.39	4.92
	6.0	20.36	15.98	297.73	52.23	3.82		7.5	32.63	25.62	784.77	107.50	4.90
	6.5	21.95	17.23	318.26	55.84	3.81		8.0	34.68	27.23	828.41	113.48	4.89
	7.0	23.53	18.47	338.19	59.33	3.79		9.0	38.74	30.41	912.71	125.03	4.85
	7.5	25.09	19.70	357.58	62.73	3.77		10	42.73	33.54	993.16	136.05	4.82
	8.0	26.64	20.91	376.30	66.02	3.76							

（续）

尺寸/mm		截面面积 A/cm²	每米重量 /(kg/m)	截面特性			尺寸/mm		截面面积 A/cm²	每米重量 /(kg/m)	截面特性		
d	t			I /cm⁴	W /cm³	i /cm	d	t			I /cm⁴	W /cm³	i /cm
152	4.5	20.85	16.37	567.61	74.69	5.22	194	5.0	29.69	23.31	1326.54	136.76	6.68
	5.0	23.09	18.13	624.43	82.16	5.20		5.5	32.57	25.57	1447.86	149.26	6.67
	5.5	25.31	19.87	680.06	89.48	5.18		6.0	35.44	27.82	1567.21	161.57	6.65
	6.0	27.52	21.60	734.52	96.65	5.17		6.5	38.29	30.06	1684.61	173.67	6.63
	6.5	29.71	23.32	787.82	103.66	5.15		7.0	41.12	32.28	1800.08	185.57	6.62
	7.0	31.89	25.03	839.99	110.52	5.13		7.5	43.94	34.50	1913.64	197.28	6.60
	7.5	34.05	26.73	891.03	117.24	5.12		8.0	46.75	36.70	2025.31	208.79	6.58
	8.0	36.19	28.41	940.97	123.81	5.10		9.0	52.31	41.06	2243.08	231.25	6.55
	9.0	40.43	31.74	1037.59	136.53	5.07		10	57.81	45.38	2453.55	252.94	6.51
	10	44.61	35.02	1129.99	148.68	5.03		12	68.61	53.86	2853.25	294.15	6.45
159	4.5	21.84	17.15	652.27	82.05	5.46	203	6.0	37.13	29.15	1803.07	177.64	6.97
	5.0	24.19	18.99	717.88	90.30	5.45		6.5	40.13	31.50	1938.81	191.02	6.95
	5.5	26.52	20.82	782.18	98.39	5.43		7.0	43.10	33.84	2072.43	204.18	6.93
	6.0	28.84	22.64	845.19	106.31	5.41		7.5	46.06	36.16	2203.94	217.14	6.92
	6.5	31.14	24.45	906.92	114.08	5.40		8.0	49.01	38.47	2333.37	229.89	6.90
	7.0	33.43	26.24	967.41	121.69	5.38		9.0	54.85	43.06	2586.08	254.79	6.87
	7.5	35.70	28.02	1026.65	129.14	5.36		10	60.63	47.60	2830.72	278.89	6.83
	8.0	37.95	29.79	1084.67	136.44	5.35		12	72.01	56.52	3296.49	324.78	6.77
	9.0	42.41	33.29	1197.12	150.58	5.31		14	83.13	65.25	3732.07	367.69	6.70
	10	46.81	36.75	1304.88	164.14	5.28		16	94.00	73.79	4138.78	407.76	6.64
168	4.5	23.11	18.14	772.96	92.02	5.78	219	6.0	40.15	31.52	2278.74	208.10	7.53
	5.0	25.60	20.10	851.14	101.33	5.77		6.5	43.39	34.06	2451.64	223.89	7.52
	5.5	28.08	22.04	927.85	110.46	5.75		7.0	46.62	36.60	2622.04	239.46	7.50
	6.0	30.54	23.97	1003.12	119.42	5.73		7.5	49.83	39.12	2789.96	254.79	7.48
	6.5	32.98	25.89	1076.95	128.21	5.71		8.0	53.03	41.63	2955.43	269.90	7.47
	7.0	35.41	27.79	1149.36	136.83	5.70		9.0	59.38	46.61	3279.12	299.46	7.43
	7.5	37.82	29.69	1220.38	145.28	5.68		10	65.66	51.54	3593.29	328.15	7.40
	8.0	40.21	31.57	1290.01	153.57	5.66		12	78.04	61.26	4193.81	383.00	7.33
	9.0	44.96	35.29	1425.22	169.67	5.63		14	90.16	70.78	4758.50	434.57	7.26
	10	49.64	38.97	1555.13	185.13	5.60		16	102.04	80.10	5288.81	483.00	7.20
180	5.0	27.49	21.58	1053.17	117.02	6.19	245	6.5	48.70	38.23	3465.46	282.89	8.44
	5.5	30.15	23.67	1148.79	127.64	6.17		7.0	52.34	41.08	3709.06	302.78	8.42
	6.0	32.80	25.75	1242.72	138.08	6.16		7.5	55.96	43.93	3949.52	322.41	8.40
	6.5	35.43	27.81	1335.00	148.33	6.14		8.0	59.56	46.76	4186.87	341.79	8.38
	7.0	38.04	29.87	1425.63	158.40	6.12		9.0	66.73	52.38	4652.32	379.78	8.35
	7.5	40.64	31.91	1514.64	168.29	6.10		10	73.83	57.95	5105.63	416.79	8.32
	8.0	43.23	33.93	1602.04	178.00	6.09		12	87.84	68.95	5976.67	487.89	8.25
	9.0	48.35	37.95	1772.12	196.90	6.05		14	101.60	79.76	6801.68	555.24	8.18
	10	53.41	41.92	1936.01	215.11	6.02		16	115.11	90.36	7582.30	618.96	8.12
	12	63.33	49.72	2245.84	249.54	5.95							

(续)

尺寸/mm		截面面积 A/cm²	每米重量 /(kg/m)	截面特性			尺寸/mm		截面面积 A/cm²	每米重量 /(kg/m)	截面特性		
d	t			I/cm⁴	W/cm³	i/cm	d	t			I/cm⁴	W/cm³	i/cm
273	6.5	54.42	42.72	4834.18	354.15	9.42	325	7.5	74.81	58.73	9431.80	580.42	11.23
	7.0	58.50	45.92	5177.30	379.29	9.41		8.0	79.67	62.54	10013.92	616.24	11.21
	7.5	62.56	49.11	5516.47	404.14	9.39		9.0	89.35	70.14	11161.33	686.85	11.18
	8.0	66.60	52.28	5851.71	428.70	9.37		10	98.96	77.68	12286.52	756.09	11.14
	9.0	74.64	58.60	6510.56	476.96	9.34		12	118.00	92.63	14471.45	890.55	11.07
	10	82.62	64.86	7154.09	524.11	9.31		14	136.78	107.38	16570.98	1019.75	11.01
	12	98.39	77.24	8396.14	615.10	9.24		16	155.32	121.93	18587.38	1143.84	10.94
	14	113.91	89.42	9579.75	701.81	9.17							
	16	129.18	101.41	10706.79	784.38	9.10							
299	7.5	68.68	53.92	7300.02	488.30	10.31	351	8.0	86.21	67.67	12684.36	722.76	12.13
	8.0	73.14	57.41	7747.42	518.22	10.29		9.0	96.70	75.91	14147.55	806.13	12.10
	9.0	82.00	64.37	8628.09	577.13	10.26		10	107.13	84.10	15584.62	888.01	12.06
	10	90.79	71.27	9490.15	634.79	10.22		12	127.80	100.32	18381.63	1047.39	11.99
	12	108.20	84.93	11159.52	746.46	10.16		14	148.22	116.35	21077.86	1201.02	11.93
	14	125.35	98.40	12757.61	853.35	10.09		16	168.39	132.19	23675.75	1349.05	11.86
	16	142.25	111.67	14286.48	955.62	10.02							

注：热轧无缝钢管的通常长度为 3～12m。

附表 6-12　冷弯薄壁方钢管的规格及截面特性

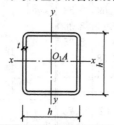

尺寸/mm		截面面积 /cm²	每米长质量 /(kg/m)	I_x /cm⁴	i_x /cm	W_x /cm³
h	t					
25	1.5	1.31	1.03	1.16	0.94	0.92
30	1.5	1.61	1.27	2.11	1.14	1.40
40	1.5	2.21	1.74	5.33	1.55	2.67
40	2.0	2.87	2.25	6.66	1.52	3.33
50	1.5	2.81	2.21	10.82	1.96	4.33
50	2.0	3.67	2.88	13.71	1.93	5.48
60	2.0	4.47	3.51	24.51	2.34	8.17
60	2.5	5.48	4.30	29.36	2.31	9.79
80	2.0	6.07	4.76	60.58	3.16	15.15
80	2.5	7.48	5.87	73.40	3.13	18.35
100	2.5	9.48	7.44	147.91	3.05	29.58
100	3.0	11.25	8.83	173.12	3.92	34.62
120	2.5	11.48	9.01	260.88	4.77	43.48
120	3.0	13.65	10.72	306.71	4.74	51.12
140	3.0	16.05	12.60	495.68	5.56	70.81
140	3.5	18.58	14.59	568.22	5.53	81.17
140	4.0	21.07	16.44	637.97	5.50	91.14
160	3.0	18.45	14.49	749.64	6.37	93.71
160	3.5	21.38	16.77	861.34	6.35	107.67
160	4.0	24.27	19.05	969.35	6.32	121.17
160	4.5	27.12	21.05	1073.66	6.29	134.21
160	5.0	29.93	23.35	1174.44	6.26	146.81

附表 6 - 13　冷弯薄壁矩形钢管的规格及截面特性

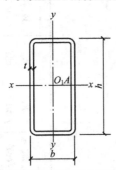

尺寸/mm			截面面积 /cm²	每米长质量 /(kg/m)	$x—x$			$y—y$		
h	b	t			l_x /cm⁴	i_x /cm	W_x /cm³	l_y /cm⁴	i_y /cm	W_y /cm³
30	15	1.5	1.20	0.95	1.28	1.02	0.85	0.42	0.59	0.57
40	20	1.6	1.75	1.37	3.43	1.40	1.72	1.15	0.81	1.15
40	20	2.0	2.14	1.68	4.05	1.38	2.02	1.34	0.79	1.34
50	30	1.6	2.39	1.88	7.96	1.82	3.18	3.60	1.23	2.40
50	30	2.0	2.94	2.31	9.54	1.80	3.81	4.29	1.21	2.86
60	30	2.5	4.09	3.21	17.93	2.09	5.80	6.00	1.21	4.00
60	30	3.0	4.81	3.77	20.50	2.06	6.83	6.79	1.19	4.53
60	40	2.0	3.74	2.94	18.41	2.22	6.14	9.83	1.62	4.92
60	40	3.0	5.41	4.25	25.37	2.17	8.46	13.44	1.58	6.72
70	50	2.5	5.59	4.20	38.01	2.61	10.86	22.59	2.01	9.04
70	50	3.0	6.61	5.19	44.05	2.58	12.58	26.10	1.99	10.44
80	40	2.0	4.54	3.56	37.36	2.87	9.34	12.72	1.67	6.36
80	40	3.0	6.61	5.19	52.25	2.81	13.06	17.55	1.63	8.78
90	40	2.5	6.09	4.79	60.69	3.16	13.49	17.02	1.67	8.51
90	50	2.0	5.34	4.19	57.88	3.29	12.86	23.37	2.09	9.35
90	50	3.0	7.81	6.13	81.85	2.24	18.19	32.74	2.05	13.09
100	50	3.0	8.41	6.60	106.45	3.56	21.29	36.05	2.07	14.42
100	60	2.6	7.88	6.19	106.66	3.68	21.33	48.47	2.48	16.16
120	60	2.0	6.94	5.45	131.92	4.36	21.99	45.33	2.56	15.11
120	60	3.2	10.85	8.52	199.88	4.29	33.31	67.94	2.50	22.65
120	60	4.0	13.35	10.48	240.72	4.25	40.12	81.24	2.47	27.08
120	80	3.2	12.13	9.53	243.54	4.48	40.59	130.48	3.28	32.62
120	80	4.0	14.96	11.73	294.57	4.44	49.09	157.28	3.24	39.32
120	80	5.0	18.36	14.41	353.11	4.39	58.85	187.75	3.20	46.94
120	80	6.0	21.63	16.98	406.00	4.33	67.67	214.98	3.15	53.74
140	90	3.2	14.05	11.04	384.01	5.23	54.86	194.80	3.72	43.29
140	90	4.0	17.35	13.63	466.59	5.19	66.66	235.92	3.69	52.43
140	90	5.0	21.36	16.78	562.61	5.13	80.37	283.32	3.64	62.96
150	100	3.2	15.33	12.04	488.18	5.64	65.09	262.26	4.14	52.45

附表6-14 冷弯薄壁卷边槽钢的规格及截面特性

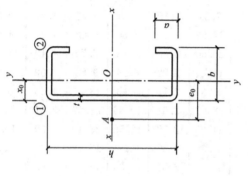

尺寸/mm				截面面积/cm²	每米长质量/(kg/m)	x_0/cm	$x-x$			$y-y$				y_1-y_1	e_0/cm	I_t/cm⁴	I_ω/cm⁴	k/cm⁻¹	$W_{\omega 1}$/cm⁴	$W_{\omega 2}$/cm⁴
h	b	a	t				I_x/cm⁴	i_x/cm	W_x/cm³	I_y/cm⁴	i_y/cm	$W_{y\max}$/cm³	$W_{y\min}$/cm³	I_{y1}/cm³						
80	40	15	2.0	3.47	2.72	1.45	34.16	3.14	8.54	7.79	1.50	5.36	3.06	15.10	3.36	0.0462	112.90	0.0126	16.03	15.74
100	50	15	2.5	5.23	4.11	1.70	81.34	3.94	16.27	17.19	1.81	10.08	5.22	32.41	3.94	0.1090	352.80	0.0109	34.47	29.41
120	50	20	2.5	5.98	4.70	1.70	129.40	4.65	21.57	20.96	1.87	12.28	6.36	38.36	4.08	0.1246	660.90	0.0085	51.04	48.36
120	60	20	3.0	7.65	6.01	2.10	170.68	4.72	28.45	37.36	2.21	17.74	9.59	71.31	4.87	0.2296	1153.20	0.0087	75.68	68.84
140	50	20	2.0	5.27	4.14	1.59	154.03	5.41	22.00	18.56	1.88	11.68	5.44	31.86	3.87	0.0703	794.79	0.0058	51.44	52.22
140	50	20	2.2	5.76	4.52	1.59	167.40	5.39	23.91	20.03	1.87	12.62	5.87	34.53	3.84	0.0929	852.46	0.0065	55.98	56.84
140	50	20	2.5	6.48	5.09	1.58	186.78	5.39	26.68	22.11	1.85	13.96	6.47	38.38	3.80	0.1351	931.89	0.0075	62.56	63.56
140	60	20	3.0	8.25	6.48	1.96	245.42	5.45	35.06	39.49	2.19	20.11	9.79	71.33	4.61	0.2476	1589.80	0.0078	92.69	79.00
160	60	20	2.0	6.07	4.76	1.85	236.59	6.24	29.57	29.99	2.22	16.19	7.23	50.83	4.52	0.0809	1596.28	0.0044	76.92	71.30

（续）

尺寸/mm				截面面积/cm²	每米长质量/(kg/m)	x_0/cm	x—x			y—y				y_1—y_1	e_0/cm	I_t/cm⁴	I_ω/cm⁴	k/cm⁻¹	$W_{\omega1}$/cm⁴	$W_{\omega2}$/cm⁴
h	b	a	t				I_x/cm³	i_x/cm	W_x/cm³	I_y/cm⁴	i_y/cm	W_{ymax}/cm³	W_{ymin}/cm³	I_{y1}/cm⁴						
160	60	20	2.2	6.64	5.21	1.85	257.57	6.23	32.20	32.45	2.21	17.53	7.82	55.19	4.50	0.1071	1717.82	0.0049	83.82	77.55
160	60	20	2.5	7.48	5.87	1.85	288.13	6.21	36.02	35.96	2.19	19.47	8.66	61.49	4.45	0.1559	1887.71	0.0056	93.87	86.63
160	70	20	3.0	9.45	7.42	2.22	373.64	6.29	46.71	60.42	2.53	27.17	12.65	107.20	5.25	0.2836	3070.50	0.0060	135.49	109.92
180	70	20	2.0	6.87	5.39	2.11	343.93	7.08	38.21	45.18	2.57	21.37	9.25	75.87	5.17	0.0916	2934.34	0.0035	109.50	95.22
180	70	20	2.2	7.52	5.90	2.11	374.90	7.06	41.66	48.97	2.55	23.19	10.02	82.49	5.14	0.1213	3165.62	0.0038	119.44	103.58
180	70	20	2.5	8.48	6.66	2.11	420.20	7.04	46.69	54.42	2.53	25.82	11.12	92.08	5.10	0.1767	3492.15	0.0044	133.99	115.73
200	70	20	2.0	7.27	5.71	2.00	440.04	7.78	44.00	46.71	2.54	23.32	9.35	75.88	4.96	0.0969	3672.33	0.0032	126.74	106.15
200	70	20	2.2	7.96	6.25	2.00	479.87	7.77	47.99	50.64	2.52	25.31	10.13	82.49	4.93	0.1284	3963.92	0.0035	138.26	115.74
200	70	20	2.5	8.98	7.05	2.00	538.21	7.74	53.82	56.27	2.50	28.18	11.25	92.09	4.89	0.1871	4376.18	0.0041	155.14	129.75
220	75	20	2.0	7.87	6.18	2.08	574.45	8.54	52.22	56.88	2.69	27.35	10.50	90.93	5.18	0.1049	5313.52	0.0028	158.43	127.32
220	75	20	2.2	8.62	6.77	2.08	626.85	8.53	56.99	61.71	2.68	29.70	11.38	98.91	5.15	0.1391	5742.07	0.0031	172.92	138.93
220	75	20	2.5	9.73	7.64	2.07	703.76	8.50	63.98	68.66	2.66	3.11	12.65	110.51	5.11	0.2028	6351.05	0.0035	194.18	155.94

附表 6-15　冷弯薄壁斜卷边 Z 形钢的规格及截面特性

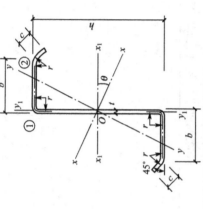

序号	截面代号	截面尺寸/mm h	b	c	t	截面面积 A/cm²	质量 g/(kg/m)	θ/(°)	x_1-x_1 I_{x1}/cm⁴	i_{x1}/cm	W_{x1}/cm³	y_1-y_1 I_{y1}/cm⁴	i_{y1}/cm	W_{y1}/cm³	x-x I_x/cm⁴	i_{x1}/cm	W_{x1}/cm³	W_{x2}/cm³	y-y I_y/cm⁴	i_y/cm	W_{y1}/cm³	W_{y2}/cm³	I_{x1y1}/cm⁴	I_1/cm⁴	I_m/cm⁶	k/cm⁻¹	$W_{\omega1}$/cm⁴	$W_{\omega2}$/cm⁴
1	Z140×2.0	140	50	20	2.0	5.392	4.233	21.99	162.07	5.48	23.15	39.37	2.70	6.23	185.96	5.87	29.26	27.67	15.47	1.69	6.22	8.03	59.19	0.0719	968.9	0.0053	53.36	67.41
2	Z140×2.2	140	50	20	2.2	5.909	4.638	22.00	176.81	5.47	25.26	42.93	2.70	6.81	202.93	5.86	32.00	30.09	16.81	1.69	6.80	9.04	64.64	0.0953	1050.3	0.0059	58.34	73.57
3	Z140×2.5	140	50	20	2.5	6.676	5.240	22.02	198.45	5.45	28.35	48.15	2.69	7.66	227.83	5.84	36.04	33.61	18.77	1.68	7.65	10.68	72.66	0.1391	1167.2	0.0068	65.68	82.60
4	Z160×2.0	160	60	20	2.0	6.192	4.861	22.10	246.83	6.31	30.85	60.27	3.12	8.24	283.68	6.77	38.98	37.11	23.42	1.95	8.15	10.11	90.73	0.0826	1900.7	0.0041	78.75	90.38
5	Z160×2.2	160	60	20	2.2	6.789	5.329	22.11	269.59	6.30	33.70	65.80	3.11	9.01	309.89	6.76	42.66	40.42	25.50	1.94	8.91	11.34	99.18	0.1095	2064.7	0.0045	86.18	98.70
6	Z160×2.5	160	60	20	2.5	7.676	6.025	22.13	303.09	6.28	37.89	73.93	3.10	10.14	348.49	6.74	48.11	45.25	28.54	1.93	10.04	13.29	111.64	0.1599	2301.9	0.0052	97.16	110.91
7	Z180×2.0	180	70	20	2.0	6.992	5.489	22.19	356.62	7.14	39.62	87.42	3.54	10.51	410.32	7.66	50.04	47.90	33.72	2.20	10.34	12.46	131.67	0.0932	3437.7	0.0032	111.10	119.13
8	Z180×2.2	180	70	20	2.2	7.669	6.020	22.19	389.84	7.13	43.32	95.52	3.53	11.50	448.59	7.65	54.80	52.22	36.76	2.19	11.31	13.94	144.03	0.1237	3740.3	0.0036	121.66	130.18
9	Z180×2.5	180	70	20	2.5	8.676	6.810	22.21	438.84	7.11	48.76	107.46	3.52	12.96	505.09	7.63	61.86	58.57	41.21	2.18	12.76	16.25	162.31	0.1807	4179.8	0.0041	137.30	146.42
10	Z200×2.0	200	70	20	2.0	7.392	5.803	19.31	455.53	7.85	45.54	87.42	3.44	10.51	506.90	8.28	54.52	52.61	35.94	2.21	11.32	13.81	146.94	0.0986	4348.7	0.0029	132.47	129.17
11	Z200×2.2	200	70	20	2.2	8.109	6.365	19.31	498.02	7.84	49.80	95.52	3.43	11.50	554.35	8.27	59.92	57.41	39.20	2.20	12.39	15.48	160.76	0.1308	4733.4	0.0033	145.15	141.17
12	Z200×2.5	200	70	20	2.5	9.176	7.203	19.31	560.92	7.82	56.09	107.46	3.42	12.96	624.42	8.25	67.42	64.47	43.96	2.19	13.98	18.11	181.18	0.1912	5293.3	0.0037	163.95	158.85
13	Z220×2.0	220	75	20	2.0	7.992	6.274	18.30	592.79	8.61	53.89	103.58	3.60	11.75	652.87	9.04	63.38	61.42	43.50	2.33	13.08	15.84	181.66	0.1066	6260.3	0.0026	166.31	152.62
14	Z220×2.2	220	75	20	2.2	8.769	6.884	18.30	648.52	8.60	58.96	113.22	3.59	12.86	714.28	9.03	69.44	67.08	47.47	2.33	14.32	17.73	198.80	0.1415	6819.4	0.0028	182.31	166.86
15	Z220×2.5	220	75	20	2.5	9.926	7.792	18.31	730.93	8.58	66.45	127.44	3.58	14.50	805.09	9.01	78.43	75.41	53.28	2.32	16.17	20.72	224.18	0.2068	7635.0	0.0032	206.07	187.86

疲劳计算的构件和连接分类

附表 7-1　构件和连接分类

项次	简　图	说　明	类　别
1		无连接处的主体金属 （1）轧制型钢 （2）钢板 ① 两边为轧制边或刨边 ② 两侧为自动、半自动切割边（切割质量标准应符合现行国家标准（《钢结构工程施工质量验收规范》（GB 50205—2001））	1 1 2
2		横向对接焊缝附近的主体金属 （1）符合现行国家标准《钢结构工程施工质量验收规范》（GB 50205—2001）的一级焊缝 （2）经加工、磨平的一级焊缝	3 2
3		不同厚度（或宽度）横向对接焊缝附近的主体金属，焊缝加工成平滑过渡并符合一级焊缝标准	2
4		纵向对接焊缝附近的主体金属，焊缝符合二级焊缝标准	2
5		翼缘连接焊缝附近的主体金属 （1）翼缘板与腹板的连接焊缝 ① 自动焊，二级T形对接和角接组合焊缝 ② 自动焊，角焊缝，外观质量标准符合二级 ③ 手工焊，角焊缝，外观质量标准符合二级 （2）双层翼缘板之间的连接焊缝 ① 自动焊，角焊缝，外观质量标准符合二级 ② 手工焊，角焊缝，外观质量标准符合二级	2 3 4 3 4
6		横向加劲肋端部附近的主体金属 （1）肋端不断弧（采用回焊） （2）肋端断弧	4 5

（续）

项次	简 图	说 明	类 别
7		梯形节点板用对接焊缝焊于梁翼缘，腹板以及桁架构件处的主体金属，过渡处在焊后铲平、磨光、圆滑过渡，不得有焊接起弧、灭弧缺陷	5
8		矩形节点板焊接于构件翼缘或腹板处的主体金属，$l > 150$mm	7
9		翼缘板中断处的主体金属（板端有正面焊缝）	7
10		向正面角焊缝过渡处的主体金属	6
11		两侧面角焊缝连接端部的主体金属	8
12		三面围焊的角焊缝端部主体金属	7
13		三面围焊或两侧面角焊缝连接的节点板主体金属（节点板计算宽度按应力扩散角 θ 等于 30° 考虑）	7

（续）

项次	简　图	说　明	类　别
14		K形坡口T形对接与角接组合焊缝处的主体金属，两板轴线偏离小于 0.15t，焊缝为二级，焊趾角 $\alpha \leqslant 45°$	5
15		十字接头角焊缝处的主体金属、两板轴线偏离小于 0.15t	7
16	角焊缝	按有效截面确定的剪应力辐计算	8
17		铆钉连接处的主体金属	3
18		连系螺栓和虚孔处的主体金属	3
19		高强度螺栓摩擦型连接处的主体金属	2

注：① 所有对接焊缝均需焊透。所有焊缝的外形尺寸均应符合现行国家标准《钢结构焊缝外形尺寸》（GB 10854—1989)的规定。
② 角焊缝应符合现行《钢结构设计规范》（GB 50017—2003)第 8.2.7 条和第 8.2.8 条的要求。
③ 第 16 项中的切应力幅 $\Delta\tau = \tau_{max} - \tau_{min}$，其中 τ_{min} 的正负值为：与 τ_{max} 同方向时，取正值；与 τ_{max} 反方向时，取负值。
④ 第 17 和第 18 项中的应力应以净截面面积计算，第 19 项应以毛截面面积计算。

参 考 文 献

［1］中华人民共和国国家标准. 钢结构设计规范（GB 50017—2003）［S］. 北京：中国计划出版社，2003.

［2］中华人民共和国国家标准. 钢结构工程施工质量验收规范（GB 50205—2001）［S］. 北京：中国计划出版社，2001.

［3］中华人民共和国行业标准. 建筑钢结构焊接技术规程（JGJ 81—2002）［S］. 北京：中国建筑工业出版社，2002.

［4］中华人民共和国行业标准. 钢结构高强度螺栓连接的设计、施工及验收规程（JGJ 82—1991）［S］. 北京：中国建筑工业出版社，1991.

［5］中华人民共和国国家标准. 建筑结构设计术语和符号标准（GB/T 50083—1997）［S］. 北京：中国建筑工业出版社，1997.

［6］欧阳可庆. 钢结构 ［M］. 北京：中国建筑工业出版社，1991.

［7］陈绍蕃. 钢结构 ［M］. 北京：中国建筑工业出版社，1994.

［8］张耀春，周绪红. 钢结构设计原理 ［M］. 北京：高等教育出版社，2004.

［9］陈绍蕃，顾强. 钢结构（上册）——钢结构基础 ［M］. 北京：中国建筑工业出版社，2007.

［10］沈祖炎，陈杨骥，陈以一. 钢结构基本原理 ［M］. 北京：中国建筑工业出版社，2005.

［11］戴国欣. 钢结构 ［M］. 武汉：武汉理工大学出版社，2007.

［12］魏明钟. 钢结构 ［M］. 武汉：武汉工业大学出版社，2000.

［13］王志骞. 钢结构设计原理 ［M］. 西安：西安交通大学出版社，2009.

［14］夏志斌，姚谏. 钢结构设计例题集 ［M］. 北京：中国建筑工业出版社，1994.

［15］赵风华，黄金林. 钢结构设计原理 ［M］. 北京：高等教育出版社，2004.

［16］郭成喜. 钢结构设计原理 ［M］. 北京：科学出版社，2009.

［17］王肇民，宗听聪，宣国梅. 钢结构设计原理 ［M］. 上海：同济大学出版社，2008.

［18］石建军，姜袁. 钢结构设计原理 ［M］. 北京：北京大学出版社，2007.

［19］毛德培. 钢结构 ［M］. 北京：中国铁道出版社，2004.

［20］刘声扬，王汝恒. 钢结构——原理与设计 ［M］. 武汉：武汉理工大学出版社，2009.

［21］丁阳. 钢结构设计原理 ［M］. 天津：天津大学出版社，2004.

［22］肖亚明. 钢结构设计原理 ［M］. 合肥：合肥工业大学出版社，2005.

［23］王仕统. 钢结构基本原理 ［M］. 广州：华南理工大学出版社，2005.

［24］曹平周，朱召泉. 钢结构 ［M］. 北京：中国电力出版社，2008.

［25］钢结构设计手册编辑委员会. 钢结构设计手册 ［M］. 北京：中国建筑工业出版社，2005.

［26］钢结构设计规范编制组. 钢结构设计规范应用讲解 ［M］. 北京：中国计划出版社，2003.